本书出版得到 2018 年度西安交通大学人文社会科学学术
著作出版基金和马克思主义学院学术著作出版基金资助

THE EMERGING POWERS'
GROUPING IN
GLOBAL CLIMATE POLITICS:

全球气候政治中的
新兴大国群体化

结构、进程与机制分析

A TENTATIVE STUDY BASED ON STRUCTURAL,
PROCESSUAL AND MECHANISM ANALYSIS

赵 斌 著

社会科学文献出版社
SOCIAL SCIENCES ACADEMIC PRESS (CHINA)

目 录

CONTENTS

绪 论
全球气候政治与新兴大国崛起

　　客观而言，自然世界的气候环境变化始终是一个变动不居的事实。人类自有史以来，生产生活也始终与气候变化等自然条件密不可分。然而，当气候变化等环境问题为政治所裹挟，环境/气候政治由此形成。于是，作为政治议题的气候环境问题，其行为后果似乎难逃这么几种可能情境：要么通过政治行为体的良性互动寻求某种合作治理，以降低或化解气候环境风险；要么长期徘徊于行为体间政治博弈进程，沦为工具理性算计下的牺牲品；要么不得不从属或内嵌于科技、经济、社会发展等领域，成了某种附庸议题……

　　后冷战时代以来，世界政治的变迁，使得包括气候变化在内的环境议题的重要性提升，人类似终于开始重新反思和评估全球化、工业化、科技化进程中的环境代价，并在全球政治互动中开始商讨气候环境风险的应对之策。同时，以中国、俄罗斯、印度、巴西等为代表的新兴大国也开始快速成长，崛起中的新兴大国，难以避免会在全球问题领域投射其自身逐步抬高的国际影响力，影响国际秩序变革，重塑全球治理进程。

第一节　气候变化与新兴大国：新议题＋新行为体

一　问题的提出

尽管全球公害事件时有发生且触目惊心，然而截至20世纪60年代，人类的环境保护意识仍长期处于沉寂状态。1962 年，美国生物学界首次对以"征服自然"为核心理念的主导思想提出了质疑之声，批评破坏环境的工业利益集团，人们的环境保护意识开始觉醒。与 20 世纪 60 年代仍处于冷战的历史大背景同步，其实不单在美国，整个欧亚大陆都开始反思人类过往经济增长模式的代价效应。及至 70 年代初期，1972 年厄尔尼诺现象爆发，南亚、澳洲、中美洲、东亚以及苏联都遭到冲击，进而出现全球性的粮食短缺，同年正好是罗马俱乐部报告《增长的极限》（*Limits to Growth*）问世，影响深远。这一年，在瑞典的斯德哥尔摩还召开了首次联合国人类环境会议，把每年 6 月 5 日定为"世界环境日"，开启了世界各国商讨人类环境问题之先河。① 随后，欧美进入长达十年的"滞胀"时期，能源危机席卷世界，这在学界、政界等引发了环境主义思潮的兴起。显然，气候变化问题起初也是作为环境保护问题之一而被科学家提出。1974 年，世界气象组织开启气候变化科学研究，但直到 1988 年，气候变化议题的重要性才上升到国家战略与外交政策的高度，主要的标志在于联合国环境规划署和世界气象组织成立的"政府间气候变化专门委员会"（IPCC），为应对全球气候变化提供相应的科学依据。当然，质疑之声从未停歇，气候变化怀疑论颇有声势。②

　　与此同时，20 世纪六七十年代也是全球化和相互依存态势强化突进时期，国际政治逐步演化为世界政治③，呈现"复合相互依赖"，气候变化议题因之获得了一定的上升空间（由"低级政治"逐步上升为"高级政治"）。"任何国家的温室气体排放都对他国产生了代价效应"，人们不得不在全球政治互动

① 斯德哥尔摩会议引发了全球关注，使环境议题首次嵌入国际政治，并逐渐成为国际研究和政策讨论的重要分支。参见 Neil Carter, "Climate Change and the Politics of the Global Environment", in Mark Beeson and Nick Bisley, eds., *Issues in 21ˢᵗ Century World Politics*, Basingstoke：Palgrave Macmillan, 2013, p. 177。

② Stephen Schneider, "Detecting Climatic Change Signals：Are There Any 'Fingerprints'?", *Science*, Vol. 263, No. 5145, 1994, pp. 341 – 343；Siegfried Fred Singer and Dennis T. Avery, *Unstoppable Global Warming：Every 1500 Years*, New York：Rowman & Littlefield Publishers, 2007；赵宏图：《气候变化"怀疑论"分析及启示》，《现代国际关系》2010 年第 4 期，第 56 ~ 63 页。

③ 世界政治，或曰全球政治，指的是政治关系在时空上的拓展和延伸，其中的政治权力和政治行为跨越了主权民族国家的边界，也正是在全球化的时代意义上，"世界政治"与"国际政治"在政治权力主体、议题领域、结构特征等方面存在差异。参见 David Held *et al.*, *Global Transformations：Politics, Economics, and Culture*, Stanford：Stanford University Press, 1999, p.49。

体系中给予气候政治一定的话语空间；关于气候变化的探讨亦促成了相互依赖的社会和政治网络，形成了以多边反馈为特征的全球复杂系统。① 也就是说，主权民族国家、国际组织、非政府组织、公民社会等所谓世界政治行为主体多元化，位列全球气候政治当中，表达各自不同的利益诉求，或寻求利益的共容，或难以避免走向冲突。诚如安东尼·吉登斯（Anthony Giddens）用"气候变化的政治"来描绘世界气候风险社会图景，气候变化风险已然成为全球政治博弈的核心议题；类似的，保罗·哈里斯（Paul Harris）之所谓"威斯特伐利亚之殇"（Cancer of Westphalia）、"污染者敌意"（Malignancy of the Great Polluters）和"现代性迷失"（Addictions of Modernity），亦从国际体系、国家和社会层次上全面反思了气候政治失败。② 气候变化问题③说到底仍是政治议题，如果我们考虑到人的自反性，气候变化认知大致可分为三种典型的社会观念情境：乐观主义、现实主义、悲观主义，称之为自反性气候政治；气候政治的自反性，即反映了一种全球风险，并昭示着现代性本身的深刻危机，这种风险的全球性，对地球上的生命均构成了威胁，无所不在的风险远离了个人的能力甚至国家的控制。④ 鉴此，本书一概用气候政治指涉宏观的气候变化问题，认为全球气候政治的提法更为全面，包含气候治理、气候谈判、气候政策等变化进程（具体说明除外）。可以肯定的是，既然全球气候政治呼唤全球治理，尤其是全球气候治理，那么自然涉及诸多全球气候政治行为体的参与问题。国际政治中的大国，尤其是传统工业化国家，乃至后起的新兴国家（本书将着重观照新兴大国），由于温室气体排放规模与其快速增长几乎同步，因之引发应对气候变化的责任同样引人注目，这些大国行为体在全球气候政治中的地位仍旧举

---

① Robert Keohane and Joseph Nye, *Power and Interdependence* (4ᵗʰ Edition), New York：Longman, 2011，pp. 30，262.

② 参见 Anthony Giddens, *The Politics of Climate Change*, Cambridge：Polity Press, 2009；Paul G. Harris, *What's Wrong with Climate Politics and How to Fix It*, Cambridge：Polity Press, 2013。

③ 根据 IPCC 报告，准确地说气候变化问题应更侧重于指涉"人为气候变化"（Anthropogenic Climate Change），即至少包含两层意思：人为的温室气体排放将导致显著的全球升温；人类活动已明显地改变全球气候。参见 IPCC, "Climate Change 2001：Synthesis Report", https：// www. ipcc. ch/pdf/climate - changes -2001/synthesis - syr/english/question - 1to9. pdf。

④ 严双伍、赵斌：《自反性与气候政治：一种批判理论的诠释》，《青海社会科学》2013 年第2 期，第54 ~59 页。

足轻重。①

那么，问题在于，通过回溯全球气候政治变迁史，我们发现的国际关系现象，即后起的新兴大国，如巴西、南非、印度、中国等逐步形成了"抱团打拼"的趋势，即从早期的"G77 + 中国"到当前的"基础四国"（BASIC），再到（可能的）"金砖国家"（BRICS）平台下的气候合作，这之间有无规律可循？或者说，新兴大国气候政治群体化的形成机制是什么？是否仅仅如现实主义者所断定的——"权宜的协调"仍反映出"权力均势"／"大国政治的回归"？显然不是，至少在气候变化这一叙事情境②中，单纯用权力现实主义的逻辑（如经典的制衡与联盟理论）难以有效解释／诠释新兴大国群体化这一国际关系现象。

为分析和探讨新兴大国气候政治群体化，本书拟首先从全球气候政治这一话语背景／叙事情境出发，讨论其参与主体、核心议题与系统结构。从复杂系统论

---

① 目前对于界定新兴国家的标准和方法，学界尚未达成共识。一些国外研究聚焦于国家权力的维度（dimensions），尝试为新兴国家列出了七大限定性因素，即地缘、人口、经济、资源、军事、外交和民族认同（national identity），而传统理论认为只有大国（great powers）或超级大国（superpowers）才可以还原这七大权力维度。参见 Thomas Renard, *A BRIC in the World：Emerging Powers, Europe, and the Coming Order*, Brussels：Academia Press, 2009, pp. 24 – 25；Thomas Renard and Sven Biscop, eds., *The European Union and Emerging Powers in the 21ˢᵗ Century：How Europe Can Shape a New Global Order*, Aldershot：Ashgate Publishing Company, 2012, Chapter 3。国内新近的研究从经济、政治和历史这三重内涵来对"新兴国家"进行概念辨析和理论解读，从而区分出"最核心的"、"重要的"和"边缘的"新兴国家。其中，"最核心的"新兴国家有中国、印度、巴西、南非和墨西哥；"重要的"新兴国家指埃及、土耳其、阿根廷、印度尼西亚、韩国和沙特阿拉伯；"边缘的"新兴国家包括巴基斯坦、菲律宾、孟加拉国、尼日利亚、越南和伊朗。参见周鑫宇《"新兴国家"研究相关概念辨析及其理论启示》，《国际论坛》2013 年第 2 期，第 69 页。此外，现有研究对新兴国家与新兴大国亦较少做严格区分，二者常指代同一国家群体且不影响读者对该现象的理解，但本书倾向于使用"新兴大国"这一提法，以分析具体的相关大国（巴西、俄罗斯、印度、中国和南非）案例。

② 所谓叙事情境（narrative scenario），本是语言学和社会学中的一个常用概念，即行为体叙事或行动时所处的话语背景和活动舞台，是包含了时空场域的客观存在。将"叙事情境"迁移运用到社会科学当中，可以形象地描绘研究对象所处的复杂情境。具体到气候政治的"叙事情境"，则既整合了全球、区域、国家等地理空间维度，又涉及社会、经济、环境、技术、能源等动因的混合结构，这些要素的存在甚或相互作用，从客观上限定了行为体应对气候变化时的活动舞台。参见 IPCC, "Narrative Scenarios and Storylines", https：//www. ipcc. ch/ipccreports/sres/emission/index. php？idp = 12；Ayami Hayashi *et al.*, "Narrative Scenario Development based on Cross-impact Analysis for the Evaluation of Global-warming Mitigation Options", *Applied Energy*, Vol. 83, No. 10, 2006, pp. 1062 – 1075；Sabrina Scherer, Maria A. Wimmer and Suvad Markisic, "Bridging Narrative Scenario Texts and Formal Policy Modeling through Conceptual Policy Modeling", *Artificial Intelligence and Law*, Vol. 21, No. 4, 2013, pp. 455 – 484。

的视角观之，首先全球气候政治无异于一个复杂系统，了解其系统与进程，自然要从宏观、中观、微观进行全方位把握。宏观而言，即全球气候政治系统本身，其显著特征在于无政府状态下的全球公共物品供求，因之目前形成的是一个较为松散的、缺乏实质约束力的机制复合体（regime complex）；① 中观而言，新兴大国群体化崛起，本身也是值得思考的国际关系研究对象；② 微观而言，则在于新兴大国行为体，如巴西、俄罗斯、印度、中国、南非等大国的气候政治参与，是不容忽视的助然/许可要素（enabling or permissive element）。③ 当然，说全球气候政治是一个复杂系统，这不等于说我们在面对它且试图分析其中的新兴大国群体化现象时就束手无策。因为复杂系统具有历史，它随着时间而演化，过去的行为会对现在产生影响，任何对于复杂系统的分析，如果忽视了时间维度就是不完整的，或者至多是对历史过程的共时快照。④ 如此，本书从新兴大国所处的全球气

① Kirsten H. Engel and Scott R. Saleska, "Subglobal Regulation of the Global Commons: The Case of Climate Change", *Ecology Law Quarterly*, No. 32, 2005, pp. 183 – 233; Barry Rabe, "Beyond Kyoto: Climate Change Policy in Multilevel Governance Systems", *Governance*, Vol. 20, No. 3, 2007, pp. 423 – 444; F. Biermann, P. Pattberg and Fariborz Zelli, eds., *Global Climate Governance beyond 2012: Architecture, Agency and Adaptation*, Cambridge: Cambridge University Press, 2010; Robert O. Keohane and David G. Victor, "The Regime Complex for Climate Change", *Perspectives on Politics*, Vol. 9, No. 1, 2011, pp. 7 – 23; Joanna Depledge and Farhana Yamin, "The Global Climate-change Regime: A Defence", in Dieter Helm and Cameron Hepburn, eds., *The Economics and Politics of Climate Change*, Oxford: Oxford University Press, 2011, pp. 433 – 453.

② 石斌：《秩序转型、国际分配正义与新兴大国的历史责任》，《世界经济与政治》2010 年第 12 期，第 92 页；韦宗友：《新兴大国群体性崛起与全球治理改革》，《国际论坛》2011 年第 2 期，第 11~12 页；花勇：《论新兴大国集体身份及建构路径》，《国际论坛》2012 年第 5 期，第 50~51 页；章前明：《从国际合法性视角看新兴大国群体崛起对国际秩序转型的影响》，《浙江大学学报》（人文社会科学版）2012 年第 12 期，第 10~11 页；Andrew F. Cooper and Agata Antkiewicz, eds, eds., *Emerging Powers in Global Governance*, Canada: Wilfrid Laurier University Press, 2008; Parag Khanna, *The Second World: How Emerging Powers Are Redefining Global Competition in the 21ˢᵗ Century*, New York: Random House, 2009; Theotônio dos Santos, "Globalization, Emerging Powers, and the Future of Capitalism", *Latin American Perspectives*, Vol. 38, No. 2, 2011, pp. 45 – 57.

③ 这里借鉴的是亚历山大·温特对（大国的）"自我约束"这一主变量的定位，认为这是形成集体身份的助然或许可原因（enabling or permissive cause），其余三个主变量即"相互依存"、"共同命运"和"同质性"则均为主动或有效原因（active or efficient causes）。参见 Alexander Wendt, *Social Theory of International Politics*, Cambridge: Cambridge University Press, 1999, p. 343.

④ 〔南非〕保罗·西利亚斯：《复杂性与后现代主义——理解复杂系统》，曾国屏译，上海科技教育出版社，2006，第 6 页。

候政治系统、新兴大国群体（自群体互动、自群体与共同他者间互动）①、新兴大国个案比较这三大维度进行初步尝试。具体而言，我们关注的新兴大国群体，主要包含巴西、俄罗斯、印度、中国、南非这五个大国，之所以选取这五大国作为主要的案例分析对象国，是因为这些新兴大国既具有典型的代表性和共性（比如，五国同为金砖国家，2010 年南非加入金砖国家群体，原有 BRICs 由此改写为 BRICS②，新兴大国群体的地缘政治意义和代表性也相应拓展），又具有明显的差异性和分歧。从研究的角度而言，这样的案例选取可能有些"自讨苦吃"，即选取的个案间的差异极大，分歧与共性同样不少见。然而，看似对研究"不利"的所谓"负面案例"（如俄罗斯的气候政治立场），其实更有助于验证相关研究的理论效度：其一，正负案例的比较，可以避免循环论证；其二，负面案例限定范围，使方法论更科学，可能提炼出的理论亦更精致；其三，还可以从负面案例中尝试发现新的机制，补足现有理论。③ 因此，新兴大国自群体的气候政治互动（"G77 + 中国"vs."基础四国"、"基础四国"vs. 俄罗斯、"金砖国家平台下的气候合作"），新兴大国自群体与共同他者间的气候政治互动（"基础四国"vs. 美国、"基础四国"vs. 欧盟、"基础四国"vs. 伞形国家群体、"基础四国"vs. 其他发展中国家），新兴大国自身的气候政治参与（历程、变化机制等），这些都是本书需要仔细分析和讨论的主要内容。

二 理论基础与视角

本书无意于建构宏大理论，或寻求所谓国际关系宏理论突破。事实上，诚如反映国际关系理论研究最前沿动态的《欧洲国际关系杂志》（*European Journal of International Relations*，EJIR）一组专题研讨论文所揭示的："国际关系理论的终

---

① 关于自群体（in-groups）与共同他者（common others）之间的二元分类，有助于强调群体认同与（群体内、群体间）互动的社会意义。参见 Henri Tajfel *et al.*，"Social Categorization and Intergroup Behaviour"，*European Journal of Social Psychology*，Vol. 1，No. 2，1971，pp. 149 – 178；Alexander Wendt，*Social Theory of International Politics*，pp. 292 – 293，322，339 – 340，355。

② 除非特别说明，本书的"金砖国家"均指包括南非在内的金砖五国，而为表述准确和论证需要，笔者用英文简称 BRICs 来指代"金砖四国"（机制），BRICS 则为金砖五国（机制）。

③ 参见左希迎、唐世平《理解战略行为：一个初步的分析框架》，《中国社会科学》2012 年第 11 期，第 184 页。

结"，即不少蜚声学坛的国际关系名家不得不承认当前的国际关系理论研究已经走向"死胡同"，国际关系学科甚至亦因之遭遇上升"瓶颈"；范式之争索然无味，相关大理论创新乏力，主义之说（－isms）皆沦为各学派"自我陶醉"的信念；难能可贵的、还有发展前景的，主要在于中层理论（mid-level theory）和世界政治折中主义（eclecticism）可能取得的进展。① 这些理论家们的"自我解嘲/批判"，让我们不难联想起早在 20 世纪 60 年代中期，马丁·怀特（Martin Wight）曾提出的训诫，即"国际关系理论本身象征着某种智识和精神的双重贫困"。②

当然，尽管囿于此类种种理论创新之客观困境等局限性，却不等于说本书将一味回避理论问题，已有的相关经典理论论述仍将构成本书可能借鉴的重要视角和参照。具体而言，本书不再遵循"从理论到理论"的分析路径，而主要从经

① Tim Dunne, Lene Hansen and Colin Wight, "The End of International Relations Theory?", *European Journal of International Relations*, Vol. 19, No. 3, 2013, pp. 405 – 425; John J. Mearsheimer and Stephen M. Walt, "Leaving Theory Behind: Why Simplistic Hypothesis Testing Is Bad for International Relations", *European Journal of International Relations*, Vol. 19, No. 3, 2013, pp. 427 – 457; Andrew Bennett, "The Mother of All Isms: Causal Mechanisms and Structured Pluralism in International Relations Theory", *European Journal of International Relations*, Vol. 19, No. 3, 2013, pp. 459 – 481; Chris Brown, "The Poverty of Grand Theory", *European Journal of International Relations*, Vol. 19, No. 3, 2013, pp. 483 – 497; Charlotte Epstein, "Constructivism or the Eternal Return of Universals in International Relations: Why Returning to Language Is Vital to Prolonging the Owl's Flight", *European Journal of International Relations*, Vol. 19, No. 3, 2013, pp. 499 – 519; Stefano Guzzini, "The Ends of International Relations Theory: Stages of Reflexivity and Modes of Theorizing", *European Journal of International Relations*, Vol. 19, No. 3, 2013, pp. 521 – 541; Patrick Thaddeus Jackson and Daniel H. Nexon, "International Theory in a Post-paradigmatic Era: From Substantive Wagers to Scientific Ontologies", *European Journal of International Relations*, Vol. 19, No. 3, 2013, pp. 543 – 565; David A. Lake, "Theory Is Dead, Long Live Theory: The End of the Great Debates and the Rise of Eclecticism in International Relations", *European Journal of International Relations*, Vol. 19, No. 3, 2013, pp. 567 – 587; Christian Reus-Smit, "Beyond Metatheory?", *European Journal of International Relations*, Vol. 19, No. 3, 2013, pp. 589 – 608; Christine Sylvester, "Experiencing the End and Afterlives of International Relations/Theory", *European Journal of International Relations*, Vol. 19, No. 3, 2013, pp. 609 – 626; Arlene B. Tickner, "Core, Periphery and (Neo) imperialist International Relations", *European Journal of International Relations*, Vol. 19, No. 3, 2013, pp. 627 – 646; Michael C. Williams, "In the Beginning: The International Relations Enlightenment and the Ends of International Relations Theory", *European Journal of International Relations*, Vol. 19, No. 3, 2013, pp. 647 – 665.

② Martin Wight, "Why Is There No International Theory?", in Herbert Butterfield and Martin Wight, eds., *Diplomatic Investigation*, Cambridge, Mass: Harvard University Press, 1966, p. 20.

验困惑出发，即对新兴大国群体何以"抱团打拼"进行相关的解读，主要从历史研究和案例比较入手，而后尽可能地提炼出些许理论认识。例如，（微观上）新兴大国气候政治的变化机制、（中观上）新兴大国气候政治群体化的形成机制等，而在宏观上，如全球气候政治系统这一叙事情境，则主要还是引介和参考已有的相关认识。简言之，本书的理论意义在于，通过对全球气候政治系统结构这一宏大叙事情境的考察，将新兴大国群体化国际关系现象放置该情境中，借助具体议题导向（减缓、适应、资金、技术等）框定该群体化的边界，并比较和总结新兴大国（个案）气候政治的变化机制，最后尝试发现新兴大国气候政治群体化（整体）的形成机制。这里需要补充说明的是，所谓变化机制和形成机制的发现，之所以可能具有理论意义是因为：机制（mechanism）"是一个过程，它存在于系统中，可以引发或者阻止整个系统或其子系统的某些变化"；机制能够将某些因素/要素串起来，从而驱动/阻止变化；单纯的因素/要素分析可能只是静态的，需要通过机制才能起作用。① 鉴于此，可能涉及的理论视角至少包含如下四个维度。

其一，集体身份理论。② 集体身份（Collective Identity），这一概念主要来自社会学和社会心理学。在社会学中，集体身份是一种用于解释社会运动的有力分析工具，它不仅指涉系统进程中的行为体自身，如领导模式、意识形态和沟通方法，而且强调该行为体还会被外界盟友和竞争者塑造。③ 从社会心理学上看，集体身份是行为体在心理上就某种特定社会集群的"对号入座"（psychic references in specific social constellations），如此一来，集体身份作为叙事网络而显现于进化进程中，该网络的发展路径取决于叙事结构。④ 换言之，集体身份是一种社会建构，亦即从心理需求和动机上回答"我们是谁"的问题。需要指出的是，本书

① Mario Bunge，"Mechanism and Explanation"，*Philosophy of the Social Sciences*，Vol. 27，No. 4，1997，p. 414；苏若林、唐世平：《相互制约：联盟管理的核心机制》，《当代亚太》2012 年第 3 期，第 13 页。

② 对"集体身份理论"的讨论，参见赵斌《新兴大国气候政治群体化的形成机制——集体身份理论视角》，《当代亚太》2013 年第 5 期，第 115～117 页。

③ Alberto Melucci，"The Process of Collective Identity"，in Hank Johnston and Bert Klandermans，eds.，*Social Movements and Culture*，Minneapolis：The University of Minnesota Press，1995，pp. 44 – 45.

④ Klaus Eder，"A Theory of Collective Identity：Making Sense of the Debate on a 'European Identity'"，*European Journal of Social Theory*，Vol. 12，No. 4，2009，pp. 431 –432.

并不采取将集体身份先验给定或将新兴大国直接与之挂钩等同的做法，而仅将其视为形成中的、存在转换可能的一种认同（identification）。

在国际关系学领域，亚历山大·温特（Alexander Wendt）堪称讨论集体身份的典型开拓者，他认为，集体身份内生于系统层次，并且在这一内生过程中产生合作。[①] 温特在1994年的论文《集体身份的形成与国际国家》中，开始讨论国家间集体身份形成的因果机制，他区分出了三种不同机制，即结构情境（Structural Contexts）、系统进程（Systemic Processes）和战略实践（Strategic Practice），并讨论这些机制所分别包含的两个相关因素。[②] 在结构情境方面，地区或全球国际体系为集体身份形成提供了互动平台，新现实主义者重视的是结构的物质性，建构主义者则在为物质力留有空间的同时强调该结构的主体间性；在系统进程方面，第一个进程在于提升相互依存度，这至少有两种形式，如增强贸易和资本流动的互动"动态密度"，或"共同他者"（Common Others）的突现（emergence）；第二个进程在于国内价值观的跨国趋同（突出表现在文化和政治领域，前者如全球消费主义的兴起，后者如民主制度、福利国家论和关注人权等）；在战略实践方面，包括行为（behavioral）互动和言语（rhetorical）交流。[③] 1999年，随着温特《国际政治的社会理论》一书的问世，其集体身份理论趋于成熟。他认为，集体身份是角色身份和类属身份的独特结合，把自我和他者的关系引向认同，使自我－他者之间的界线变得模糊并在交界处产生超越，由于其具有因果力量，诱使政治系统把他者的利益定义为自我利益的一部分，即"利他性"，如此一来，国家有望采取行动，克服集体行动难题。[④] 在利己身份给定的前提下，温特通过四个主变量即相互依存、共同命运、同质性以及自我约束来讨论集体身份的形成，其中，前三个变量是集体身份形成的主动或有效原因，第四个变量是辅助条件或许可原因（enabling or permissive cause）。[⑤]

① Alexander Wendt, "Anarchy Is What States Make of It: The Social Construction of Power Politics", *International Organization*, Vol. 46, No. 2, 1992, p. 392.

② Alexander Wendt, "Collective Identity Formation and the International State", *American Political Science Review*, Vol. 88, No. 2, 1994, pp. 388–391.

③ Alexander Wendt, "Collective Identity Formation and the International State", *American Political Science Review*, Vol. 88, No. 2, 1994, pp. 389–390.

④ Alexander Wendt, *Social Theory of International Politics*, p. 229.

⑤ Alexander Wendt, *Social Theory of International Politics*, p. 343.

然而，由于并未讨论这些主变量是由什么因素来支撑，温特承认其集体身份理论仅是微观层次的。[1] 即使就微观层次而言，这种基于符号互动论的"认同政治"也遭到深刻怀疑，因为集体身份构成的环节中，尤其是认同的扩展和超越，缺失了某种可信的机制。[2] 具体说来，假如 A 国和 B 国之间形成集体身份为 AB，但 A 国与 B 国往往还需要寻求与第三方（C 国或 D 国）间的集体认同以达成下一阶段自我实现的进程目标，可能这时的 A 国倾向于和 C 建构 AC，而 B 国却倾向于和 D 建构 BD，那么原有的 AB 则可能面临压力甚至分化。也就是说，行为体的认同需求本身可能会以某种原有集体身份的削弱为代价，出现理论与经验的双重困惑。温特则以"认同的频率与分配"和"非线性动力特征——突现与停滞"来诠释这种"反常"的认知分歧，但仍与他所谓集体身份形成逻辑的微观基础背道而驰，即并没有合成、扩容为新的更大的集体身份 ABCD。[3]

本书在分析框架和对 BASIC 群体的论证中多次借鉴了集体身份理论，但在下文的具体分析中往往还冠之以"准"（quasi -）字标签，即"准集体身份"，源于当前的全球气候政治实践，除欧盟这一气候政治先导以外，其余诸如"G77 + 中国"、基础四国、小岛国家联盟等各个群体都难以同时满足相互依存、共同命运、同质性和自我约束这四个主变量，因而只能是接近或部分契合于集体身份形成的一般机制。此外，有关集体身份的扩容，本书也将在 BASIC（群体小众化或扩容）及其与"G77 + 中国"之间的关系过程上做初步讨论。

其二，复杂系统论。复杂系统（Complex System）存在于诸如数学建模和哲学思考等广阔视域，复杂系统论意在研究系统的组成部分与整体之间的关系，以及这种关系何以影响集体行为、系统环境与系统之间的相互影响，等等。对于复杂系统类型的评价，则往往还受到统计物理学、信息论和非线性动力学等的启

---

[1] Alexander Wendt, *Social Theory of International Politics*, pp. 364 – 366.

[2] Brian Greenhill, "Recognition and Collective Identity Formation in International Politics", *European Journal of International Relations*, Vol. 14, No. 2, 2008, pp. 356 – 360.

[3] Prasenjit Duara, "Historicizing National Identity, or Who Imagines What and When", in Geoff Eley and Roland Grigor Suny, eds., *Becoming National: A Reader*, New York: Oxford University Press, 1996, p. 163; Alexander Wendt, *Social Theory of International Politics*, pp. 365 – 366.

发，以诠释自然系统的非可预测的组织行为，且须借助"复杂性"来进行这种诠释。因而，复杂系统论常用于人类学、化学、计算机科学、经济学、气象学、分子生物学、神经系统科学、物理学、心理学和社会学当中，以应对这些学科中可能面临的具体研究问题。

　　复杂系统论的起源，最初可见于苏格兰启蒙运动①期间的古典政治经济学，其后为奥地利经济学派所发展，即认为市场体系中的秩序是自发或突现的（emergent），是人类行为并非有意为之的结果。② 可见，对于系统方法来说，至关重要的是这样的信念，即结构是强有力的，要素在系统中的位置比要素的内部特性更为重要；这里，"系统"（system）应当具备两点："组成系统的一系列单元（unit）或要素（element）相互联系，因而一部分要素及其相互关系的变化会导致系统的其他部分发生变化；系统的整体具有不同于部分的特性和行为状态。系统常表现出非线性的关系（Nonlinear Relationships），系统运行的结果不是各个单元及其相互关系的简单相加，许多行为的结果往往是难以预料的。这种复杂性甚至在看似简单和确定的情况下也会出现。"③ 于是，系统的复杂性及其运行结果的非确定性，也可以用来对"气候变化怀疑论"进行某种程度的回应——"（气候变化怀疑论者可能认为）100 多年来大气中温室气体的比例一直在增长，而全球的温度却没有大幅度地升高"，这一事实存在的原因可能在于系统运作效

---

① 苏格兰启蒙运动，指 1740～1800 年在苏格兰发生的人类文明巨大进步，代表人物有弗兰西斯·哈奇森、大卫·休谟和亚当·斯密。苏格兰启蒙运动不同于法德欧陆启蒙运动，前者通过大英帝国内的自由贸易已然获得了经济优势，又通过自古典时期建立起来的首个欧洲公共教育系统获得了教育优势，各方面的复苏使得苏格兰思想家开始怀疑约定俗成的假设，从而在启蒙运动中开辟自己独特的人文主义实践道路，使"人们通过苏格兰看到了所有那追求文明的信念"（伏尔泰语）。参见 Arthur Herman, *The Scottish Enlightenment: The Scot's Invention of the Modern World*, London: Fourth Estate Limited, 2003; Mark R. M. Towsey, *Reading the Scottish Enlightenment: Books and Their Readers in Provincial Scotland, 1750 – 1820*, Leiden: Brill, 2010; Jane Rendall, ed., *The Origins of the Scottish Enlightenment, 1707 – 1776*, New York: St. Martin's Press, 1978。

② Adam Ferguson, *An Essay on the History of Civil Society*, London: T. Cadell, 1767, p. 205; Friedrich Hayek, "The Results of Human Action but Not of Human Design", in Friedrich Hayek, ed., *New Studies in Philosophy, Politics, Economics and the History of Ideas*, Chicago: University of Chicago Press, 1978, pp. 96 – 105.

③ Robert Jervis, *System Effects: Complexity in Political and Social Life*, Princeton, New Jersey: Princeton University Press, 1997, pp. 6 – 7;〔美〕罗伯特·杰维斯：《系统效应：政治与社会生活中的复杂性》，李少军、杨少华、官志雄译，上海人民出版社，2008，第 2～3 页。

应的延迟，而不是像那些错误的基本科学论点所说的那样。① 当然，反过来看，尽管按照单向、线性和加法程式进行思维经常导致错误，但如果说这种非系统思维全无是处，那我们就很难再以这种方式观察世界，比如以混沌理论为基础的气象学告诉我们，蝴蝶扇动翅膀可以影响地球另一面的天气模式，但这并不意味着每一次的蝴蝶移动都会造成风暴或晴天。②

系统的复杂性和系统效应的延迟（导致系统行为的结果的非确定性），无疑使观察者对系统进行认识和理解的难度提升。其中，"复杂性是简单要素的丰富相互作用的结果，这种简单要素仅仅对呈现给它的有限的信息做出响应。当我们观察作为整体的复杂系统的行为时，我们的注意力就从系统的个别要素转移到了系统的复杂结构。复杂性是作为要素之间的相互作用模式的结果而突现（emergence）"。③但是，这并不意味着我们面对复杂系统时就束手无策，因为"复杂系统具体历史，它们不仅随着时间而演化，而且过去的行为会对现在产生影响。任何对于复杂系统的分析，如果忽视了时间维度就是不完整的，或者至多是对历史过程的共时快照"。④复杂系统，无论是生物系统还是社会系统，如果不考虑其历史，就是无法理解的。

然而，在分析一个系统时，应该谨慎使用历史的概念，这是因为：一个系统的历史，不是以能够被重构的方式在系统中呈现出来的，系统历史的"效应"是重要的，但是历史本身是通过系统中的自组织过程而连续地转化着——留下的只是分布于系统中的历史痕迹。⑤换言之，复杂系统本身还具有两种不可或缺的能力：表征（能够储存关涉环境的信息以备未来之运用，以及在必要时能够适应性地改变其结构）过程和自组织（在没有外部设计者的先验必然情况下内部结构的发展和变化）过程。⑥复杂系统中许多因素以不同步的方式相互作用，展示了意外的且常常是不可预测的行为，任何分析如果忽视了复杂系统的自组织行为的可能性，都将严重缺乏解释力；显然，一个系统，如果仅仅是混沌的行为便

---

① 参见 Stephen Schneider, "Detecting Climatic Change Signals: Are There Any 'Fingerprints'?", *Science*, Vol. 263, No. 5145, 1994, pp. 341-343。

② Robert Jervis, *System Effects: Complexity in Political and Social Life*, p. 260.

③ 〔南非〕保罗·西利亚斯：《复杂性与后现代主义——理解复杂系统》，第6页。

④ 〔南非〕保罗·西利亚斯：《复杂性与后现代主义——理解复杂系统》，第6页。

⑤ 〔南非〕保罗·西利亚斯：《复杂性与后现代主义——理解复杂系统》，第148页。

⑥ 〔南非〕保罗·西利亚斯：《复杂性与后现代主义——理解复杂系统》，第14页。

是没用的，而如果过分稳定则也是有缺陷的。①

　　本书对于复杂系统论的借鉴，可以说贯穿于全书始终。换言之，本书尽可能地坚持一种系统思维，并将这种复杂系统观可操作化于本书的谋篇布局。宏观上，认为新兴大国气候政治群体化生发于全球气候政治复杂系统，而该复杂系统较为明晰的制度结构是首先须予以考量的叙事情境或曰话语背景；微观上，各个主要新兴大国的气候政治变化，构成了全球气候政治系统下的若干个独特的子系统；中观上，由新兴大国气候政治变化这些微观子系统更关涉到其与外界或曰共同他者间的互动（他群反馈与我群联合回应）。如此，复杂系统观有助于使本书更具整体性。

　　其三，符号互动论（Symbolic Interactionism），又称象征互动论，是一种用心理学视角研究社会的理论。该理论产生于 20 世纪 30 年代，由美国社会学家乔治·赫伯特·米德（George Herbert Mead）首创，"符号互动论"这一术语则由米德的学生赫伯特·布鲁默（Herbert Blumer）提出，它有三个基本的前提：人们根据其赋予事物的意义来对待事物；这些事物的意义则来源于（个体与他者乃至社会之间的）社会互动；人们还会根据情境的不同来调整对于这些事物意义的诠释。② 而且，符号互动论的中心思想包括五个方面：第一，人，必须被理解为社会人（符号互动因之关注行为体间的互动，个体由互动而建构，社会亦由社会互动而建构，如果我们想要理解行为的起因，则必须关注社会互动）；第二，人是有思想的存在（我们不仅仅单纯地同外部世界互动，还与我们自身对话，因而想要理解行为，还得关注人类思维）；第三，人并非直接感知环境，相反，还对所处环境进行界定（这种界定并非随意发生，而是来自持续的社会互动和思考）；第四，当前的形势是行为产生的原因（当前的社会互动与思维以及当前对环境的分析界定，导致了行为的出现，即使过去的经验也要服从于当前的形势判断）；第五，人境关系中的人是积极的存在（诸如"受环境压制、限制"

---

① 参见〔南非〕保罗·西利亚斯《复杂性与后现代主义——理解复杂系统》，第 132～134 页。

② 参见 Herbert Blumer, *Symbolic Interactionism: Perspective and Method*, Englewood Cliffs, New Jersey: Prentice-Hall, 1969; David A. Snow, "Extending and Broadening Blumer's Conceptualization of Symbolic Interactionism", *Symbolic Interaction*, Vol. 24, No. 3, 2001, pp. 367 – 377; Calvin J. Larson, *Sociological Theory: From the Enlightenment to the Present*, New York: General Hall, 1986, p. 143。

等被动的字眼并不适用于符号互动论，与其他社会科学视角相比，符号互动论中的人是积极的）。① 另外，符号互动论的基本原则在于：人的施动性（human agency）、互动决定（interactive determination）、符号化（symbolization）、突现（emergence）。其中，"突现"不同于上文复杂系统论有关复杂性的界定，而意指社会生活中的过程与非习惯方面，不仅关注社会生活的组织与结构，而且指涉其意义与情感；"突现"使社会生活的新形式与系统意义，乃至社会组织在当前情境中的结构转型成为可能。②

符号互动论之于本书的方法论意义，主要在于"互动"，比如新兴大国群体内部的互动，以及伞形国家和欧盟等发达国家群体、小岛国家和最不发达国家等其他发展中国家，这些国家群体分别与新兴大国之间的气候政治互动，可以说为新兴大国气候政治群体化提供了内外动因。这里需要指出的是，考虑到前述复杂系统效应，新兴大国气候政治群体化的内生机制须比较分析这些大国的气候政治变化及其动因，因为从逻辑上看，一国对气候政治参与还是不参与，乃至这个国家在全球气候政治群体化中的身份选择（笔者称之为"站队选择"）恐怕是个十分重要的先行因素，直接影响到群体内、群体间互动的延续。当然，符号互动论最重要的意义在于，互动对于身份的强化/再造，本书也是在这种意义上对群体间互动进行论证。此外，"互动"也有助于使本书的分析更具动态性。

其四，社会心理学之"群体"论。社会心理学认为，群体是由两个及以上个体之间以某种方式相互影响、相互依赖而形成的。根据这一定义，群体的特性在于：群体内的适当行为（appropriate behavior）由规范（norms）决定；个体的行为和责任由群体内的角色（roles）来确定；群体内的交流结构（communication structure）决定了群体内的话语状况（who talks to whom）；权力结构（power structure）则决定了群体内成员的权威分配状况和影响大小。③

① Joel M. Charon, *Symbolic Interactionism: An Introduction, An Interpretation, An Integration*, Englewood Cliffs, New Jersey: Prentice Hall, 2009, pp. 28 – 31.

② David A. Snow, "Social Movements", in Larry T. Reynolds and Nancy J. Herman-Kinney, eds., *Handbook of Symbolic Interactionism*, New York: AltaMira Press, 2003, pp. 812 – 824.

③ "Social Psychology: Groups", http://www.sparknotes.com/psychology/psych101/socialpsychology/section8.rhtml.

1956 年，美国社会心理学家所罗门·阿希（Solomon Asch）进行了一项有关群体的从众（conformity）研究。该研究发现，群体规模（size）和群体一致（unanimity）是影响个体从众的重要因素。其中，群体规模越大，越多个体可能追随之，但当这个群体的规模达到一定的程度，从众性不再增强；群体一致会受到极少数异议（dissenter）的冲击。如此一来，对于行为体个体而言，（参与）群体化的动因主要在于：个体希望被群体接受，或者担心被群体拒绝，因为群体往往能产生规范社会影响（normative social influence）；群体能为个体提供信息，即群体能产生信息社会影响（information social influence）；个体希望通过群体化而获取物质或社会报酬；个体向往群体（认同群体的吸引力），并愿意成为该群体的成员。①

社会心理学之"群体"论，主要在如下核心概念的界定和对群体的理解上为本书提供了启迪。不过，本书暂且搁置"群体化"和"独立化/个体化"这二者何时何地更可能成为优选战略/策略的分析思考，而结合全球气候变化的政治现实，倾向于认为在当前甚或可预见的未来，群体化对于新兴大国而言仍具有较为深远的国际政治意义和发展前景（详见本书第五章）。

三　现实意义与方法

2008 年以来，巴西、俄罗斯、印度、中国和南非等新兴经济体在全球治理的相关议题领域投射广泛影响力，对传统西方大国主导的话语体系构成了一定的冲击。② 我们所讨论的新兴大国，正如其英文语境中常用"Emerging Powers"所呈现的，它既是国际关系中的一个群体现象，又主要指涉国际政治中的地区性大国。这些国家的国土面积乃至市场规模都较大、经济增长持续、广泛参与地区与全球事务、影响力重大。冷战结束以来，有关国际体系延续与变革的讨论引起人们广泛关注。学界就现有霸权国是否式微的问题虽未达成共识，但基本认可国际

---

① 参见 Solomon Asch，"Studies of Independence and Conformity：A Minority of One against a Unanimous Majority"，*Psychological Monographs*，Vol. 70，No. 9，1956，pp. 1 – 70。

② National Intelligence Council，*Global Trends 2025：A Transformed World*，Washington，DC：US Government Printing Office，2008；John Ikenberry，"The Future of the Liberal World Order"，*Foreign Affairs*，Vol. 90，No. 3，2011，pp. 56 – 68.

政治力量格局面临调整的趋势。① 新兴大国的崛起，正是在这种颇有争议的话语背景中悄然兴起。② 纵观国际关系史，既有的国际秩序总会遭遇一些（体系内/外的）挑战者，这几乎成了我们理解国际关系演进的思维定式。③ 然而，当前的新兴大国，似与历史上的挑战者存在较大差异：新兴大国并不必然反对现存的国际规范，它们的早期发展与单向社会化进程紧密相关，以便为国际社会所接受，因之面对的仍是西方主导的霸权体系，但新兴大国是否因此成为规范接受者或参与规范制定，可能还须取决于具体的情境；就是否建构一个新的世界秩序而言，新兴大国群体内部也存在不同意见。④ 可以想见，世界政治中的全球治理需求，尤其具体的叙事情境如气候政治，为新兴大国提供了"新"的"用武之地"；同时，新兴大国之"兴"，则在于其大国身份仍从西方主导之国际体系中生发而来，且这种"兴起"仍在发展中，带有不确定性。⑤

因此，对于全球气候政治中的新兴大国群体化现象进行历史比较和考察，有助于我们认识和廓清新兴大国在气候变化议题上何以"抱团打拼"的动因所在。另外，通过比较个案，让我们既可以明晰巴西、俄罗斯、印度、中国、南非等新兴大国气候政治变化的动因，又可以为我们分析这些新兴大国的具体的（国内和国际）气候政策提供现实启迪。特别的，对于作为主要新兴大国之一的中国，本书还将其与印度进行了相似性考察，同为亚洲的发展中的人口大国，又作为地

---

① Charles Krauthammer, "The Unipolar Moment", *Foreign Affairs*, Vol. 70, No. 1, 1990/1991, pp. 23 – 33; William Wohlforth, "The Stability of a Unipolar World", *International Security*, Vol. 29, No. 1, 1999, pp. 5 – 41; Gideon Rachman, "Think Again: American Decline", *Foreign Policy*, No. 184, 2011, pp. 59 – 65.

② Azar Gat, "The Return of Authoritarian Great Powers", *Foreign Affairs*, Vol. 86, No. 4, 2007, pp. 59 – 69; 也可参见 Charles Kupchan, *No One's World: The West, the Rising Rest, and the Coming Global Turn*, New York: Oxford University Press, 2012。

③ Robert Gilpin, *War and Change in World Politics*, Cambridge: Cambridge University Press, 1981, Chapter 5; Paul Kennedy, *The Rise and Fall of the Great Powers*, New York: Random House, 1987, pp. 441 – 442, 488, 538; George Modelski, *Long Cycles in World Politics*, London: Macmillan, 1988; George Modelski, "Evolutionary Paradigm for Global Politics", *International Studies Quarterly*, Vol. 40, No. 3, 1996, pp. 321 – 342.

④ Pu xiaoyu, "Socialisation as a Two-way Process: Emerging Powers and the Diffusion of International Norms", *The Chinese Journal of International Politics*, 2012, Vol. 5, No. 4, pp. 365 – 366.

⑤ 这里关于新兴大国之"新"与"兴"的理解，主要受到理查德·内德·勒博（Richard Ned Lebow）论著的启发。参见 Richard Ned Lebow, *A Cultural Theory of International Relations*, Cambridge: Cambridge University Press, 2008, pp. 545 – 546。

区内主要温室气体排放大国，其共同的新兴大国身份标识往往还可见于"国际形象/负责任大国"等国际社会的反馈评价中。

具体而言，可能涉及如下六种研究方法或路径。

第一，归纳演绎。显然，新兴大国何以"抱团打拼"参与全球气候政治？此问题属于国际关系中的经验困惑，但在展开论述时有赖于对已有理论认识的归纳，再演绎到具体实例当中，以探讨新兴大国群体化现象，并进行一定的理论抽象与学理思考。

第二，层次分析。层次分析法（level of analysis approach）是国际关系研究中较为经典的重要方法之一，最早可见 1959 年肯尼思·沃尔兹所著《人、国家与战争——一种理论分析》，他从人性、国家与国际体系这三个"意象"（image）对战争根源进行了综合分析，开创了国际关系研究的层次分析法。[1] 随后，戴维·辛格（David Singer）、詹姆斯·罗斯诺（James Rosenau）、布鲁斯·拉塞特（Bruce Russett）和哈维·斯塔尔（Harvey Starr）等相继对这些研究层次进行了不同程度的修正或细化，以利于加强相关研究的层次感，使分析论证过程更为简洁清晰。[2] 可见，其余不论（比如运筹学上对层次分析法可能存在"定量分析不足"等缺陷的诘难），姑且从层次分析法的优势来看，无疑该方法的创设初衷与改进，本质上都是为了更好地区分国际关系研究中的各种变量，从而在不同的变量间建立起可供检验的关系假设。即使并不刻意寻求"科学化"证伪/证实，层次分析法因其系统性和可操作性，亦至少有助于我们在纷繁复杂的叙事情境中对系统进程进行较为明晰的诠释。因而，本书部分借鉴了这种层次分析的研

①　Kenneth Waltz, *Man, the State and War: A Theoretical Analysis*, New York: Columbia University Press, 1959, p. 238; 〔美〕肯尼思·N. 华尔兹:《人、国家与战争——一种理论分析》，倪世雄、林至敏、王建伟译，上海译文出版社，1991，第 200～210 页。另参见〔美〕肯尼思·N. 华尔兹《人、国家与战争——一种理论分析》，信强译，上海人民出版社，2012；秦亚青:《层次分析法与国际关系研究》，《欧洲》1998 年第 3 期，第 4～5 页；张贵洪:《理解国际关系:主题、方法、意义》，《浙江大学学报》（人文社会科学版）2002 年第 5 期，第 148 页；尚劝余:《国际关系层次分析法:起源、流变、内涵和应用》，《国际论坛》2011 年第 4 期，第 50 页。

②　David Singer, "The Level-of-Analysis Problem in International Relations", in Klaus Knorr and Sidney Verba, eds., *The International System: Theoretical Essays*, Princeton, New Jersey: Princeton University Press, 1961, pp. 77 - 92; James Rosenau, *The Scientific Study of Foreign Policy*, London: Frances Printer, 1980, pp. 115 - 169; Bruce Russett and Harvey Starr, *World Politics: A Menu for Choice*, New York: W. H. Freeman, 1992, pp. 11 - 17.

究路径，谋篇布局即从宏观（叙事情境）、中观（群体）、微观（个案比较）上渐次展开。这里，值得注意的是，出于选题所重点关注经验事实的特殊性和研究需要，在具体的行文中须对"宏观→中观→微观"的"降序"式惯性稍做调整，即改为"宏观→微观→中观"。笔者以为，对于全球气候政治这一宏观叙事情境而言，要使我们对"群体化"这一系统效应式乱象的研究具有一定的可信性和较强的说服力，在完成宏观叙事情境这一话语背景铺陈之后，有必要先进行微观上的个案比较。因为在气候政治这一带有自反性和全球公共问题属性的议题领域，显然很大程度上首先是个体行为体（尤其国际政治中的大国）"参与还是不参与"，这将极大影响问题解决进路本身，况且大国一旦参与该进程还可能产生路径依赖（如此亦为我们进一步分析"群体化"提供了前提），故而新兴大国的气候政治参与，可能成其为"群体化"形成之助然/许可要素。①

第三，历史分析。本书从广度上涉及全球气候政治变迁史，以及有关新兴大国参与全球气候政治的纵向梳理和横向对比，从深度上又涉及一定的理论分析。运用历史分析法，辩证地、变化地、发展地分析本书中三个维度（宏观、微观、中观）上的动态进程是十分必要的，研究中所体现的历史感、方法中所蕴含的历史观，一定程度上可以帮助我们在理解和诠释气候政治复杂系统时，动态地、全面地看待和分析问题，并对不同的历史阶段加以联系和比较，探索其实质，讨论其国际政治意义。需要指出的是，历史分析法的运用，尤其对于史实细节的掌握与深究，既可以保证分析的说服力、研究的可信性和论证的合理性，又可实现理论研究上的真正创新，即在历史研究中提炼一定的理论认识，推动与研究相关的理论发展进程。另外，历史分析法的优势还在于，一般从经验困惑出发，而后尽可能地提炼些许理论分析，这在方法和逻辑上可以有效避免"从理论到理论"的循环论证。

第四，定性/定量分析。这里，之所以将定性和定量分析法综合起来加以考虑和说明，是因为，在笔者看来，二者其实相辅相成，或者可以说，这两种方法其实难以割裂开来而只选择其一。就当前国际关系研究的实际而言，大概有两种背道而驰的文风，要么偏向所谓"定性"分析，要么极度强化"定量"分析。

---

① Alexander Wendt, *Social Theory of International Politics*, p. 343；另参见秦亚青《关系与过程——中国国际关系理论的文化建构》，上海人民出版社，2012，第 208 页。

其中，后者的上升势头似乎略为强势，且往往将自身标识即"定量"等同于"科学"。① 诚然，"定量"方法的时髦化，其正能量在于——与国际关系研究中的低水平重复相"决裂"。不过，定性分析的难度其实丝毫不亚于定量分析，而过于强调定量与"实证主义"，显然也是走向了另一个极端。② 因而，我们对于定性/定量分析法的应用，仍须服务于具体的研究问题。就本书而言主要还是注重定性分析，仅当涉及具体的气候政治议题导向，比如减缓、适应、资金、技术等有关量化数据的处理和统计时，方可能借助定量分析，以从技术上、工具上丰富经验论证过程，提升相关概念和分析框架的可操作性等。

第五，案例分析。案例分析法（case analysis method），又称个案研究法，这主要体现在对新兴大国个案的分析中，即探讨巴西、俄罗斯、印度、中国、南非等新兴大国的气候政治变化，显然有必要进行一定的个案分析，从而保证研究的细化和深度，也有利于检验与研究相关的形式模型，或从中总结规律性认识。

第六，比较分析。比较分析法的应用，包括比较案例和比较政治研究，主要体现在新兴大国参与全球气候政治的个案比较上。具体而言包括比较五个新兴大国的气候政治变化进程，尤其通过历史和政治意义上的横向比较，尝试发现新兴大国气候政治的变化机制。此外，在研究"群体化"的历史纵向演化中，同样运用比较分析，洞悉新兴大国群体自"G77 + 中国"以来的动态进程及其特征，以及新兴大国自群体与共同他者间的互动对比。简言之，通过横向和纵向的对比，可能最终较为清晰地廓清和认识新兴大国气候政治群体化这一复杂系统进程。

① 代表国际关系研究前沿的学术期刊，国际上如 IO（*International Organization*）和 IS（*International Security*），国内如《世界经济与政治》和《当代亚太》，近年来明显表现出以刊载定量研究成果为主的趋势。一些将科学行为主义和定量分析奉为圭臬的研究者因此认为，"若不掌握科学（尤其'定量'）研究方法，十年内在国际关系学界几无可以立足之地"。

② 比如计量统计的纯科学方法，可以说是当前技术宰制和人类社会过于理性化的微妙殖民，对于政治学科来说，这种殖民妨碍了政治理论的洞察力和变革能力，有陷入一种僵化迷思的危险。对"实证主义"的批评，参见〔英〕台乐怡《与权力做斗争——拒绝美国国际关系研究中的实证主义》，徐进译，《世界经济与政治》2010 年第 2 期，第 135～139 页，该文还指出当前国际关系学中的界限设定来自两股力量：一是美国霸权，二是经济学霸权（第 139 页）；近年有关定量分析的批评，参见王缉思《关于比较政治学学科建设的几点浅见》，《国际政治研究》2013 年第 1 期，第 8 页。

第二节　新兴大国气候政治研究新进展：理论与实践①

直接讨论"新兴大国气候政治群体化"的研究尚不多见，但与之紧密相关的，即研究"新兴大国参与全球气候治理"，则至少须注重两大层面的思考：一方面，全球气候治理本身，为新兴大国等国际关系行为体的气候政治参与提供了话语背景或曰互动舞台，如减缓和适应气候变化等议题导向，就从客观上规约了有关新兴大国可能的行动空间和现实政策选择；另一方面，作为参与主体的新兴大国，不同于国际政治中的传统大国，如有关国际气候规范内化程度、履约机制、发展立场、价值诉求等，不可避免与传统大国存在不小的差异和分歧，因而分析新兴大国的主体选择、气候政策立场演化等，也是不容忽视的重要因素。笔者通过查阅中国知网（CNKI）、国家哲学社会科学学术期刊数据库（NSSD）、剑桥大学出版社电子期刊（CUP）、JSTOR 数据库、牛津大学出版社全文数据库（Oxford Journals）、Project MUSE 电子期刊数据库、SAGE 期刊、Taylor & Francis 期刊数据库、Wiley 在线图书馆等丰富的电子资源和已公开出版的气候问题研究相关著作以及相关国家在线公布的气候变化研究报告等，发现现有对"新兴大国参与全球气候治理"的研究也正是从"全球气候治理""新兴大国的气候政治参与"这两大维度来进行的。其中，尤以全球气候治理方面的研究为主阵地，相关的论著和报告等大多较为侧重全球气候治理的理论内涵及其对新兴大国的意义衍生。新兴大国气候政治方面的研究，则以主要新兴大国如中国的"发展诉求"等现实战略优先性分析为重。

一　全球气候治理

有关全球气候治理，学者们从不同视角对其进行了理论解读。如从传统的地缘政治博弈角度看待全球气候治理，各国的博弈战略选择主要基于自身的气候变化脆弱性与相关的发展路径、社会经济结构、技术资金等非地理性地缘因素的考量，在全球气候治理上，"强国家－弱社会"的传统国际政治模式须向"国家－

① 赵斌：《新兴大国气候政治研究新进展：理论与实践》，《当代世界与社会主义》2017 年第 1 期，第 159～165 页。

社会对等"的模式转变。① 如此一来，全球气候政治与传统国际政治议题间的二元对立似乎并非泾渭分明，二者往往相互渗透，且用以解释传统安全议题的变量似亦可迁移运用到气候政治分析中。比如从南北关系格局的角度分析当前全球气候治理的困境，认为最需要的是发达国家勇于承担历史责任，在自身做出实质性减排的同时，向发展中国家提供资金和技术支持，以达成公正而有效的全球气候安排，保护人类共有家园；② 安德鲁·哈瑞尔（Andrew Hurrell）和桑迪普·森古普塔（Sandeep Sengupta）合著刊于《国际事务》上的重要论文，也从这一角度分析了全球气候政治与新兴大国间的相关性，认为南方国家③多边主义的新形式为当前的地区与新兴大国所倡导，从而重申全球南方之政治立场，金融危机更是强化了这种全球治理的南北格局。④

　　全球气候治理涉及的参与主体甚广，不仅包括传统的主权民族国家，还涵盖了次国家、非国家行为体等。如以气候领导城市团体（C40）为案例，分析城市作为次国家行为体，参与全球气候治理，形成了跨国城市气候网络，该气候网络为全球气候治理增添了新的次国家互动层面，也为全球气候治理吸纳了更多的地方行为者，扩大了环境政策的执行空间，还充当技术创新活动家和规范扩散者角色，且通过与各种外部行为体的积极合作来进一步推进城市弹性网络的杠杆作用。⑤ 从非政府组织与全球气候治理的关系来看，非政府组织推动了全球气候治理主体多元化、以多种方式嵌入政府间体系并与之建立制度化联系、促进气候政治的社会化、推动全球公益取向的气候伦理形成、促成相互依赖基础上的跨国气候合作等，但非政府组织在全球气候治理中的局限性也十分明显，如资源支配力

① 范菊华：《全球气候治理的地缘政治博弈》，《欧洲研究》2010 年第 6 期，第 1 ~ 18 页。

② 檀跃宇：《全球气候治理的困境及其历史根源探析》，《湖北社会科学》2010 年第 6 期，第 123 ~ 125 页；檀跃宇：《全球气候治理中的南北关系》，《当代世界》2010 年第 6 期，第 32 ~ 34 页。

③ 本书的"南方国家""第三世界"，均指称群体同一性意义下的发展中国家，特别说明除外。有关"南方国家"与"第三世界"这两个概念在经济政治意义上的差异分析，参见 Adil Najam, "Developing Countries and Global Environmental Governance: From Contestation to Participation to Engagement", *Global Environmental Agreements*, Vol. 5, No. 3, 2005, pp. 303 – 321.

④ Andrew Hurrell and Sandeep Sengupta, "Emerging Powers, North-South Relations and Global Climate Politics", *International Affairs*, Vol. 88, No. 3, 2012, pp. 463 – 484.

⑤ 李昕蕾、任向荣：《全球气候治理中的跨国城市气候网络——以 C40 为例》，《社会科学》2011 年第 6 期，第 37 ~ 46 页。

与合法性来源不足。① 沙赫扎德·安萨里（Shahzad Ansari）等学者的研究则综合考察了跨国公司、民族国家、非政府组织，以及其他正式和非正式的利益相关者，表明全球倡议削弱了国家边界的重要性，跨国层次制度的必要性因之凸显，尤其是涉及跨国公共问题时，需要一种非线性进程应对之，即包含主要行为体且认同在该公共问题领域上的共同命运感、这些行为体认识到它们的行动有助于问题解决、采取集体行动解决问题这三个必备条件。②

国内政治、经济发展、人类认知、地缘关系、社会观念是影响国际气候制度建设的主要因素，因之气候治理须从提升机制运作、注重要素互动、坚持适度原则等方面进行；从全球气候治理的认知过程、全球气候治理行动与制度建设、全球气候治理责任等方面的综合分析来看，不同的主体角色在相应的全球气候治理中承担了不同的国际责任；③ 曼贾娜·米尔科瑞特（Manjana Milkoreit）博士在她的一份工作论文中探讨了全球气候治理的认知路径，即以认知情感映射（cognitive affective mapping，CAM）④ 为定性研究工具，分析了诸如德班气候大会时的南非何以产生与其他新兴大国（如基础四国中的另三个成员国即巴西、印度、中国）不同的气候政治价值考虑；⑤ 从领导权逻辑看来，大国的领导对全球气候治理而言至关重要，如可以为集体行动提供选择性激励

---

① 宋效峰：《非政府组织与全球气候治理：功能及其局限》，《云南社会科学》2012 年第 5 期，第 68～72 页。

② Shahzad Ansari, Frank Wijen and Barbara Gray, "Constructing a Climate Change Logic: An Institutional Perspective on the 'Tragedy of the Commons'", *Organization Science*, Vol. 24, No. 4, 2013, pp. 1014 – 1040.

③ 李盛：《国际气候治理的制度分析》，《辽宁大学学报》（哲学社会科学版）2011 年第 5 期，第 63～66 页；李盛：《全球气候治理与中国的战略选择》，博士学位论文，吉林大学，2012 年 6 月。

④ CAM 是一种网络图或概念图，用以显示人们观点的概念结构和情感特质，并揭示附着于这些概念和目标之上的正面与负面价值。参见 Robert M. Axelrod, *Structure of Decision: The Cognitive Maps of Political Elites*, Princeton, New Jersey: Princeton University Press, 1976; Jonathan Mercer, "Emotional Beliefs", *International Organization*, Vol. 64, No. 01, January 2010, pp. 1 – 31; Paul Thagard, "Mapping Minds across Cultures", in Ron Sun, ed., *Grounding Social Sciences in Cognitive Sciences*, London: MIT Press, 2012, pp. 35 – 60。

⑤ Manjana Milkoreit, "What's the Mind Got to Do with It? A Cognitive Approach to Global Climate Governance", Stockholm Environment Institute Working Paper, No. 2012 – 04, http://www.sei – international.org/mediamanager/documents/Publications/Climate/SEI – WP – 2012 – 04 – Cognitive – Climate.pdf.

并获得报酬。①

经济学分析角度，有从演化经济学角度分析国际气候合作制度的变迁，认为国际气候合作制度生成的外部条件在于气候认知与国家间发展的差异，制度演进中的集体困境则在于国家利益与全球利益的冲突，制度的动态演化则主要表现为单轨与双轨制间的博弈。② 也有依据"能否保障全球减排目标实现"、"公平性"、"排放的静态配置效率"和"促进减排技术进步的动态效率"等四条标准，对"行业技术标准"、"全球排放税"和"可交易排放许可"这三种全球气候治理政策工具进行比较，从而分析得出综合优势最突出的气候治理政策工具在于"可交易排放许可"这一较重要的经济学推论。③ 还有认为造成全球气候治理中"搭便车"行为的原因主要在于气候治理的公共物品属性、气候治理的巨额交易费用、参与气候治理的成员结构这三大方面。④

以气候变化为自变量，可以分析影响气候政治演变的特点和方向，即地缘政治大国气候博弈的合法性正在丧失，制约全球共同行动的因素（科学不确定性、滞后效应、历史责任等）将会受到更大制约和克服，减排与发展的矛盾的重要性也要逐步让位于气候问题解决的迫切性，气候变化最有可能从根本上推动全球建立一套具有实质约束力的全球"深度"治理机制。⑤ 全球气候治理还存在主体间权威分配缺陷，如国家权威独大而科学机构权威不足、国际组织和国际制度权威不足等，全球气候治理中还存在国家的"跨国转型"不足，为此，全球气候治理须从政治、科学、市场这三环节互动关系中寻求合理的制度安排。⑥

① 谢来辉：《领导者作用与全球气候治理的发展》，《太平洋学报》2012 年第 1 期，第 83 ~ 92 页。

② 杨春瑰：《气候治理的国际合作制度生成与演化发展——从演化经济学的角度》，《求索》2011 年第 12 期，第 23 ~ 24 页。

③ 刘培林：《全球气候治理政策工具的比较分析——基于国别间关系的考察角度》，《世界经济与政治》2011 年第 5 期，第 127 ~ 142 页。

④ 邵雪婷、韦宗友：《全球气候治理中"搭便车"行为的经济学分析》，《环境经济》2012 年第 1 期，第 47 ~ 51 页。

⑤ 张胜军：《全球气候政治的变革与中国面临的三角难题》，《世界经济与政治》2010 年第 10 期，第 100 ~ 102 页。该文还从"本国利益最大化""发展中国家团结""发达国家资金技术支持"这三角难题论析上，解读了作为新兴大国代表的中国所面临的气候治理困境，并思考其何以在责、权、利三者间寻求某种平衡，参见该文第 107 ~ 110 页。另参见张胜军《全球深度治理的目标与前景》，《世界经济与政治》2013 年第 4 期，第 55 ~ 75 页。

⑥ 杨晨曦：《全球环境治理的结构与过程研究》，博士学位论文，吉林大学，2013 年 6 月，第 149 ~ 161 页。

当前全球气候治理上的国际法与政治努力（制度间协调与合作）存在着不同程度的缺陷。尤其国际法方面，至少存在三方面的不足，哈洛·范·阿赛特（Harro van Asselt）称之为国际法的"碎片化"（fragmentation），即对冲突的界定未能涵盖所有分歧以及条约间（如环境协定之间）不一致而产生的负面影响、条约的主体（如 COPs，气候变化框架公约缔约方）也会引发冲突、特定情势下的规范也未能明确必然的分歧；国际法与政治之间的整合可能有效推动气候变化多边机制的形成。[1] 值得一提的是，阿赛特在随后的研究中，针对其所谓全球气候治理"碎片化"如何监管的难题又进行了进一步追踪，通过国际技术创新、排放交易体系、多边贸易举措等案例，分析了全球气候治理中的联合国气候变化框架公约（UNFCCC）进程之创新可能，从而最终扩展和深化国内与国际这两大层次间的气候政治协调性。[2] 迈克尔·范登博格（Michael Vandenbergh）和马克·科恩（Mark Cohen）的研究也表明了气候变化治理的边界与漏洞，他们认为当前的体制对于主要发展中国家而言缺乏激励。全球层次上，有关后京都时期碳排放限额与交易体系的谈判进展缓慢，这构成发展中国家与发达国家间分歧之主要障碍；联邦与地区层次，碳排放限额与交易立法很可能形成，但在如美国，仍因"归咎于"发展中国家不遵从美国意愿等因素而延迟或搁置；为公司企业等私营部门的减排进行激励的计划趋于成熟，这些计划在成本与收益上的探索都具有一定的可行性。鉴此，对政府规制减排的传统倡议固然必要，但不足以实现实质上的减排目标或将大量资金转移到发展中国家，因之即使当前缺乏广泛的公共支持，碳信息披露（carbon information disclosure）仍成为公私行为体的可行策略且刻不容缓。[3]

2009 年，世界银行的一份有关气候变化下的发展研究报告指出，气候变化

[1] Harro van Asselt, "Dealing with the Fragmentation of Global Climate Governance: Legal and Political Approaches in Interplay Management", Global Governance Working Paper, No. 30, May 2007, http://www.glogov.org/images/doc/WP30.pdf.

[2] Harro van Asselt and Fariborz Zelli, "Connect the Dots: Managing the Fragmentation of Global Climate Governance", Earth System Governance Working Paper, No. 25, Lund and Amsterdam: Earth System Governance Project, 2012, http://www.earthsystemgovernance.org/sites/default/files/publications/files/ESG - WorkingPaper - 25_ van%20Asselt%20and%20Zelli_ 0. pdf.

[3] Michael P. Vandenbergh and Mark A. Cohen, "Climate Change Governance: Boundaries and Leakage", Discussion Paper-Resources for the Future (RFF), No. 09 - 51, November 2009, http://www.environmentportal.in/files/Climate%20Change%20Governance.pdf.

治理给当代政治/管理体系带来严峻挑战，这些体系须在减缓和适应气候变化上有效应对，因而需要政府积极转变利益认知，稳步引导减排和适应政策的社会支持，有效措施包括建立联合、必要收购、组建新的经济中心、创造新的法人股东、调整法律权责、转变观念惯例和预期等。① 类似的，托马斯·伯纳尔（Thomas Bernauer）和莉娜·谢弗（Lena Schaffer）则从全球治理目标、政府间气候变化专门委员会、联合国气候变化框架公约和京都议定书这三方面回溯了全球气候治理系统的演化，并从全球公共物品与搭便车问题、减缓气候变化的争议经济上初步分析了国际合作难以达成的原因，从而探讨国内层次之于全球公共物品提供的可能努力。② 同时，来自哈佛的研究报告则侧重 UNFCCC 的重要作用，并从参与主体拓展、制度选择、国际贸易机制、三可核查（可测量、可报告、可核实）、信任建立与制度学习等方面探讨了深化框架公约进程的可能性。③

　　此外，还有学者从批判理论的视角出发，认为世界体系的工业化核心主导着技术变革并操纵世界市场需求，进而科学、权力，宰制和绑架了气候政治，人的安全在全球气候变化中更显得迷茫无助，气候债务（climate debt）和全球社会公正问题突出；基于批判气候政治和地缘政治考量，当前全球气候政治的"南北两极"中的北方国家，西方的生活方式与非生态、非可持续性的资本主义发展乃至从工业革命到当代新自由主义世界秩序，都构成了造就当前气候债务恶化的主要诱因，西方物质主义泛滥影响了作为"他者"之南方国家的生存和发展；UNFCCC 也是出于保护地球上少数富人而出台，国际法同样无法照顾到那些跨境的气候移民，排放权相对而言亦只是关照有限的人权（考虑少部分人的健康和舒适而已）。④ 这种犀利分析发人深省，令人印象深刻。无独有偶，也有其他一些学者对气候变化治理现状表达不满甚至悲观看法，或绘制可能的气候政治悲观

---

① James Meadowcroft, "Climate Change Governance", World Bank Policy Research Working Paper Series, Vol. 4941, 2009, http://elibrary.worldbank.org/docserver/download/4941.pdf? expires = 1379054479&id = id&accname = guest&checksum = 16C907218C2E77C1D2DE37863F9B2463.

② Thomas Bernauer and Lena Schaffer, "Climate Change Governance", CIS Working Paper, No. 60, July 2010, http://www.ied.ethz.ch/pub/pdf/IED_WP12_Bernauer_Schaffer.pdf.

③ Christopher Allsopp et al., "Institutions for International Climate Governance", The Harvard Project on Climate Agreements: Policy Brief, November 2010, http://belfercenter.ksg.harvard.edu/files/HPCA - Policy - Brief - 2010 - 01 - Final.pdf.

④ Arun G. Mukhopadhyay, "Climate Climax: Power, Development and 'World Peace'", February 18, 2010, http://papers.ssrn.com/sol3/papers.cfm? abstract_id = 1554864.

主义图景，或认为气候变化治理不过就是"新行为体＋老的政治问题"，需要更广泛的努力应对以规避气候变化走向非可控的最糟糕情境。[①]

二 新兴大国参与全球气候政治互动

新兴大国参与全球气候政治互动，这方面的研究较为重视新兴大国的主体性，即可以从大国外交、战略博弈、价值体系、社会观念、利益诉求等方面对新兴大国参与全球气候政治的动因进行考察。外交学角度，马建英阐释了气候外交的定义和特性，并指出当前的全球气候外交面临发展中国家与发达国家间的信任危机、贸易保护主义、经济和权力之争以及谈判和执行的"双重难题"等因素的制约；他还认为，制度压力、利益认知和国内结构是推动国际气候制度在中国产生内化的主要动因。[②] 也有学者侧重于强调全球气候外交是一种大联盟外交，这些联盟如金砖四国、伞形国家、小岛国家联盟等都不稳固，面临内外压力而无法形成有效的整体，气候问题的出现也使得全球形式的大联盟成为可能，并使国家集团形式的小联盟失去了昔日的意义和力量。[③] 庄贵阳认为中国的气候变化决策取决于对经济利益的判断，并随气候变化认知不断深化，经济利益内涵也相应扩展，上升到地缘政治的高度，中国主要通过外交谈判来维护经济利益，其途径是维护发展中国家的团结。[④] 或从观念的视角，主张发展中国家应以自身优秀文化价值为基础，提出符合气候治理的价值观念体系，以对全球气候治理下的人类生活进行有效引领；选择新型发展模式、开发利用新技术、使发展中国家获得平等的发展机会；引导社会低碳消费模式，建立低碳消费的社会道德价值。[⑤] 也有经济学视角的相关解读，则认为发展中国家逐步分化为"基础四国""小岛国家""最不发达国家"等，且发展中国家更深刻地认识到了碳排放空间的来之不

① Harriet Bulkeley and Peter Newell, *Governing Climate Change*, New York: Routledge, 2010, pp. 35–53, 105–114.

② 马建英：《全球气候外交的兴起》，《外交评论》2009 年第 6 期，第 30～45 页；马建英：《国际气候制度在中国的内化》，《世界经济与政治》2011 年第 6 期，第 92～121 页。

③ 甘钧先、余潇枫：《全球气候外交论析》，《当代亚太》2010 年第 5 期，第 64～65 页。

④ 庄贵阳：《后京都时代国际气候治理与中国的战略选择》，《世界经济与政治》2008 年第 8 期，第 6～15 页。

⑤ 刘激扬、周谨平：《气候治理正义与发展中国家策略》，《湖南社会科学》2010 年第 5 期，第 26～27 页。

易和低碳生产生活的迫切性，实现自觉减排可以帮助"囚徒困境"中的世界各国离开个体理性的"纳什均衡"，趋向集体理性的"帕累托最优"。[①] 如何增强"碳时代"中崛起的可持续动力，是新兴大国赶超发展过程中的战略关键，全球气候问题形成了以"碳实力"为核心竞争力的国际格局，且守成大国与新兴大国间的博弈日益集中于"碳责任"与"碳实力"之间的平衡问题上，因之崛起过程绿色化和"创新型增长"战略有助于增强新兴大国的碳实力，从而减少赶超进程中的国际不利因素。[②]

新兴大国参与全球气候政治，还较常见于个案研究，如范登博格以中国为个案，提出信息采集与公开有助于促进私人市场回应，进而使中国减少温室气体排放，同时中国的制造商也会响应政府有关减排的投资与政策变化，这种问题解决方案对于美国同样有示范效应，消费者、非政府组织以及其他压力施动方皆可能推动中国和美国转向积极的气候政治立场。[③] 日内瓦国际贸易和可持续发展中心的一份研究报告指出，中国在能源安全、环境可持续性、就业、投资与贸易等方面无疑有着较强的利益关切，凭借自身的自然禀赋和动态能力（dynamic capabilities），中国需要贸易和外资来满足这些利益需求，鉴此增强了国内政策导向可再生能源和低碳经济之路的可能性；"可持续能源贸易协议"（SETA）对中国而言具有诸多助益，因之可协同理解中国参与全球贸易、能源与气候变化治理的路径选择。[④] 个案研究不仅偏爱中国这一新兴大国代表，如苏尔·卡萨则以国际关系研究中较为经典的"倒置的第二意象"（the second-image reversed）还分析了巴西个案，即国际影响何以助于转变巴西的气候政治立场，并认为宽广的气候变化"机制复合体"（regime complex）的影响与发展中国家政治间的相关性亦

① 曾贤刚、朱留财、吴雅玲：《气候谈判国际阵营变化的经济学分析》，《环境经济》2011 年第 1 期，第 39～48 页。

② 肖洋：《在碳时代中崛起：新兴大国赶超的可持续动力探析》，《太平洋学报》2012 年第 7 期，第 63～70 页。

③ Michael P. Vandenbergh, "Climate Change: The China Problem", *Southern California Law Review*, Vol. 81, 2008, pp. 905–958.

④ Ricardo Meléndez-Oritiz, Joachim Monkelbaan and George Riddell, "China's Global and Domestic Governance of Climate Change, Trade and Sustainable Energy: Exploring China's Interests in a Global Massive Scale-up of Renewable Energies", *Indiana University Research Center for Chinese Politics and Business (RCCPB) Working Paper*, No. 24, March 2012.

有所提升。[①]

至于整体性研究方面,"G77 + 中国"作为全球气候政治中的发展中国家参与形式,随着气候变化谈判的深入和复杂化,"G77 + 中国"机制相应出现裂痕,但在后续的国际气候政治互动中,其对于中国而言仍具有深远的战略联盟意义。[②] 进而,从基础四国在国际气候谈判中的地位、利益诉求和重要立场等方面来看,基础四国间的协调一致与彼此间仍存在的利益差异性,推动了后京都气候安排的达成,亦促使国际气候谈判集团特别是"G77 + 中国"分化和重组。[③] 类似的,也有研究认为中国实力地位的变化是影响"G77 + 中国"变化的重要因素,其中,2008 年的金融危机是中国与 G77 合作由紧密走向松散的转折点。[④] 另外,较为典型和直接相关的一些研究成果主要从某个具体的新兴大国群体(如金砖国家、基础四国)的全球气候政治实践出发,进行的案例讨论则偏向短期历史叙事和政策观察。[⑤] 新兴大国群体性崛起对全球气候治理结构也带来了一定的冲击,中国、印度、巴西、南非等新兴大国与八国集团间的气候政治对话,反映了世界力量平衡的变化,并使全球气候治理的代表性有所拓展。[⑥]

三 对已有研究的简评

已有的相关研究从不同的角度为笔者提供了有益的启发,所蕴涵丰富而深刻

① Sjur Kasa, "The Second-Image Reversed and Climate Policy: How International Influences Helped Changing Brazil's Positions on Climate Change", *Sustainability*, Vol. 5, No. 3, 2013, pp. 1049 – 1066.

② 严双伍、肖兰兰:《中国与 G77 在国际气候谈判中的分歧》,《现代国际关系》2010 年第 4 期,第 21 ~ 26 页。

③ 严双伍、高小升:《后哥本哈根气候谈判中的基础四国》,《社会科学》2011 年第 2 期,第 4 ~ 13 页。

④ 孙学峰、李银株:《中国与 77 国集团气候变化合作机制研究》,《国际政治研究》2013 年第 1 期,第 88 ~ 102 页。

⑤ Econ Pöyry, "BRIC, BASIC and Climate Change Politics: Status, Dynamics and Scenarios for 2025", *Econ Report Commissioned by the Norwegian Ministry of the Environment*, Oslo, Norway, 22 December 2010; Karl Hallding *et al.*, *Together Alone: BASIC Countries and the Climate Change Conundrum*, Copenhagen: Nordic Council Publication, 2011; Xinran Qi, "The Rise of BASIC in UN Climate Change Negotiations", *South African Journal of International Affairs*, Vol. 18, No. 3, 2011, pp. 295 – 318.

⑥ 徐婷:《全球气候治理中的非正式国际机制研究——以八国集团为例》,博士学位论文,上海外国语大学,2010 年 5 月,第 134 ~ 141 页。

的学理思考，以及案例素材本身大多具有进一步研究的价值，有助于拓宽我们的研究视野，启迪智慧火花。然而，这些研究仍存在一些不足或有待进一步挖掘的探索空间，至少表现在以下几个方面。

其一，整体性不足，偏向个案研究，且就案例研究而言又缺乏比较案例。单一案例往往存在"特例"或"个性"化的倾向。诚然，个案的细致考察，可能让我们在细节中"以小见大"，从而实现研究突破（本书中的个案分析仍十分必要），但也应看到，个案的原有优势亦并非无懈可击，即仍可能出现"以偏概全"，从而难以透过单一现象发现本质，也有可能不利于我们发现事物变化的规律。因而，需要通过多案例研究与比较案例进行有益补充，并在比较中尽可能发现某种通则，或尝试发现（新的）机制。

其二，层次感不足，理论与案例分析的结合度有待提高。就已有的全球气候治理文献来看，普遍存在偏向引介全球治理理论的倾向，并在研究中花费大量篇幅引入各类学科的（如经济学、管理学、人类学、社会学、心理学、法学，乃至自然科学等）相关概念、理论和框架。跨学科借鉴的"创新"捷径，令不少学人跃跃欲试且似乎屡试不爽，然而这里可能存在的致命缺陷在于这种"借鉴"也有可能使研究原有的问题意识迷失在寻找"它山之石"的无谓远足中，可谓事倍功半，甚至造成理论与案例分析脱节之缺憾。因而，比如仍以全球气候治理或全球气候政治为例，作为参与主体关涉面甚广的全球议题，层次分析不失为一个既符合国际关系研究传统，又能较准确把握研究对象的"保险"手段。就本书所要重点考察的研究现象而言，显然从宏观、中观、微观这三个层次进行谋篇布局，可能较有助于准确地体现研究理路，亦可有针对性地增强理论分析与案例研究之间的结合度。

其三，对所观察现象缺乏历史纵向与横向分析。如上述两方面提到的，已有研究可能基于研究者偏好，仅注重某一时段的历史叙事，因之缺乏连续性。当然，这一方面的批评可能有些牵强或"莫须有"——毕竟，因关注主题的差异，所进行的案例分析程度会有所不同。不过，仍以和本书相关的问题为例，对新兴大国群体化参与的考察，倘若割裂其与全球气候政治叙事情境间的相关性，或忽略自群体与其共同他者间的气候政治互动，所进行分析论证无疑是不完整的。

因此，新兴大国趋向群体化参与全球气候治理，其内生动因与外部条件、气候政治群体化进程中仍存在的分歧和问题，乃至群体化进程本身之于化解气候政治集体行动难题的价值意义思考等，或许仍值得我们进一步研究。

第三节　核心概念与分析框架

一　核心概念的界定

基于已有研究与上文所述的理论基础，首先有必要对本书涉及的核心概念进行界定。显然，群体和群体化，是本书所需论证的中心命题。

群体，作为一个社会学和社会心理学概念，它指的是两个以上行为体之间相互影响、相互依赖的集合。具体到本书，所指群体显然是全球气候政治中的不同国家群体，包括欧洲联盟、伞形国家、小岛国家联盟、七十七国集团、基础四国、金砖国家等。换言之，组成这类群体的基本单位是国际关系中的国家行为体，且同时这些群体内的国家间关系除了欧盟之外，都不能算作严格意义上的共同体/联盟。[①]

群体化，即单个国际关系行为体如主权民族国家对某个群体的参与。根据符号互动论和社会心理学有关群体的认识，影响群体化的关键变量在于：其一，群体化的背景或曰叙事情境，一种叙事情境直接为某个群体的形成提供了活动舞台，比如一个社会/共同体的组织结构，为个体的社会化提供了行动场域和话语时空；其二，行为体是否参与互动，也就是说，群体化还须受到个体本身的身份选择和意愿的影响，现代的政治行为体多数并非政治社会化的囚徒，而往往有进行选择之权利；其三，互动本身可能对群体化产生过程动力，即群体的形成与群体化的维系，其动力来自该群体内部的行为体之间以及该群体与他群之间的持续互动。

此外，本书还从方法论意义上使用了"结构"、"进程"[②]与"机制"这三个概念。所谓结构（structure），既可以指代一种补偿机构，在系统输入不断变

---

① 本研究倾向于使用"群体"与"群体化"，而非"集团"与"集团化"，源于当前的气候政治叙事情境，事实上只有欧盟这一特例在较高程度上实现了某种集体身份的内化。参见赵斌《全球气候政治中的美欧分歧及其动因分析》，《华中科技大学学报》（社会科学版）2013 年第 4 期，第 85 页。

② 以"结构"与"进程"作为理论分析基础来讨论全球气候政治中的分歧和动因问题，另参见赵斌《全球气候政治中的美欧分歧及其动因分析》，《华中科技大学学报》（社会科学版）2013 年第 4 期，第 87～91 页。

化的情况下保持结果的一致性，又可以指一系列约束条件。① 从定义上看，结构至少是一个与政治系统本身一样复杂的分析概念。于是，肯尼思·沃尔兹（Kenneth Waltz）在批判还原主义和普遍系统模式的基础上，通过简化和抽象提出了组成结构的三要素，即"系统的排列原则、单元的功能差异、单元间能力的分配"。其中，由于国际政治的无政府性，"单元差异"这一项被当作无意义的标准而被略去，沃尔兹认为国际政治系统是由同类单元构成。也正是这一极具"创造力"的省略，一石激起千层浪，为后来的各种理论修正和挑战预留了不小的想象空间。② 所谓进程/过程（process），按照过程建构主义理论的解释，指的是产生社会意义的持续的实践互动关系，这是一种运动中的关系，是复杂且相互关联的动态关系复合体，其基础是社会实践。③

　　从理论上看，现有的全球气候政治虽仍运行于国际无政府状态中④，但由于气候政治本身所具有的自反性和"复合相互依赖"特征，仅强调物质力的结构约束，似仍难以解释全球气候政治中的分歧现象等国际社会事实（如发展中国家与发达国家群体之间的"南北对立"、其他发展中国家与新兴大国之间的分化、传统大国与新兴大国之间的对垒等）。从结构与进程的角度观之，这种经验与理论的双重困惑，一定程度上是（有意或无意）忽视气候政治结构/进程，或割裂二者间联系所导致的。而且，就分歧本身而言，也并不仅仅局限于通俗语义

① 参见 Kenneth Waltz, *Theory of International Politics*, New York：McGraw-Hill, 1979, Chapter 4。

② 有来自新古典现实主义的修正，参见 Randall Schweller, "Bandwagoning for Profit：Bringing the Revisionist State Back in", *International Security*, Vol. 19, No. 1, Summer, 1994, pp. 72 – 107；也有来自其他学派的争鸣，如 John Gerard Ruggie, "Continuity and Transformation in the World Polity：Toward a Neorealist Synthesis", *World Politics*, Vol. 35, No. 2, January, 1983, pp. 261 – 285；Robert Keohane, *After Hegemony：Cooperation and Discord in the World Political Economy*, Princeton, New Jersey：Princeton University Press, 1984；Alexander Wendt, *Social Theory of International Politics*, 1999；国内还有学者尝试提出国家功能理论，以实现对结构现实主义的升级和超越，参见杨原《体系层次的国家功能理论——基于对结构现实主义国家功能假定的批判》，《世界经济与政治》2010 年第 11 期，第 130～153 页。

③ Qin Yaqing, "Relationality and Processual Construction：Bringing Chinese Ideas into International Relations Theory", *Social Sciences in China*, Vol. 30, No. 3, 2009, p. 9.

④ 作为一个重要的分析前提，笔者亦接受无政府状态这一带有先验色彩的理论假定。有关对该假定的批判和质疑，参见 Alexander Wendt, "Anarchy Is What States Make of It：The Social Construction of Power Politics", *International Organization*, Vol. 46, No. 2, 1992, pp. 391 – 425；Alexander Wendt, *Social Theory of International Politics*, 1999；谭再文：《国际无政府状态的空洞及其无意义》，《世界经济与政治》2009 年第 11 期，第 78～80 页。

下的"意见不一致",它还可以指涉自然科学领域所谓"多重平衡态"。自然界有着广泛的分歧现象,比如曲直之分,相对一切外力而言曲或直都是一种平衡态;化学反应中的温度分布随浓度增大而出现多重平衡态;自燃、裂变等都是分歧现象。分歧问题源于动力体系中平衡态的个数变化。如此一来,对现象间的联系或多重要素的运行机制考察就显得尤为关键。①

所谓机制(mechanism),是一个在中文语境下可能混淆的概念,原因在于国内学界将"institutions"和"regimes"也译作"机制"。所幸比较容易甄别的是,国际关系学意义上后两种"机制"往往与"国际制度"相关,即"国际机制"基本可以等同于一种动态的国际制度。因此,本书所涉及的"机制"分析,如无"国际机制"之类的特别说明,均指"mechanism"(包括内生机制和外部机制),它可以将其中的某些因素/要素串起来,从而引发变化。具体而言,我们在后文的分析中还将看到,群体化正是由群体内的个体行为体的(气候)政治变化和身份选择,乃至外部机制的反馈而共同建构和强化/再造的。换言之,群体化的形成机制,是其内外动因相互作用的动态运行过程。

二 分析框架的构建

为分析与论证的需要,笔者借鉴已有研究,在上文所述的概念与理论基础上,进一步提出一个初步的分析框架。②

假设1:结构情境,即全球气候政治结构。全球气候政治系统结构下的互动,使新兴大国自群体/我群(in-group)与共同他者/他群(out-group)之间形成对垒。

在集体身份建构—转换—扩容方面出现温特所谓的"非线性动力特征",这可以从复杂系统论当中获得有益启发。作为互动的复杂模式的结果,系统的行为不可能只按照其原子组成来解释,尽管事实上系统除了由其基本成分及其相互关联组成之外别无其他。气候政治系统除了无政府状态,由于气候变化问题本身带

① 赵斌:《全球气候政治中的美欧分歧及其动因分析》,《华中科技大学学报》(社会科学版)2013年第4期,第88页。
② 参见赵斌《新兴大国气候政治群体化的形成机制——集体身份理论视角》,《当代亚太》2013年第5期,第117~119页,本书对分析框架又做了进一步修正。

有的自反性①和"吉登斯悖论"色彩，导致整个系统的复杂性作为要素间的相互作用模式而涌现，这些无疑都增加了我们认识和参与全球气候治理的难度，但这并不等于说我们在面对复杂系统时束手无策。复杂系统是历史的，随着时间而演化，而且过去的行为会对现在产生影响。②

假设2：新兴大国气候政治群体化之形成，其主观构成条件在于政治系统的自主性选择。

个案比较可以将新兴大国参与气候政治视为重要的干扰变量。我们不仅可以比较巴西、南非、印度和中国参与全球气候政治从而其群体化趋向以BASIC为主导的可能性，还可以将金砖国家的重要成员俄罗斯何以位列不同的气候政治群体视作BASIC群体的某种"反例"。因而，从微观和中观的意义上来看，单个新兴大国的气候政治双层互动及其身份选择，构成了群体化的内生机制。

假设3：新兴大国气候政治群体化之所以延续，还在于共同他者的反馈（Feedbacks）。③

新兴大国在与外部世界互动的过程中，共同他者对新兴大国气候政治实践的认知与反馈，显得尤为重要。这在一定程度上使新兴大国群体化路径得以延续，为新兴大国群体身份（如BASIC）的再造/强化提供了外部动因，亦即构成了群体化的外生机制。

基于上述三个假设，下文将从"新兴大国气候政治群体化的结构分析""新兴大国气候政治群体化的进程分析""新兴大国气候政治群体化的机制分析"三个维度进行诠释。具体而言，本书可细分为五个部分，从新兴大国群体化所置身的全球气候政治叙事情境出发，对该情境的系统结构进行宏观分析，此为研究之

① 气候政治的自反性，指气候政治既源于现代性的成就，又更责难于现代性自身的破坏性，这种自反性不仅表现在基于当前的社会批判与反思上，而且其目的或导向还在于指涉"未知未来"。参见严双伍、赵斌《自反性与气候政治：一种批判理论的诠释》，《青海社会科学》2013年第2期，第55~57页。

② 〔南非〕保罗·西利亚斯：《复杂性与后现代主义——理解复杂系统》，第5~6页。

③ 这里借鉴了系统控制论中对反馈的界定，即将系统的输出返回到输入端并以某种方式改变输入，进而影响系统功能的过程，反馈因此也可以分为负反馈和正反馈。运用到社会科学中，从反馈评价来看，负反馈为消极反馈，正反馈为积极反馈。对于一个群体的形成，反馈是外部动因起作用的过程，因而十分重要。参见 Alistair Mees, *Dynamics of Feedback Systems*, New York: John Wiley, 1981, p. 69。

第一部分；对新兴大国气候政治群体化进程进行历史纵向（背景、阶段、特点等）和横向分析（自群体的气候政治分歧），此为第二部分；对新兴大国气候政治的内生机制进行个案比较，为第三部分；基于前三个部分的铺垫，探讨新兴大国气候政治群体化的外部机制则相应为研究的第四部分；第五部分则尝试分析新兴大国气候政治群体化的国际政治意义与前景。

第一章
新兴大国气候政治群体化的结构分析

第一节　全球气候政治的参与主体

一　主权民族国家

1997 年《京都议定书》的通过，成了全球气候政治进程的分水岭。在京都协议之下，民族国家利益似应让位于政治经济合作，以促成全球温室气体减排宏伟目标的实现。如果说，在全球气候变化的政治当中存在着一种可能路径，即兼顾不同文明的代际延续和公正发展，那么京都机制须努力实现之。《京都议定书》的原初目的在于为抗击气候变化而建构一种全球政治共识，只不过，这种气候政治共识由于主权民族国家的领土政治（territorial politics）特性，使得诸如附件一国家承受强制减排目标这一设想的实现，仍不得不寄望于"考虑缔约方国内实施承诺的灵活性"。[①]

然而，为应对气候变化这一巨大挑战并通往理想彼岸，所需借重的主权民族国家经济和政治手段却给我们带来了麻烦。[②] 这方面最为恶名昭彰的"倒退"例

---

① Clare Breidenich *et al.* , "The Kyoto Protocol to the United Nations Framework Convention on Climate Change", *The American Journal of International Law* , Vol. 92, No. 2, 1998, p. 319.

② 参见 David G. Victor, *The Collapse of the Kyoto Protocol and the Struggle to Slow Global Warming* , Princeton, New Jersey: Princeton University Press, 2001; Warwick J. Mckibbin and Peter J. Wilcoxen, "The Role of Economics in Climate Change Policy", *Journal of Economic Perspectives* , Vol. 16, No. 2, 2002, pp. 107 – 129; William D. Nordhaus, "After Kyoto: Alternative Mechanisms to Control Global Warming", *American Economic Review* , Vol. 96, No. 2, 2006, pp. 31 – 34。

证，莫过于 2001 年乔治·W. 布什拒绝签署《京都议定书》，并宣称退出京都协议的理由在于接受议定书会使美国经济付出太大代价，而且尤其不满诸如印度和中国这样的发展中国家免于强制减排目标设定。①

澳大利亚的气候变化国内适应政策，也强化了民族国家的领土政治角色。"澳大利亚须谨防全球协议效果欠佳，并为此做好准备"，这意味着全球谈判在面对人为气候变化所带来的迫切的社会、环境与发展需求时，刚性不足（not robust enough），京都协议其实只是"掩盖了澳大利亚碳排放的（国内政策层次上的）结构动因"，因而主权民族国家/领土政治通常仍扮演着更为重要的角色。②

俄罗斯的国内政策，同样印证了主权民族国家在气候政治中的重心地位。起初在《京都议定书》的第一承诺期内，俄罗斯其实具有明显的排放剩余空间优势，但考虑到美国退出京都机制可能会给俄罗斯经济带来不利的中期影响，俄罗斯还是拒绝批准议定书。③ 即使后来俄罗斯在 2004 年决定批准《京都议定书》，也宣称这仅仅是为加入 WTO 而与欧盟之间讨价还价的结果（详见本书第三章有关俄罗斯个案的讨论）。

此外，就连以全球气候政治领导者自居的欧盟，其在国际气候建制上的所谓创新理念和开拓性实践，其实往往也都极大仰仗于成员国层次的国内气候政策与行动，比如德国的二氧化碳减排计划、法国的环境协商会议（Grenelle Environment）、英国的气候变化法案（Climate Change Act）等，这些成员国的气候政治"成功探索"甚至不亚于欧盟层次的努力，且还能以国家间关系的外交形式更好地与美国进行互动交流。④

2009 年的哥本哈根气候大会，展现出了一种新的趋势，即旧式的"发达国家

---

① "Q&A: The Kyoto Protocol", BBC News, 2005 – 02 – 16, http://news.bbc.co.uk/2/hi/science/nature/4269921.stm.

② Nicholas A., A. Howarth and Andrew Foxall, "The Veil of Kyoto and the Politics of Greenhouse Gas Mitigation in Australia", *Political Geography*, Vol. 29, No. 3, 2010, p. 174.

③ Carsten Vogt, "Russia's Reluctance to Ratify Kyoto: An Economic Analysis", *Intereconomics*, Vol. 38, No. 6, 2003, pp. 346 – 349.

④ John Vogler, "The European Contribution to Global Environmental Governance", *International Affairs*, Vol. 81, No. 4, 2005, pp. 835 – 850; 严双伍、赵斌：《美欧气候政治的分歧与合作》，《国际论坛》2013 年第 3 期，第 10 页。

vs. 发展中国家"二元对立旧秩序正让位于更多引人关注的联盟（alliances）。① 不过，就其中的民族国家这一全球气候政治的参与主体而言，在全球气候谈判中关照自身的领土主权利益，往往更甚于国家间所谓集体的气候建制需求。② 换言之，当前的全球气候谈判之所以往往以失败而告终，全球气候治理之所以失灵，根本原因仍在于所谓的全球气候政治努力难以有效整合民族国家的政治边界（或者说主权民族国家间难以就气候难题解决而实现超越领土藩篱的接壤）；有关气候变化应对之全球集体政治是无效的，因为这些所谓的"全球安排"仍然由地理界限的主权利益和实践所决定（如有关"规范"建构的实践，其载体仍为主权民族国家，规范的传播路径亦仍由国家主导）；作为气候变化议题中心的经济因素，主权民族国家也在这方面占据着先天优势。③

可见，全球气候政治的参与主体，仍为主权民族国家。本书重点讨论的新兴大国及其在全球气候政治中的群体化，也仍难以避免这种"国家中心主义情结"。事实上，不论是国内政治层次的气候政策与实践，还是国际政治或世界政治意义上的全球气候制度建构，主权民族国家的重心地位至少在可见的将来仍难以被完全颠覆。④

---

① Edward Samuel Miliband, "The Road from Copenhagen", Guardian, 2009 - 12 - 20, http: // www. cfr. org/climate – change/guardian – road – copenhagen/p21030.

② Andrew Paul Kythreotis, "Progress in Global Climate Change Politics? Reasserting National State Territoriality in a 'Post-political' World", *Progress in Human Geography*, Vol. 36, No. 4, 2012, p. 458.

③ Roderick P. Neumann, "Political Ecology: Theorizing Scale", *Progress in Human Geography*, Vol. 33, No. 3, 2009, pp. 398 – 406; Sheila Jasanoff, "A New Climate for Society", *Theory, Culture & Society*, Vol. 27, No. 2 - 3, 2010, p. 239; Peter Newell and Matthew Paterson, *Climate Capitalism: Global Warming and the Transformation of the Global Economy*, Cambridge: Cambridge University Press, 2010; Bronislaw Szerszynski and John Urry, "Changing Climates: Introduction", *Theory, Culture & Society*, Vol. 27, No. 2 - 3, 2010, pp. 1 - 8.

④ 认为主权民族国家的重心地位仍难以撼动，参见 Jean Gottman, "The Evolution of the Concept of Territory", *Social Science Information*, Vol. 14, No. 3 - 4, 1975, pp. 29 - 47; Kenneth Waltz, *Theory of International Politics*, 1979; Robert D. Sack, "Human Territoriality: A Theory", *Annals of the Association of American Geographers*, Vol. 73, No. 1, 1983, pp. 55 - 74; John Gerard Ruggie, "Territoriality and Beyond: Problematizing Modernity in International Relations", *International Organization*, Vol. 47, No. 1, 1993, pp. 139 - 174; Peter J. Taylor, "The State as Container: Territoriality in the Modern World-System", *Progress in Human Geography*, Vol. 18, No. 2, 1994, pp. 151 - 162; John Agnew, "The Territorial Trap: The Geographical Assumptions of International Relations Theory", *Review of International Political Economy*, Vol. 1, No. 1, 1994, （转下页注）

二 非国家行为体

国家与国家间制度，构成了传统国际关系和国际法研究的重要主题。我们不难想象，国际气候政治的研究与实践，主要围绕各国政府的气候政治行动和国际气候谈判行为而展开，因之带有国家中心主义色彩（本书对于新兴大国群体这一研究对象的拟定，自然也无法完全脱离国家中心主义范式）。然而，世界政治中的非国家行为体（Nonstate Actors，NSA）也同样被给予了越来越多的关注。一方面，政府授权非国家行为体，以促使后者参与国际气候政策进程，进而拓展全球气候政治；另一方面，非国家行为体通过参与气候政治协商、游说政府、准备（和提交）政策报告、接触大众传媒等途径，尽可能地提升自身的政治影响力。可以说，非国家行为体及其广泛活动已经成为全球气候政治中一道不容忽视的风景线。

所谓非国家行为体，指的是国际关系中的主权民族国家除外的国际行为体，

（接上页注④）pp. 53 – 80；John Agnew and Stuart Cordbridge, *Mastering Space：Hegemony，Territory and International Political Economy*, London：Routledge，1995；Martha Finnemore, *National Interests in International Society*, New York：Cornell University Press，1996；David Newman and Anssi Paasi, "Fences and Neighbours in the Postmodern World：Boundary Narratives in Political Geography", *Progress in Human Geography*, Vol. 22, No. 2, 1998, pp. 186 – 207；Anssi Paasi, "Boundaries as Social Processes：Territoriality in the World of Flows", *Geopolitics*, Vol. 3, No. 1, 1998, pp. 69 – 88；Neil Brenner, "Between Fixity and Motion：Accumulation, Territorial Organization and the Historical Geography of Spatial Scales", *Environment and Planning D：Society and Space*, Vol. 16, No. 4, 1998, pp. 459 – 481；Kevin R. Cox, *Political Geography：Territory, State and Society*, Oxford：Blackwell，2002；Stuart Elden, *Terror and Territory：The Spatial Extent of Sovereign, Minneapolis*, MN：University of Minnesota Press，2009；Stuart Elden, "Land, Terrain and Territory", *Progress in Human Geography*, Vol. 34, No. 6, 2010, pp. 799 – 817。不过，有关主权民族国家"式微"的宏论亦汗牛充栋，较具有代表性的论述，参见 James N. Rosenau and Ernst-Otto Czempiel, eds. , *Governance without Government：Order and Change in World Politics*, Cambridge：Cambridge University Press，1992；Joseph A. Camilleri and Jim Falk, *End of Sovereignty? The Politics of a Shrinking and Fragmenting World*, Cheltenham：Edward Elgar Publishing，1992；Robert W. Cox, *Approaches to World Order*, Cambridge：Cambridge University Press，1996；Stephen J. Kobrin, "Back to the Future：Neomedievalism and the Postmodern Digital World Economy", *Journal of International Affairs*, Vol. 51, No. 2, 1998, pp. 361 – 386；Andrew Gamble, "Regional Blocs, World Order and the New Medievalism", in Mario Telò, ed. , *European Union and New Regionalism：Regional Actors and Global Governance in a Post-Hegemonic Era*, Aldershot：Ashgate，2001, pp. 21 – 36。

非国家行为体可能并不从属于任何单一的国家制度，也可能没有国家所具备的那种正式和普遍的法律地位，但可以影响国际政治进程。具体而言，非国家行为体大致包含非政府组织（Nongovernmental Organizations，NGOs）（多数也被视为公民社会的重要组成部分）、跨国公司（Multinational Corporations，MNCs）（带有营利性质）、国际媒体（International Media）、暴力非国家组织（武装组织如基地组织或跨国犯罪组织）、宗教团体等。可见，非国家行为体的扩散，既冲击着传统主权民族国家赖以维系的威斯特伐利亚秩序，又使得传统的冲突管理与解决路径变得更为复杂化。简言之，非国家行为体对国际关系与世界政治构成了双重挑战，需要尽可能发挥非国家行为体对国际政治进行塑造（如环境保护与社会服务等）的正向功能，同时管控和防止其可能存在的消极影响（如跨国犯罪与恐怖组织活动等）。① 在非国家行为体当中，NGOs（包括私人的和自组织的利益团体）较为普遍和多见。

1972 年的斯德哥尔摩人类环境大会，非国家行为体广泛参与其中，而起源于 1992 年联合国环境与发展大会的 UNFCCC，这一全球气候制度结构的核心进程是由政府间谈判委员会经历多回合谈判而成，但非国家行为体也直接或间接地参与其中。此后的历次联合国气候变化谈判中，非国家行为体如 NGOs 的身影频繁出现，近期尤其如 2013 年年底的华沙气候谈判，NGOs 对以伞形国家群体为代表的发达国家之气候政治立场大倒退表示出了强烈不满，并以集体退场的形式对发达国家进行了抗议。而且，下文分析（如印度个案）当中，我们还将看到非国家行为体作为压力施动方，可能影响政府的气候政策和决策，进而推动新兴大国气候政治变化及其群体化参与全球气候治理进程。不过，有关非国家行为体在全球气候政治中的重要作用，本书囿于篇幅无意于再进行详尽讨论，而仅在分析主要新兴大国参与全球气候政治的动因或与他者间形成互动时简要提及。

---

① 参见 Margaret E. Keck and Kathryn Sikkink, *Activists beyond Borders：Advocacy Networks in International Politics*, London：Cornell University Press, 1998；Craig Warkentin, *Reshaping World Politics：NGOs, the Internet, and Global Civil Society*, New York：Rowman and Littlefield Publishers, 2001；Daniel Sobelman, "Four Years after the Withdrawal from Lebanon：Refining the Rules of the Game", *Strategic Assessment*, Vol. 7, No. 2, 2004, pp. 30 – 38；A. Lawrence Chickering et al., *Strategic Foreign Assistance：Civil Society in International Security*, Stanford：Hoover Institution Press, 2006。

第二节 全球气候政治的核心议题

有关全球气候政治中的具体议题导向，因其与国际关系行为体，如民族国家的国内政治因素相互交织，讨论单个议题的复杂性可能不亚于讨论全球气候政治系统本身。我们无法穷尽也没有必要罗列所有的事实细节，而仅关注气候政治中的核心议题，新兴大国气候政治群体化显然也是围绕这些核心议题而建构的。2007 年的印度尼西亚巴厘岛大会，尽管反映出气候政治发展缓慢，成效不大，但该会议确立了全球气候政治中的核心议程，即在"巴厘岛路线图"中敲定的以"减缓（Mitigation）、适应（Adaptation）、资金（Finance）和技术（Technology）"为重中之重。因此，我们有必要对这些核心议题做一些简要铺陈，并讨论发展中国家群体尤其新兴大国在相关议题导向下的利益关切。

一 减缓

一般而言，温室气体排放与经济增长之间似乎存在正相关关系，即经济发展必然会引起大气中的温室气体排放增加。然而，国家的经济增长其实也可能并不必然带来温室气体排放剧增。减少排放并不一定导致痛苦和牺牲，即并不必然降低一国的经济发展水平。相反，当可再生能源开发带来创新和新技术发展，能源效率得到提高，这可以带来经济净收益。气候变化作为全球问题，减缓行动自然需要所有国家的参与，而根据各国的实际能力和责任分摊，将可能减少适应气候变化的成本。因此，需要通过技术和经济措施采取全球行动以降低当前的温室气体排放水平。

人类社会可以通过减少温室气体排放、增强碳固存和碳吸收能力来应对气候变化，这些能力显然需要一定的社会经济和环境条件并借助信息和技术来获取，各国政府因之采取各种政策和方法以减缓气候变化。减缓也是 UNFCCC 的主要目标之一，因其明确规定：要求各缔约方根据各自的责任与能力，制订和实施减缓气候变化的相关计划；要求各缔约方定期更新其国内温室气体排放及应对情况；要求各缔约方就推动有关（环境）气候友好型技术的发展、应用和扩展而进行合作；要求发达国家采取国内政策措施以限制温室气体排放，并保护和增强碳吸收等；发展中国家履行应对气候变化的承诺需要依靠资金资源和技术转移。

于是，许多国家为减缓气候变化采取了不同的政策，根据 IPCC 第四次评估报告（IPCC AR4），未来十年有关全球温室气体排放的减缓行动将具有实际的技术上和经济上的潜能，这可以抵消全球排放的预计增幅，或将排放相比当前水平有所降低，所有（生产）部门有关减缓气候变化的行为有赖于生活方式和行为模式乃至管理实践的转变。①

对于新兴大国而言，在可持续发展的情况下，并在得到技术、资金和能力建设的支持和扶持下，可以可测量、可报告和可核实（MRV）的方式进行适当的国家减缓行动。这其中关注的一个优先问题是包括美国在内的所有发达国家，承担量化的减排目标。②

二　适应

UNFCCC 起初的重点在于减缓，但人们已逐渐意识到适应也是应对气候变化风险的重要内容。2007 年，IPCC AR4 明确指出，累积的历史排放量"注定"让地球升温，因而如何适应和加强适应能力的趋势递增。③

适应，即生态、社会或经济体系的调整，以对气候变化带来的实际的、预期的影响进行回应。适应意味着通过行动、实践与结构的转变，以缓和气候变化可能带来的潜在破坏性，并合理利用其中的机遇。适应（进程）包含了五个组成要素：观察（observation）、气候影响和脆弱性的评估（assessment）、计划（planning）、实施（implementation）、适应行动的监测与评估（monitoring and evaluation）。如此一来，成功的适应行动不仅需依靠政府，还需要利益相关者（stakeholder engagement）的积极持续参与，包括国家的、地区的、多边的和国际组织的，以及公共与私人部门、公民社会和知识界等其他利益相关者等，也就是说，适应气候变化的影响需要各个层次的行为体努力。同时，UNFCCC 下的"适应机制"，包括三个标志性的发展阶段。其一，最不发达国家（LDCs）工作计

---

① "UNFCCC FOCUS：Mitigation"，https：//unfccc. int/focus/mitigation/items/7169. php.

② 赵斌：《新兴大国气候政治群体化的形成机制——集体身份理论视角》，《当代亚太》2013 年第 5 期，第 127 页。

③ 艾玛·丽莎等：《适应气候变化：发展中国家发展的新挑战》，载联合国开发计划署环境与能源集团《巴厘岛路线图：谈判中的关键问题》，2008 年 10 月，第 120 页，http：// www. undpcc. org/docs/Bali% 20Road% 20Map/Chinese/UNDP_ Bali% 20Road% 20Map_ Key% 20Issues% 20Under% 20Negotiation_ CH_ 1. pdf.

划。2001 年，在摩洛哥马拉喀什召开的 COP7 中，缔约方建立起"最不发达国家工作计划"以发展国内气候变化机制和建设能力，包括"通过最不发达国家国内适应行动计划"（NAPAs）来确认和报告它们的适应需求。其二，内罗毕工作计划（NWP）。2006 年，在肯尼亚首都内罗毕召开的 COP12，提出"内罗毕工作计划"，以帮助发展中国家开发清洁发展机制项目而提供额外支持，与会各方同意帮助非洲获得更多的清洁发展机制项目。该计划旨在帮助所有国家认识和评估气候变化的影响和脆弱性，帮助政府制定科学决策，并为《联合国气候变化公约》（以下简称《公约》）缔约方和组织之间共享知识和开展合作提供结构框架。其三，坎昆适应框架（CAF）。该框架建立于 2010 年墨西哥坎昆召开的 COP16，CAF 下的行动涉及适应进程的五个组成要素，以帮助最不发达国家制定和实施国家适应计划。①

有关适应的立场，新兴大国要求考虑国际气候公平和正义（发达国家的排放历史责任），发达国家须遵照公约履行责任（为发展中国家提供资金、技术和能力建设扶持），资金须支付气候变化的额外费用（现有海外发展援助不变且不应对援助增设新条件），资金机制应透明化（包含公平平衡的各缔约方代表），通过 UNFCCC 提供资金支持（而非以其他未整合的公约外分散努力来实现）和在 UNFCCC 下建立新的制度安排（如适应委员会等）。②

三 资金

资金问题已被视为讨论气候协议时面临的重要议题。为了应对气候变化的未来长远合作，发展中国家缔约方在减缓、适应和技术合作方面需要客观的资金协助。全球投资和资金流动的显著移转和净增加，约有半数须发生于发展中国家。资金，即气候融资，涉及地区、国家或跨国融资，这些资金可能来源于公共、私人或其他融资渠道。就应对气候变化而言，气候融资十分关键，因为尤其是针对温室气体排放量较大的那些部门，减排当然需要大量的投资。同样，气候融资对于适应气候变化也很重要，这些资金来源将有助于帮助国家缓解气候变化的消极影响。

---

① "UNFCCC FOCUS：Adaptation"，https：//unfccc. int/focus/adaptation/items/6999. php.
② 艾玛·丽莎等：《适应气候变化：发展中国家发展的新挑战》，载联合国开发计划署环境与能源集团《巴厘岛路线图：谈判中的关键问题》，2008 年 10 月，第 126 页。

《联合国气候变化框架公约》和《京都议定书》已经规定发达国家缔约方须对发展中国家缔约方提供资金协助，这些协助可以通过双边、多边或区域渠道进行，也可以通过《公约》定义的"资金机制"来进行。根据《公约》有关"共同但有区别的责任"原则，发达国家缔约方（附件二国家）须为发展中国家缔约方提供资金来源，以助于实现 UNFCCC 的目标。这种气候融资对于发展中国家的意义，需要得到所有国家和利益相关者的理解和重视，并考虑如何筹措这些资金。当然，发展中国家如何运用这些资金也值得关注，发达国家应帮助发展中国家有效地获取资金来源。此外，资金如何用于减缓和适应行动，也应公开透明化，因而须通过有效的可测量、可报告、可核实方式进行气候融资，这样有利于建立起缔约方间（乃至与缔约方以外的行为体之间）的信任。比如 2010 年 COP16 决定设立财政常务委员会（Standing Committee on Finance）以协助缔约方会议和《公约》内外有关气候融资的活动，建立长期资金（Long-term Finance）以帮助发展中国家未来开展减缓和适应行动，并创建用于信息共享的资金门户（Finance Portal）网络系统等。[1]

简言之，"资金"这一议题导向，要求促进发展中国家获得充分的、可预测的和可持续的资金资源以及为发展中国家提供新的和额外的资金；采取积极激励办法促进发展中国家缔约方加强实施国家减缓战略和适应行动；通过创新的资助方式，帮助对气候变化不利影响特别脆弱的发展中国家缔约方支付适应成本；以可持续发展政策为基础为适应行动的实施提供激励；调动公共和私营部门的资金和投资，为发展中国家评估适应成本方面的能力建设提供资金和技术支持。[2]

四　技术

将温室气体排放量减少到防止危险的人为干扰气候系统的水平，无疑是个极大的技术挑战。如果要实现 IPCC 所预测的减排水平，则必须要有各种新技术。技术与技术转移，在有关减缓和适应气候变化行动中的重要性不言而喻。发达国

---

① "Climate Finance"，https：//unfccc. int/focus/finance/items/7001. php.
② 艾瑞克·海特斯：《发展中国家应对气候变化所需额外投资与资金流的谈判》，载联合国开发计划署环境与能源集团《巴厘岛路线图：谈判中的关键问题》，2008 年 10 月，第 153 页。

家和发展中国家都认识到，涉及温室气体减排和有效应对气候变化影响时，都必须对环保技术的发展和应用有所侧重。这种认识外化于《公约》和《京都议定书》中，如同在其他诸如可持续发展、环境和贸易等领域的国际协定当中一样受到重视。①

UNFCCC 有关技术发展和转移之条款规定，要求"在所有有关部门，包括能源、运输、工业、农业、林业和废物管理部门，促进和合作发展、应用和传播（包括转让）各种用来控制、减少或防止《蒙特利尔议定书》未予管制的温室气体的人为排放技术、做法和过程"（第四条第1. c 款）；"附件二发达国家缔约方和其他发达国家缔约方应采取一切实际可行的步骤，酌情促进、便利和资助向其他缔约方尤其是发展中国家缔约方转让或使之有机会得到无害环境的技术和专有技术，以使发展中国家能够履行公约的各项规定。在此过程中，发达国家缔约方应支持开发和增强发展中国家缔约方的自主能力和技术。有能力这样做的其他缔约方和组织也可以协助这类技术的转让"（第四条第5款）。②

2007 年 COP13 通过"巴厘岛路线图"，其中的"巴厘行动计划"（Bali Action Plan）呼吁"为渐进增加向发展中国家缔约方提供技术发展和转移，考虑有效的机制并努力扫除障碍，从而促进其获得可承受的环境技术；加快可承受环境友好型技术的部署、扩展和转移；加强通行的、新的创新技术方面的研究和发展合作，包括双赢方案；提高在特定部门技术合作上的机制和工具的有效性"。③于是，2010 年坎昆会议决定建立技术机制（Technology Mechanism），以便利《公约》有关技术发展和转移条款的实施。进而，2011 年的南非德班会议，为技术机制的可操作性作出相关决议，通过建立缔约方联合报告的方式，明确了该技术机制中的技术主管委员会和气候技术中心网络之间的关系。新兴大国有关技术议题上的诉求，则主要表现在清洁发展机制上，这方面的许多项目实际上已经在新兴大国当中（巴西、印度和中国）实施。巴西、南非、印度和中国一致要求

① John Mugabe, "African Perspectives on the UNFCCC Technology Mechanism", in P. Gehl Sampath *et al.*, *Realizing the Potential of the UNFCCC Technology Mechanism: Perspectives on the Way Forward*, Geneva: International Centre for Trade and Sustainable Development (ICTSD), 2012, p. 18, http://ictsd. org/downloads/2012/05/realizing – the – potential – of – the – unfccc – technology – mechanism. pdf.

② 《联合国气候变化框架公约》，第6、9页，https://unfccc. int/sites/default/files/convchin. pdf。

③ "Bali Action Plan", pp. 4 – 5, http://unfccc. int/resource/docs/2007/cop13/eng/06a01. pdf.

建立某种基于 UNFCCC 下的技术机制，该机制由执行机构和多边气候技术资金组成，且资金来源须由发达国家提供。[1]

第三节　全球气候政治的制度结构

一般而言，国际制度（institutions）结构包含一整套与之相关的国际机制（regimes）。其中，国际制度可以被看作国际社会中长期存在且相互联系的约束规则，以限定行为体角色和行为，并塑造行为预期等。[2] 国际机制，则较为通行的是克拉斯纳（Stephen Krasner）的定义，即"通过一系列或明示或暗示的原则、规范、规则和决策程序，将行为体的预期集中于国际关系中的一个给定领域"。[3] 机制如特定问题的社会制度，能在特定的政策领域界定可接受的行为并塑造认知。在更多正式的机制中，正如气候政治机制所呈现的，将不少规则和管理的内容合成一种或多种法律的多边的工具。学界就国际制度与国际机制的联系大致有两种看法：一种认为国际机制指在国际关系特定议题领域有明确规则的制度，可见国际机制是内嵌于国际制度之中的；[4] 另一种则认为国际机制事实上就是我们现在普遍认可的国际制度，二者的差别只在于中文语境下的译法差异，其实国际机制/国际制度论自引介以来，两者间的边界趋于模糊且当前我们逐渐习惯于接受"国际制度"，从而让"国际机制"的译法逐步消亡。[5] 这两种看法都有一定道理，在笔者看来，我们不妨用国际机制来指代一种形成中的国际制度。换言之，国际制度更具整体性，且显静态或曰相对稳定，而国际机制则多呈动态。

---

[1] Xinran Qi, "The Rise of BASIC in UN Climate Change Negotiations", *South African Journal of Internationd Affairs*, Vol. 18, No. 3, 2011. p. 304.

[2] Robert Keohane, "Neoliberal Institutionalism: A Perspective on World Politics", in Robert Keohane, ed., *International Institutions and State Power: Essays in International Relations Theory*, Boulder: Westview Press, 1989, pp. 1–20.

[3] Stephen Krasner, "Structural Causes and Regime Consequences: Regimes as Intervening Variables", in Stephen Krasner, ed., *International Regimes*, Ithaca: Cornell University Press, 1983, p. 2.

[4] Robert Keohane, "The Analysis of International Regimes: Towards a European-American Research Programme", in Volker Rittberger, ed., *Regime Theory and International Relations*, Oxford: Clarendon Press, 1993, pp. 28–29.

[5] 唐世平、王明国、毛维准：《国际制度研究需要准确的翻译》，《中国社会科学报》2012 年 9 月 13 日。

近三十年来的气候变化治理实践告诉我们，世界政治的主要行为体（主权民族国家、国际组织、非政府组织、超国家性质的组织如欧盟等）一直在为构建一个强有力的综合监管体制而努力。这些多层治理的努力自然建立了一个个狭窄而集中的监管机制，基欧汉（Robert Keohane）和维克托（David Victor）称之为"气候变化机制复合体"（the regime complex for climate change）。① 这种气候变化机制复合体或曰全球气候制度，当前主要由《联合国气候变化框架公约》（UNFCCC）、《京都议定书》（及其京都机制）（Kyoto Protocol and the Kyoto Mechanisms）和《巴黎协定》（Paris Agreement）组成。

一 《联合国气候变化框架公约》

1992 年，在里约热内卢召开的联合国环境与发展峰会（地球峰会），通过了名为《联合国气候变化框架公约》的国际环境协议。《公约》的宗旨在于将大气中的温室气体排放浓度稳定在一个使气候系统免遭人为破坏的水平上，这一水平应当在足以使生态系统能够自然地适应气候变化、确保粮食生产免受威胁并使经济发展能够可持续地进行的时间范围内实现。参与《公约》的主要缔约方包括附件一国家、附件二国家和非附件一国家。其中，附件一国家包括欧盟、工业化发达国家和俄罗斯、东欧等转型经济体国家，这些缔约方须制定和采取相应政策措施以限制人为的温室气体排放；附件二国家则由附件一中的经济合作与发展组织（OECD）成员国组成但不包括转型经济体，附件二国家不承担具体减排义务，但被要求向转型经济体国家和发展中国家提供资金和技术支持（以减少温室气体排放、减缓和适应气候变化）；非附件一国家，则主要是发展中国家群体，包括最不发达国家、易受气候变化冲击的小岛国家等。② 这里，有关附件一和非附件一国家的清晰归类，因其"公正性和社会考量"（equity and social considerations）而一度被视作 UNFCCC 最大功绩所在。③ 然而，UNFCCC 为所有

① Robert Keohane and David Victor, "The Regime Complex for Climate Change", *Discussion Paper* 2010 - 33, Cambridge, Mass: Harvard Project on International Climate Agreement, January 2010, p. 2.

② UNFCCC, "Parties & Observers", http: //unfccc. int/parties_ and_ observers/items/2704. php.

③ Bert Bolin, *A History of the Science and Politics of Climate Change*, Cambridge: Cambridge University Press, 2007, pp. 94 - 95.

附件一国家设立的限排目标，由于各缔约国的经济成本会有较大差别（如能源密集度较大的国家的限排成本显然亦更高），UNFCCC 有关限排目标界定的公平性势必大打折扣。[①] 同时，附件一与非附件一国家的二元分类，也为此后进一步的气候政治群体化埋下了伏笔。

值得重视的是，《公约》当中明确规定，"各缔约方应当在公平的基础上，并根据共同但有区别的责任和各自的能力，为人类当代和后代的利益保护气候系统。因此，发达国家缔约方应当率先应对气候变化及其不利影响"。进而，《公约》还指出："应当充分考虑到发展中国家缔约方尤其是特别易受气候变化不利影响的那些发展中国家缔约方的具体需要和特殊情况，也应当充分考虑到那些按公约必须承担不成比例或不正常负担的缔约方特别是发展中国家缔约方的具体需要和特殊情况；各缔约方应当合作促进有利的和开放的国际经济体系，这种体系将促成所有缔约方特别是发展中国家缔约方的可持续经济增长和发展，从而使它们有能力更好地应付气候变化问题。为应对气候变化而采取的措施，包括单方面措施，不应当成为国际贸易上的任意或无理的歧视手段或者隐蔽的限制。"[②] 如此一来，确立了 UNFCCC 的一大核心原则——"共同但有区别的责任"（common but differentiated responsibilities，CBDRs）。其中，"共同"包含着两层意思：一方面，"共同"即为人类当代和后代利益保护气候系统这一普遍责任；另一方面，"共同"其实是"共同关注"（common concern）和"人类的共同财富"（common heritage of humankind）的体现（embodiment）。[③]"区别"，则是 CBDRs 的核心理念，它指的是"历史排放"和"应对能力"上的区别，具体表现在考虑成员国间历史排放和应对能力差异的基础上，有关责任（obligations）和援助

---

① J. Goldemberg *et al.*, "Introduction：Scope of the Assessment", in James P. Bruce, Hoesung Lee and Erik F. Haites, eds., *Climate Change 1995：Economic and Social Dimensions of Climate Change*, Cambridge：Cambridge University Press, 1996, pp. 32 – 33.

② 《联合国气候变化框架公约》，第 5 ~ 6 页，http：//unfccc. int/resource/docs/convkp/convchin. pdf.

③ "共同关注"和"人类的共同财富"这两大概念，与国际环境法密切相关，诸如气候变化等环境问题因之而超越了"单一国内管辖"的边界。参见 Lavanya Rajamani, *Differential Treatment in International Environmental Law*, Oxford：Oxford University Press, 2006, p. 134；Tuula Honkonen, *The Common but Differentiated Responsibility Principle in Multilateral Environmental Agreements：Regulatory and Policy Aspects*, Alphen aan den Rijn：Wolters Kluwer, 2009, p. 2.

（assistance）须进行"区别对待"（differential treatment）。① 然而，问题也可能出在 CBDRs 的"区别"上，因为这往往涉及"如何区分"，以至于有关气候变化的减缓和适应政策往往通过"成者"和"败者"标签来进行静态衡量——当我们面临"每个国家可以排放多少"和"谁付费"的问题时，气候变化难题的竞争性和零和性特点凸显无疑，因而 CBDRs 原本出于公平与公正性考量的初衷亦难免遭到质疑，甚至被认为"引发了应对气候变化的国际行动停滞，并终将导致星球的毁灭"。②

可见，UNFCCC 从其诞生起，就必然伴随争议。美国气候变化事务特使托德·斯特恩（Todd Stern）曾指出 UNFCCC 进程所面临的挑战——"气候变化不同于一般的环境议题……（因为）它事实上隐含了一国经济的方方面面，这使得各国很难不担心自身的增长和发展，所以（气候变化）这个环境议题完全可以说是经济议题；UNFCCC 作为气候变化关切的多边结果可以说是一个无效的国际政策体系，因为《公约》所囊括的 190 多个国家需要达成一致，而国家间的小群体时常可以阻滞谈判进展"。③ 尽管不排除这种观点为美国气候政治倒退寻找托词的可能，然而我们亦不难从话语的侧面洞悉 UNFCCC 所难以避免的缺陷，即国家间政治博弈的非均衡结果，UNFCCC 的低效也强化了全球气候治理的集体行动难题色彩。

二 《京都议定书》

按照 UNFCCC 进程，1997 年 12 月在日本京都府京都市召开的《公约》缔约方第三次会议（COP3）制定了《京都议定书》，以此作为 UNFCCC 的补

---

① Thomas Deleuil, "The Principle of Common but Differentiated Responsibilities in the International Regime of Climate Change", in He Weidong and Peng Feng, eds., *Climate Change Law: International and National Approaches*, Shanghai: Shanghai Academy of Social Sciences Press, 2012, pp. 77 – 81.

② Marcus Hedahl, "Moving from the Principle of 'Common but Differentiated Responsibility' to 'Equitable Access to Sustainable Development' Will Aid International Climate Change Negotiations", September 28, 2013, http://blogs.lse.ac.uk/europpblog/2013/09/28/moving – from – the – principle – of – common – but – differentiated – responsibility – to – equitable – access – to – sustainable – development – will – aid – international – climate – change – negotiati/.

③ Diana Ming, "'Voices' Speaker Talks Climate Change", August 3, 2012, http://thedartmouth.com/2012/08/03/news/voices – speaker – talks – climate – change.

充条款，并于 2005 年 2 月 16 日生效。有关议定书实施的细则，则在 2001 年的摩洛哥马拉喀什大会（COP7）上敲定，即"马拉喀什协议"。《京都议定书》的第一承诺期为 2008～2012 年，第二承诺期则为 2013～2020 年（2012 年 12 月的卡塔尔多哈第 18 届联合国气候变化大会决定将京都议定书延长至 2020 年）。

议定书认为由于 150 多年的工业化活动，发达国家应为当前空气中的温室气体排放状况承担主要责任，且必须遵循"共同但有区别的责任"。鉴于此，（签署议定书的）各缔约方国家须为达到减排目标而切实采取国内行动。当然，议定书也为这些国家实现减排目标而提供了其他办法，包括国际排放交易（International Emissions Trading，IET）、清洁发展机制（Clean Development Mechanism，CDM）和联合履行（Joint Implementation，JI）这三种基于市场的机制，统称为京都机制（The Kyoto Mechanisms）。京都机制旨在促进绿色投资，以及帮助缔约国低成本高效益地实现减排目标。京都议定书及其所形成的京都机制，是全球减排机制上迈出的关键第一步，它将稳定温室气体排放水平，并成为（形成中的）国际气候制度的重要组成部分。[①]

然而，与 UNFCCC 相类似，京都机制同样备受质疑。以 CDM 为例，它使发达国家得以在发展中国家领土上投资低碳项目，从而减少发达国家自身的温室气体排放以实现既定的减排承诺。CDM 的两大目标在于：支持发展中国家实现可持续发展并致力于《公约》最终目标的实现（即 1991～2012 年努力将全球温升控制在 2℃ 以内，以规避气候变化风险）、让《公约》附件一国家低成本高效益地实现减排。但是，CDM 也一定程度上催生了发展中国家群体内部的分化。比如在 BASIC 新兴大国中的成功实践，虽确证了 CDM 可以实现相应的环境目标，却难以促进发展中国家可持续发展；对于发达国家而言 CDM 是"商机"和实现减排目标的工具，对于发展中国家而言以 CDM 促进可持续发展的需求也几乎边缘化（而更多让步于吸引外资等眼前利益）；技术转移乃大势所趋，附件一国家可以通过诸如知识产权和贸易市场准入等议题影响发展中国家（尤其是 BASIC 等新兴大国）的谈判权力；CDM 工程和能力分布的不均，也使得发展中国家群体内部就是否应设立新的具有约束力的减排目标等问题产

---

① "Kyoto Protocol"，https：//unfccc. int/kyoto_ protocol/items/2830. php.

生分歧，这关乎京都机制的走向，尤其是对新兴大国是否应承担强制减排义务，存在不同意见。[①]

三 《巴黎协定》

2015 年 12 月，巴黎气候大会通过的《巴黎协定》，可以说是继 UNFCCC 和《京都议定书》之后全球气候政治发展的第三大里程碑。

作为京都机制的某种延续或曰升级版，《巴黎协定》不仅聚焦温室气体减排，而且还更为紧密地将减缓和适应气候变化相结合。《巴黎协定》更为明显地意识到，"在全球多数地区，适应气候变化并保卫当地人们的安全，显得更为迫切"。[②] 从参与主体来看，《巴黎协定》的缔约方几乎囊括世界上所有的国家，并且就减排任务而言又强调以"自下而上"的"自主贡献"来提出国别计划，即通过"自定目标－国际评估"（pledge and review）体系来实践，区别于过往京都机制"自上而下"式的强制减排指标。

与 UNFCCC 或《京都议定书》的命运相似，《巴黎协定》目前所面临的最大问题，仍在于其可能在何种程度上落实。全球经济低碳/去碳化（decarbonizing）发展无疑是一个浩大而艰巨的工程，但假如我们接受这一事实——多数的全球治理方案其实提供的往往是次优或"足够好"的选择[③]，那么《巴黎协定》的可操作性，则的确可以算作一大突破。例如，1997 年以来，主要的温室气体排放国不愿接受强制减排，新兴经济体国家似乎也不大情愿采取量化减缓措施；有关责任分摊的全球安排，也有可能使得后京都气候谈判协议无果而终。于是，《巴黎协定》为各国政府实施"自主贡献"提供了某种现实可能性，因为气候变化已经成为各国国内公共政策讨论中的一部分，主要的温室气体排放国都相应通过立法和规则来控制排放、提升能源利用率、加强林业管理、鼓励低碳技术创新。基欧汉和迈克尔·奥本海默（Michael Oppenheimer）认为，《巴黎协定》反映了某

---

① Marion Lemoine, "The Clean Development Mechanism from the Perspective of the Developing Countries", in He Weidong and Peng Feng, eds. , *Climate Change Law*: *International and National Approaches*, pp. 197 – 207.

② Anthony Robbins, "How to Understand the Results of the Climate Change Summit: Conference of Parties21 （COP21） Paris 2015", *Journal of Public Health Policy*, Vol. 37, No. 2, 2016, p. 130.

③ Stewart Patrick, "The Unruled World: The Case for Good Enough Global Governance", *Foreign Affairs*, 2014, Vol. 93, No. 1, 2014, pp. 58 – 73.

种特殊的"双层博弈"逻辑——将国内气候政治与国家间战略互动联系在一起。[①] 通过"自定目标－国际评估",《巴黎协定》有望弥合国内气候行动与国际气候政策目标之间的鸿沟,这里可能存在的困难则在于"透明度"(transparency),即国家自主贡献、自定目标何以可能增进主要排放国之间的互信,进而达成国际合作?[②]

由此可见,从 1992 年 UNFCCC 到 1997 年的《京都议定书》,再到 2015 年的《巴黎协定》,近三十年的全球气候治理实践所构筑起来的制度结构,这些制度化建设进程与非正式国际机制下的气候政治互动一道,共同反映了国际社会为构建一个应对全球气候变化的综合监管体系付出了持久努力,但其中仍存在不同程度的缺憾和有待提升的空间,因而有必要对这种形成中、待完善的制度结构进行进一步的学理分析和学术思考。

四　全球气候制度结构的特点

(一)　松散耦合的机制复合体

如上所述,由 UNFCCC 和 Kyoto Protocol 等构成的联合国气候变化机制建构路径,反映了国际社会就应对气候变化难题所做的制度建设努力。但是,从客观实际上看来,当前确实不存在可以限制气候变化的一体化综合机制,相反,存在一种松散耦合的 (loosely coupled)[③] 特定机制——气候变化机制复合体。这种气候变化机制复合体,是参与全球气候政治的各行为主体一直以来为建立一个强有力的整合的综合监管机制 (integrated comprehensive regulatory regime) 而努力的结果。于是,构成气候变化机制复合体的要素之间,或多或少彼此相互关联,有时相互强化,有时也会发生冲突。[④] 如果这一机制复合体在有效性、合法性、可

---

① Robert Keohane and Michael Oppenheimer, "Paris: Beyond the Climate Dead End through Pledge and Review?", *Politics and Governance*, Vol. 4, No. 3, 2016, pp. 142 – 151.

② Robert Falkner, "The Paris Agreement and the New Logic of International Climate Politics", *International Affairs*, Vol. 92, No. 5, 2016, pp. 1107 – 1125.

③ 耦合指的是构成系统的各子系统之间的动态关联。进而,松散耦合,则说明耦合的子系统之间虽有一定的相互联系但并不紧密,即彼此仍保持相互独立,动态关联程度不高。有关松散耦合的定义,参见 Karl E. Weick, "Educational Organizations as Loosely Coupled Systems", *Administrative Science Quarterly*, Vol. 21, No. 1, 1976, pp. 1 – 19。

④ Robert Keohane and David Victor, "The Regime Complex for Climate Change", *Perspectives on Politics*, Vol. 9, No. 1, p. 2.

适应性等方面都达到了特定的标准，就能超越其他政治上可行的综合机制，尤其是涉及可变性和灵活性的时候。这些特征在高度非确定性的环境中显得尤为重要，在气候变化问题当中，最苛刻的国际承诺都是相互依赖的，但各行为主体实现承诺的利益和能力分歧甚大（见图1-1）。

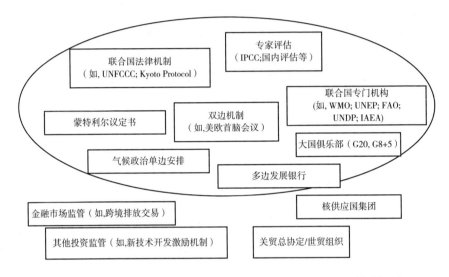

图1-1 气候变化机制复合体（椭圆内外分别为主要机制和辅助机制）

资料来源：Robert Keohane and David Victor, "The Regime Complex for Climate Change", *Perspectives on Politics*, Vol. 9, No. 1, 2011, p. 5, 笔者据该文献的图1 修改绘制而得。

在基欧汉和维克托看来，气候变化机制复合体的优势，部分在于监管体制（regulatory systems）间的断层（faults）上，这在《联合国气候变化框架公约》和《京都议定书》中有所显现。机制功能失调的原因在于极其不确定的情况下，很难设计出有效的制度结构以明确政府意愿及相关举措。整合的机制是由制度上的垄断者来界定的，一旦体制间的断层存在，彼此竞争的制度就难以协调。① 于是，基欧汉和维克托为分析当前的制度结构而提出了六个标准：（1）连贯性（Coherence），即机制的组成部分是兼容的和相互强化的；（2）责任性（Accountability），这意味着一些行为体有权利让其他行为体坚持一系列

① Robert Keohane and David Victor, "The Regime Complex for Climate Change", *Perspectives on Politics*, Vol. 9, No. 1, 2011, p. 16.

标准，并用这些标准评判其他行为体是否履行职责；（3）有效性（Effectiveness），要求规则服从达到一个合理的水平，但也要求规则适当，更有效的机制显然可以为其成员创造更多净收益；（4）确定性（Determinacy），确保规则具有"高度可信的规范内容"；（5）可持续性（Sustainability），即包含一组稳定的基本机制，以减弱关涉未来规则的非确定性影响；（6）认知特性（Epistemic quality），即规则和科学知识间的相容（consistency）、管理者责任的相容，以及改进其规则和责任关系方面的能力。通过这六个标准，美国得以根本否定京都机制为代表的国际气候制度结构的合理性与有效性，因之美国并不热衷于建构所谓单一整合的国际气候制度，而推崇某种"灵活"的、松散的气候治理架构。基欧汉和维克托的研究为我们理解全球气候政治的制度结构提供了一种国际制度论视角，尽管不排除这种观点为美国退出京都机制进行辩护的可能。当然，基欧汉和维克托也并非全盘否定 UNFCCC，随着时间的推移，气候变化框架公约可能向更深层次的制度演进，并可能成为某种整合机制的核心，而在当前的机制复合体当中，UNFCCC 继续扮演着保护伞的角色。[1]也就是说，基于当前巨大的非确定性和快速变革的情势，机制复合体出现和延续的可能性更大，而非我们所期望的所谓整合的综合监管机制。当然，如果真能够依照合法、适应、有效的标准而建立一个综合监管机制的话，可能会比当前的机制复合体更为优越。但是，任何政治上合理的综合机制好比京都议定书，对于多数国家而言仅有微弱的影响，也就是说这些国家往往抱有不同预期从而阻碍进行后续改革的努力。因此，重要的不是将当前实际存在的机制复合体与假想的不现实的综合监管机制相比较，而是至少从规范的角度看来，机制复合体比起所谓的综合监管机制更具优势——决策者可以在应对气候变化问题时妥善利用机制复合体。

（二）对参与主体缺乏有效的规约

应对气候变化的两个主要协议是《联合国气候变化框架公约》和《京都议定书》。然而，气候变化政治并不拘泥于联合国条约和令人瞩目的多边谈判。事实上，相比起多数区域的、国家的和地方层次的政策和标准，作为气候变化政治

---

[1]　Robert Keohane and David Victor, "The Regime Complex for Climate Change", *Perspectives on Politics*, Vol. 9, No. 1, 2011, pp. 19 – 20, 24.

重要组成部分的所谓全球承诺，其严格性自然要弱得多。[①] 也就是说，即使有关应对气候变化的全球协议达成，相应次级层次上的温室气体减排等行动未必就能落实，这种现实与理想间的尴尬矛盾集中表现在国家层次上，比如在美国、加拿大，甚至包括作为气候政治新世界主义先驱的欧盟在内，（美国）联邦下的州、（加拿大）国内省、（欧洲）联盟内成员国等都仍在气候政策发展上扮演核心角色，这对于构建一个普遍性的政策框架乃至形成制度规约而言，无疑是极大的挑战。[②] 毕竟，对于单个政治行为体而言，干扰因素往往在于"合作"是否将真的可以改善自己的整体福利。[③] 更何况，UNFCCC 可以说是"不带剑的契约"（covenant without a sword），因为它几乎没有针对不履约行为的制裁机制，当然也不同于强有力的政府治理/带剑的契约（covenant with sword）和市场机制（market mechanism）路径。[④] 既然缺少了制裁机制，那么让各国政府付出高额成本去实施减排政策以建设全球的、非排他性的气候公共环境，其可靠性难免令人怀疑。诚如霍布斯（Thomas Hobbes）的《利维坦》（Leviathan）所言，"不带剑的契约如一纸空文，它毫无力量去保护任何人的安全"。[⑤]

全球气候制度结构本身对行为体缺乏强有力的约束。同时，行为体也并非社会化的囚徒，即使面临强大的制度结构压力，行为体自身仍有主体选择权利或曰"自由"，更遑论气候变化的政治本身还带有些许未来政治的色彩。换言之，气候政治深刻地反映了"吉登斯悖论"，即尽管气候变化风险令人恐惧，但在人们的日常生活当中似乎并不那么直接，多数人可能袖手旁观，不会对此有任何实际

---

① Liliana B. Andonova and Ronald B. Mitchell, "The Rescaling of Global Environmental Politics", *Annual Review of Environment and Resources*, Vol. 35, 2010, pp. 255 – 282.

② Barry G. Rabe, "Beyond Kyoto: Climate Change Policy in Multilevel Governance Systems", *Governance: An International Journal of Policy, Administration, and Institutions*, Vol. 20, No. 3, 2007, pp. 423 – 444.

③ Joshua L. Weiner and Tabitha Doescher, "A Framework for Promoting Cooperation", *Journal of Marketing*, Vol. 55, No. 2, 1991, pp. 38 – 47.

④ Elinor Ostrom, James Walker and Roy Gardner, "Covenants with and without a Sword: Self-Governance Is Possible", *American Political Science Review*, Vol. 86, No. 2, 1992, pp. 404 – 417; Suraje Dessai and Emma Lisa Schipper, "The Marrakech Accords to the Kyoto Protocol: Analysis and Future Prospects", *Global Environmental Change*, Vol. 13, No. 2, 2003, pp. 149 – 153.

⑤ Thomas Hobbes, *Leviathan or The Matter, Forme, and Power of a Commonwealth Ecclesiasticall and Civill*, London: Andrew Crooke, 1651, p. 131.

的举动，直到危险来临之时再抱佛脚却来不及了。[1] 此外，国内环境规范、地方环境压力敏感性、国内政治压力和民主水平等也都对国家的（国际）遵约意愿具有重要的影响。[2]

（三）变革成本较高

全球气候制度的柔性，以前文所述基欧汉和维克托所表达的国际制度乐观主义来看，这种松散的制度框架似乎有利于行为体根据情势变化而适时调整政策。然而，由于不同的行为体在不同时期应对气候变化实际行动的关注点有所不同，可以称之为路径依赖和组织实践。事实上，当行为体的动机不同，主要"领导者"基于自身的目的和利益来建构部分的制度，一旦它们这样做，会很容易安于现状，从而抵制对既定安排的根本改变，因为改变组织结构的成本是高昂的。作为当前国际气候制度的主要创设者，欧盟为建构国际气候制度进行了大量投入，比如碳贸易，亦建立在具有法律约束力的目标和时间表的基础上，而且，欧盟还结合国际制度安排精心设计其联盟内部政策。对于欧盟来说，认为相比重开谈判以达成一个全面、综合的监管机制而言，建立平行的基本机制作为气候变化机制复合体的一部分似乎更为可行；事实上，在 2009 年哥本哈根气候大会上达成的最终"妥协"也反映了某种灵活性安排，从而面对其他国家（尤其美国）另谋他途的局面时，欧盟仍然可以努力使京都机制得以延续。[3]

（四）存在多层治理和复杂决策的困境

气候变化议题，其本身至少具有三大显著特点：长期性、广泛的公共问题属性、高度的不确定性。全球气候政治制度，可以说是对气候变化这些问题特征的制度回应。

一方面，应对气候变化需要多层治理（multi-leveled governance）。因为气候变化的广泛公共问题属性，气候治理则不能仅仅局限于个人、团体或民族国家等传统的思维模式。相反，包括地区与国家的、国内与国际的乃至全球社会的层次都应整合到气候治理之中，并让这些治理层次之间保持相互关联。尽管当前我们

---

[1]　Anthony Giddens, *The Politics of Climate Change*, p. 2.

[2]　Nives Dolšak, "Climate Change Policy Implementation: A Cross-Sectional Analysis", *Review of Policy Research*, Vol. 26, No. 5, 2009, pp. 551 – 565.

[3]　Robert Keohane and David Victor, "The Regime Complex for Climate Change", *Perspectives on Politics*, Vol. 9, No. 1, 2011, p. 15.

所讨论更多和较为认同的还是国际层次的气候治理,尤其"公约-议定书"治理模式,然而其他层次气候治理的不同形式也并不鲜见。比如在联邦体制下(美国和澳大利亚)可能主要的关注点会聚焦在联邦政府与州之间有关劳动分工和权力分离上,这些显然也影响了国家的整体气候变化应对;换言之,气候制度的平行和垂直演化同步。① "全球的"气候政治生发于多层次的人类组织,从联合国谈判,到国家、州、省级立法机关,再到市级委员会。这种多层次气候治理涵盖了各级政府、公民社会和私人部门行为体等治理主体参与到组织和制度当中。气候政治领域的多层治理带有横向和纵向联系,横向联系可见于相似层次的社会组织(如市政府)当中的活动/工序(instruments and programs),纵向联系存在于不同层次的社会组织中(如国内政府与多边论坛)。② 不过,自1992年以降,由UNFCCC和京都议定书构成的全球气候制度建构路径,仍然是当前的重点和难点,只不过所取得的成果往往不尽如人意。

另一方面,气候变化治理还需要在不确定性中做决策。也就是说,由于气候变化议题的高度不确定性,决策者需要考虑方方面面,进行复杂决策。其中,影响决策者的不确定性因素至少包括信息、机制、目标等,在这些要素都不充分、不完整的前提下,决策者仍不得不回答一些难题。比如,如何对现状和未来进行预估评价?应对气候变化的最好的制度形式是什么?什么样的政策工具可以用来制定气候政策?温室气体减排与适应气候变化的目标当如何确定?可见,借助法律和政策工具,气候变化治理存在决策困境,从而难免使气候制度建构的有效性和合理性大打折扣。③

可见,全球气候制度是一种气候变化治理的制度回应,而制度的建构本身是一个浩大的工程,回落到行为体自身尤其是气候政策决策者,还往往会面临复杂

① Jacqueline Peel, "Climate Chang Law: The Emergence of a New Legal Discipline", *Melbourne University Review*, Vol. 32, No. 3, 2008, pp. 922 – 979; Jonathan B. Wiener, "Something Borrowed for Something Blue: Legal Transplants and the Evolution of Global Environmental Law", *Ecology Law Quarterly*, Vol. 27, No. 4, 2001, p. 1295.

② Henrik Selin and Stacy D. VanDeveer, "Federalism, Multilevel Governance and Climate Change Politics across the Atlantic," in P. F. Steinberg and S. D. VanDeveer, eds., *Comparative Environmental Politics: Theory, Practice, and Prospects*, Cambridge: MIT Press, 2012, p. 346.

③ Jiunn-rong Yeh, "Emerging Climate Change Law and Changing Governance", in He Weidong and Peng Feng, eds., *Climate Change Law: International and National Approaches*, p. 29.

的决策困境。而且，多层治理和复杂决策还同时面临着国家中心主义和国家利益观的挑战。

小　结

全球气候政治的参与主体甚广，包含主权民族国家和非国家行为体。其中，主权民族国家及其所组成的国家群体，在全球气候政治当中占据着重心地位。这为我们接下来在国际关系与世界政治意义上讨论国家群体间气候政治互动，确立了（传统和新兴）大国作为施动者（Agents）／行为体（Actors）的角色意义。一定程度上，可以说这种"国家中心主义情结"，亦使新兴大国彰显重要性，似成了"自我实现的预言"（self-fulfilling prophercy）。因为在气候变化这一非传统安全议题领域，出于惯性思维，国家间政治（模式）几乎注定处于被预设状态。

2007年"巴厘岛路线图"敲定了全球气候政治的核心议题，即减缓、适应、资金和技术这四大支柱。那么，全球气候政治的有关协议和制度化安排，往往也是围绕着这些核心议题展开。而且，新兴大国的利益诉求、分歧，乃至与共同他者间的互动博弈，自然也关乎减缓和适应气候变化。更进一步，减缓、适应、资金、技术等具体议题导向，也框定了新兴大国气候政治群体拟形成中的准集体身份边界（详见本书第二章）。如此，可能有助于我们在分析新兴大国气候政治群体化这一带有系统效应色彩的国际关系乱象时，把握核心问题和难点，进行集中分析和论述。

全球气候政治的制度结构，以 UNFCCC 和 Kyoto Protocol 为主，形成的是一种较为松散的机制复合体，对参与主体缺乏有效的规约，变革成本较高，存在多层治理和复杂决策的困境等。可见，作为一种形成中的国际制度，其在诸多层面还有待进一步发展和完善。同时，这种先天不足的国际制度结构，使得全球气候政治的无政府状态更为明显，气候变化议题上的世界政治权力构成亦因之趋于流散化，气候政治群体化和碎片化现象并存。换言之，全球气候制度结构的"无力"和"权力流散"，从根本上反映的是全球气候治理失灵。因此，新兴大国的群体化进路，在这种已然失灵和失序的后现代世界中，事实上也不过是一种找寻出路的尝试或曰探索。

第二章
新兴大国气候政治群体化的进程分析

第一节 新兴大国气候政治群体化的背景 (1992 ~ 2018)

在不到 30 年的时间里，气候变化已从一个相对模糊的科学话题发展成为全球政治议程中的一个关键议题。[①] 温特甚至认为，"由于潜在而可怕的长期威胁，且短期内少有国家能在共同应对并采取强有力措施方面获益"，气候变化成了目前最重大的国际政治议题。[②] 以批判理论来诠释，这种气候变化的政治还带有某种自反性色彩，既批判现下存在，又指涉未知未来。[③] 一般而言，气候变化是典型的"公共"问题，即任何行为体都无法单独解决该难题。此外，温室气体减排的经济与社会成本都较为高昂，因之对于单个的行为体而言，应对气候变化则是非理性的，即行为体的最优策略似乎是逃避，从而坐等其他行为体来解决气候问题。[④] 由此而论，一国若应对气候变化，则须寻求正式的国际合作，以制度的

[①] 〔瑞士〕托马斯·伯诺尔、〔瑞士〕莉娜·谢弗：《气候变化治理》，刘丰译，《南开学报》（哲学社会科学版）2011 年第 3 期，第 8 页。

[②] "View from the Top: Nine of the World's Top International Relations Scholars Weigh in on the Ivory Tower Survey", http://www.foreignpolicy.com/articles/2012/01/03/view_from_the_top? page =0, 0.

[③] 严双伍、赵斌：《自反性与气候政治：一种批判理论的诠释》，《青海社会科学》2013 年第 2 期，第 57 页。

[④] Kirsten H. Engel and Scott R. Saleska, "Subglobal Regulation of the Global Commons: The Case of Climate Change", *Ecology Law Quarterly*, Vol. 32, No. 2, 2005, pp. 190 – 191; Cass R. Sunstein, "Of Montreal and Kyoto: A Tale of Two Protocols", *Harvard Environmental Law Review*, Vol. 31, No. 1, 2007, pp. 2 – 3.

形式将其与他国相联系，"通过减少缔约成本、提供商谈焦点、扩充信息量，从而以可信性和合理性来共同制裁越矩行为"。[1]

1992 年，联合国在里约热内卢举行环境与发展大会，183 个国家代表团和 70 个国际组织参加了会议，确定了一系列有关经济发展与能源环境的国际规则，开启了人类为实现可持续发展的探索之路。[2] 这次大会的国际政治意义在于，在气候变化问题上，新兴国家似成了里约峰会所确定全球责任的捍卫者，而并非挑战既有的主导国际规范。[3] 该年达成的《联合国气候变化框架公约》（UNFCCC），成了国际社会就应对全球气候变化而进行国际合作的一个基本框架。

以联合国政府间谈判会议为平台，新兴大国成员得以广泛参与全球气候政治的互动进程。1995 年，在德国柏林召开的公约第一次缔约方会议（COP1），期望到 1997 年达成议定书，预期明确在一定期限内的发达国家限排义务；1996 年瑞士日内瓦 COP2，通过了涉及发展中国家有关信息通报、技术转让、共同执行活动等议程；1997 年，日本京都气候大会（COP3），明确规定 2008～2012 年，主要工业化国家/发达国家的温室气体排放，平均减少 5.2%（以 1990 年为基准年），如欧盟减排 8%、美国减排 7%、日本减排 6% 的明确指标被相应提出；1998 年的阿根廷布宜诺斯艾利斯大会（COP4），这时的发展中国家集团发生分化，分为气候变化脆弱性较大而自身排放量极小的小岛国家联盟（AOSIS）、对清洁发展机制（CDM）获取外汇报以极高期望的国家（如墨西哥和巴西，及最不发达的非洲国家）、反对承诺义务的能源消费大国如中国和印度（呼吁环境发展空间、强调共有资源的分配公平性等）、以 OPEC 为代表的石油输出国（担心减排会冲击其国内经济，压缩全球能源市场）等；1999 年德国波恩会议（COP5），就技术转让与开发、发展中国家及经济转型国家的能力建设进行了协商；2000 年的海牙会议（COP6）由于美国拒绝接受此前要求的减排指标，一度

---

[1]　Antto Vihma, "India and the Global Climate Governance: Between Principles and Pragmatism", *The Journal of Environment and Development*, Vol. 20, No. 1, 2011, pp. 69–94.

[2]　"Outcomes of the Rio Earth Summit 1992 Process", http://www.worldsummit2002.org/guide/unced.htm.

[3]　Andrew Hurrell and Sandeep Sengupta, "Emerging Powers, North-South Relations and Global Climate Politics", *International Affairs*, Vol. 88, No. 3, p. 469.

令谈判陷入僵局，次年于德国举行延长会议达成的《波恩政治协议》防止了气候谈判进程的提早终结。与整个进程相呼应，其实早期的气候外交中，巴西、中国、印度和南非在"G77 + 中国"形式下，与广大其他发展中国家群体进行协商。特定历史时期的政治经济进程，导致了它们与其他发展中国家的分异，新兴经济体在工业化水平等综合实力方面，令其他发展中国家望尘莫及，却也加强了四国之间的互动。比如，2001 年美国退出京都议定书，中国和印度甚至被当成了替罪羊——"因为中印两国总拿美国累积排放量来说事，并且合力向美国施压"。①

2007 年，在印尼巴厘岛召开的联合国气候变化大会（COP13），形成了美国与欧盟、发达国家与发展中国家之间的激烈交锋，会议最终艰难达成了"巴厘岛路线图"。该路线图明确规定，《公约》的所有发达国家缔约方都要履行可测量、可报告、可核实的温室气体减排责任；2008 年八国集团首脑会议，各国领导就温室气体减排长期目标达成一致意见，寻求与公约其他缔约方共同实现2050 年全球温室气体减排至少一半的长期目标，同年 COP14 在波兹南召开，就长期气候合作"共同愿景"进行讨论；2009 年，哥本哈根大会（COP15），讨论议定书第一承诺期后的方案，在这次大会上，谈判各方之间的交锋空前激烈，大致分为发达国家与发展中国家这两大分歧最大的阵营，最终由美国、巴西、南非、印度和中国等五国首脑达成了不具法律约束力的声明，气候谈判群体化趋势更为明显；2010 年，墨西哥坎昆会议（COP16），坚持了框架公约、京都议定书和"巴厘岛路线图"，"共同但有区别的责任"得以延续，且在适应、资金、技术转让和能力建设等发展中国家极为关心的谈判方面亦取得不同程度的进展；2011 年，南非德班气候大会（COP17），通过了一揽子决议，建立德班增强行动平台特设工作组，决定实施议定书第二承诺期并启动绿色气候基金，此外，基础四国即巴西、南非、印度和中国公布有关公平获取可持续发展的预算报告——《公平获取可持续发展：平衡的碳空间和碳金融预算》，该报告由基础四国在四国部长级会议领导下完成，为碳空间分配提供了可操作化依据，有助于推动南南合作的进程；2012 年，卡塔尔多哈气候大会（COP18），决议通过确定 2013 ~

---

① Christian Brütsch and Mihaela Papa, "Deconstructing the BRICs: Bargaining Coalition, Imagined Community or Geopolitical Fad?", *The Chinese Journal of International Politics*, Vol. 6, No. 3, 2013, p. 318.

2020 年为议定书第二承诺期，发展中国家要求发达国家给出资金援助的具体计划并敦促发达国家增加援助，在这次大会的交锋中，主要围绕资金展开，发展中国家与发达国家之间的对垒更为清晰可辨；2013 年，波兰华沙气候大会（COP19），有关清洁能源、资金与技术转移等问题仍一再成为发达国家与发展中国家之间争议的焦点，各方就德班平台决议、气候资金和损失损害（Loss and Damage）补偿机制等签署协议，从而初步形成仍待进一步落实的"华沙机制"。此后，尤其 2015 年的巴黎气候大会（COP21）和 2018 年的卡托维兹气候大会（COP24），新兴大国发挥了先导作用，是《巴黎协定》及其实施细则形成的关键动因，有效推动了全球气候政治发展与全球气候治理实践进程。

可见，全球气候政治中的互动进程，从宏观上来看，主要是以联合国政府间气候变化会议为平台的谈判互动。在历届谈判当中，博弈各方分歧甚大，利益交错，形势复杂多变。这其中较为明晰的主线在于发达国家与发展中国家阵营之间的矛盾分歧，从而形成两大谈判方的对立，而这两大阵营内部亦存在分歧，使气候政治群体化与碎片化（fragmentation）现象共存。新兴大国也是在这种全球互动进程中逐步形成了"抱团打拼"的态势。

第二节　新兴大国气候政治群体化的演进

全球气候政治系统与进程，为新兴大国提供了时势场域和活动舞台。而且，全球气候政治系统无异于一个复杂系统，其显著特征在于无政府状态下的全球气候环境公共物品供求。同时，如本书第一章所述，当前所形成的全球气候制度结构，对行为体缺乏有效的规约，全球气候政治格局大体上形成了所谓的南北两极；在全球气候政治进程中，新兴大国群体逐步形成了"抱团打拼"之势，全球气候外交呈现出大国博弈与多边协调的特征。其中，新兴大国在"G77 + 中国"、基础四国、非正式国际机制（e.g., BRICS, G20, IBSA）下的气候政治互动，需要从历史比较中进行考察，以全面地、动态地分析新兴大国气候政治群体化进程。

一　"G77 + 中国"

G77（七十七国集团）成立至今已近半个世纪之久，比全球环境治理的历史还要悠长。作为发展中国家的联合，G77 被视为"集体的谈判武器"（negotiating arm of the collective）。① 1972 年，瑞典斯德哥尔摩召开的首次联合国人类环境会议，开启了世界各国商讨人类环境问题的谈判模式，这种谈判模式在当时的历史背景下有助于南方国家的联合，即使"G77 + 中国"群体内部有所分歧（如产油国与小岛国家之间），仍能保持一定程度的稳定性。② 同时，G77 旨在加大发展中国家成员参与全球治理时的国际影响力，凸显"弱国间想象共同体"身份（使发展中国家能够寄望于集体团结）。③ 然而，这些国家在面临气候政治难题时，往往表现出不同程度的脆弱性。一方面，深感自身实力和话语权不够强大，不足以对国际气候谈判的走向施加强有力影响；另一方面，担心一旦过多地卷入全球气候政治博弈或就共同应对气候变化而深化合作，会削弱自身的国家主权和发展战略优先。④ 尽管存在上述看似自相矛盾的顾虑，G77 成员国仍非常希望通过参与全球气候变化治理来增强民族国家的自身发展，包括减少贫困、发展经济等方面。这其中，自身发展显然包含了参与国际谈判和履行国际条约方面的能力建设，因此，G77 成员国的发展诉求内嵌于诸如减缓和适应气候变化等相关机制当中。⑤

自气候变化谈判初启，"G77 + 中国"这一看似具有广泛代表性的发展中国家合作平台，其发展演变难免走向松动；除了 G77 成员国的多样性和复杂性导致的利益纠结之外，中国在这一历史阶段的崛起进程，以及其他新兴大国群体突

---

① Adil Najam, "Developing Countries and Global Environmental Governance: From Contestation to Participation to Engagement", *Global Environmental Agreements*, Vol. 5, No. 3, p. 307; Marc Williams, "The Third World and Global Environmental Negotiations: Interests, Institutions, and Ideas", *Global Environmental Politics*, Vol. 5, No. 3, 2005, pp. 48 – 69.

② Andrew Hurrell and Sandeep Sengupta, "Emerging Powers, North-South Relations and Global Climate Politics", *International Affairs*, Vol. 88, No. 3, p. 468.

③ Jon Barnett, "The Worst of Friends: OPEC and G – 77 in the Climate Regime", *Global Environmental Politics*, Vol. 8, No. 4, 2008, pp. 1 – 8.

④ Sjur Kasa et al., "The Group of 77 in the International Climate Negotiations: Recent Developments and Future Directions", *International Environmental Agreements: Politics, Law and Economics*, Vol. 8, No. 2, 2008, p. 118.

⑤ Marc Williams, "The Third World and Global Environmental Negotiations: Interests, Institutions and Ideas", *Global Environmental Politics*, Vol. 5, No. 3, 2005, p. 56; Antto Vihma, Yacob Mulugetta and Sylvia Karlsson-Vinkhuuyzen, "Negotiating Solidarity? The G77 through the Prism of Climate Change Negotiations", *Global Change, Peace & Security*, Vol. 23, No. 3, 2011, p. 326.

现（特别是 2008 年国际金融危机这一历史拐点的出现），使 "G77 + 中国" 逐渐走向了分化。[①] 具体到全球气候政治互动中，尤其是气候变化谈判方面，由包括 "G77 + 中国" 在内的成员国广泛参与达成的《联合国气候变化框架公约》（UNFCCC），成了国际社会就应对全球气候变化而进行国际合作的一个基本框架。需要指出的是，在减排义务方面，有关附件一和非附件一国家的清晰归类，因其 "公正性和社会考量"（equity and social considerations）而一度被视作 UNFCCC 的最大功绩所在。[②] 其中，提倡和坚持 "共同但有区别的责任"，即让发达国家承担气候变化的历史责任，并使非附件一国家均免于减排义务，可以算作当时 G77 和中国之间的一大共同语言及利益关切所在。[③] 然而，这也为此后气候政治的进一步群体化埋下了伏笔。1997 年，京都大会通过的《京都议定书》成为 "G77 + 中国" 的主要成就之一。以 "G77 + 中国" 为代表的发展中国家群体逐步分化为多个子群体（见表 2 - 1）。

表 2 - 1　"G77 + 中国" 的子群体

基础四国（BASIC）	由巴西、南非、印度、中国组成，不仅联合抵制北方国家有关减排行动的压力，而且还相应提出颇具雄心的国内气候变化政策
最不发达国家（LDCs）	由 49 个最不发达国家组成，其 "特殊情况" 得到 UNFCCC 公认，因之在气候变化谈判中，须妥善考虑这些国家的脆弱性和适应需求
非洲国家群体（African Group）	由 53 个非洲国家组成，其在 UNFCCC 谈判进程中的态度和部长级会议声明，乃至 2009 年巴塞罗那气候会谈和哥本哈根会议期间的集体离席退场抗议，都引发世界关注。该群体既涵盖了对气候公正抱有强烈诉求的国家，也包括一个新兴大国即 BASIC 成员国（南非），以及不少 LDCs 成员国和若干 OPEC 成员国

① Adil Najam, "The View from the South: Developing Countries in Global Environmental Politics", in Regina Axelrod, *et al.*, eds., *The Global Environment: Institutions, Law and Policy*, Washington, DC: Congressional Quarterly Press, 2004, p. 242; Radoslav S. Dimitrov, "Inside Copenhagen: The State of Climate Governance", *Global Environmental Politics*, Vol. 10, No. 2, 2010, p. 20.

② Bert Bolin, *A History of the Science and Politics of Climate Change*, Cambridge: Cambridge University Press, 2007, pp. 94 - 95.

③ Heike Schroeder, "The History of International Climate Change Politics: Three Decades of Progress, Process and Procrastination", in Maxwell Boykoff, ed., *The Politics of Climate Change: A Survey*, London: Routledge, 2010, pp. 26 - 41; Ulrich Beyerlin, "Bridging the North-South Divide in International Environmental Law", *Zeitschrift für ausländisches öffentliches Recht und Völkerrecht (ZaöRV)*, Vol. 66, 2006, pp. 259 - 296.

小岛国家联盟 (AOSIS)	由42个小岛国家联合而成,包括一些非G77成员国如图瓦卢和新加坡。自1991年气候谈判初始,AOSIS就积极联合,其"共同命运"感极强,强调雄心勃勃的(减排)目标、气候机制的全面效果、环境政策包含适应需求的完整性
美洲玻利瓦尔 联盟(ALBA)	由拉丁美洲国家组成的地区合作组织,其前身为2001年由委内瑞拉提出的美洲玻利瓦尔替代计划,2009年正式更名为美洲玻利瓦尔联盟。该群体的气候政治立场主要表现为委内瑞拉、玻利维亚、厄瓜多尔、古巴和尼加拉瓜等国的协调一致,ALBA群体活跃于2009年气候谈判,是一组新力量,其成员国尤其强调谈判中的公正与民主,并主张北方国家承担有关减缓气候变化的责任,外交辞令则以反美和反殖民主义为特征
欧佩克(OPEC)	由12个石油输出国组成,以沙特阿拉伯为首,OPEC已经成了立场相当一致、财力雄厚的战略联合群体,经常在气候谈判中扮演"麻烦制造者"(obstructionist)角色。不过,OPEC国家并不经常提出群体声明,而总是分头行动(但气候政治立场却较为一致)

资料来源: Antto Vihma, Yacob Mulugetta and Sylvia Karlsson-Vinkhuuyzen, "Negotiating Solidarity? The G77 through the Prism of Climate Change Negotiations", *Global Change*, *Peace & Security*, Vol. 23, No. 3, 2011, p. 325, 笔者据该文献表2整理而得。

在2007年的巴厘岛会议和2009年的哥本哈根大会上,"G77+中国"开始走向松动并进一步分化,尤其在哥本哈根大会上,围绕适应、资金问题展开的争论,成为"G77+中国"维持团结的一大核心障碍,形成了"最不发达国家"与"主要经济体"之间的对立,这在一定程度上为美国等发达国家"乘虚而入"打开了机会之窗。[①] 基础四国这一群体的突现,正是由"G77+中国"运行机制通往新兴大国群体化复杂系统进程的一个重要标志。

二 基础四国(BASIC)

如上所述,尽管G77一度强调集体身份和共性,但成员国之间的分歧也逐渐凸显。巴西、南非、印度、中国等新兴大国由于综合实力提高较快,因此在"G77+中国"范围内显得有些"超群绝伦",它们在经济增长率、国际地位等方面取得的进步令其余新兴国家乃至广大发展中国家望尘莫及;发展方面的遥遥领先自然外溢到了气候变化治理之全球责任领域,这四个国家的温室气体排放大户

① Maša Kovic, "G77+China: Least Developed Countries vs. Major Developing Economies", December 17, 2009, http://www.climaticoanalysis.org/post/g77china - least - developed - countries - vs - major - developing - economies/.

形象亦相应凸显，只不过中国和印度主要是累积排放量剧增，而巴西和南非则是人均排放量较高。①

2009 年，基础四国积极参与哥本哈根谈判，并与美国就自愿减排达成了充满争议的《哥本哈根协议》，该协议远非其他多数谈判参与者所希望的强制减排协议。同时，尽管基础四国曾努力守住底线，即保持自身作为 G77 阵营的一部分，其他国家尤其是发达国家却倾向于在谈判中将基础四国视为单一的整体。②哥本哈根会议之后的 BASIC，"并不仅仅是一个谈判协调平台，还是一个为减排与适应行动提供合作的平台，包括信息交流、气候科学与气候相关技术的协作"。③而且，与发达国家要求发展中国家强制减排而引发谈判僵局的情形恰成反差，基础四国在考量自身的利益和协调后，将《哥本哈根协议》可操作化于自愿减排承诺，这一切使基础四国显得更为主动和雄心勃勃。④不仅如此，基础四国还频繁活动于"G8 + 5"、"G20"和主要经济体能源与气候变化论坛（MEF），并在这些非联合国层次的次级谈判会议上广泛讨论气候问题。而且，基础四国作为地区大国，即使不能较快推动全球气候治理的积极议程，也往往能在全球谈判与决策上施加较大影响。⑤鉴于此，基础四国的处境显得有些"孤独"：一方面，在原有的 G77 等发展中国家阵营中难免被孤立，被认为不再适宜于享有"共同但有区别的责任"中的特殊关照，与美国之间的哥本哈根协议也似成了"犯众怒"之举，阻碍了有力合作的实现；另一方面，追溯到 2001 年美

---

① Leslie Elliott Armijo, "The BRICs Countries（Brazil, Russia, India, and China）as Analytic Category：Mirage or Insight?", *Asian Perspective*, Vol. 31, No. 4, 2007, pp. 7 – 42; Karl Hallding *et al.*, *Together Alone：BASIC Countries and the Climate Change Conundrum*, pp. 34 – 36.

② Kathryn Ann Hochstetler, "The G – 77, BASIC, and Global Climate Governance：A New Era in Multilateral Environmental Negotiations", *Revista Brasileira De Politica Internacional*, Vol. 55, 2012, No. spe, p. 57.

③ "Joint Statement Issued at the Conclusion of the Second Meeting of Ministers of BASIC Group, New Delhi", January 27, 2010, http：//www. hindu. com/nic/2010draft. htm.

④ Sivan Kartha and Peter Erickson, "Comparison of Annex 1 and non-Annex 1 pledges under the Cancun Agreements", http：//www. oxfam. org. nz/resources/onlinereports/SEI – Comparison – of – pledges – Jun2011. pdf.

⑤ Alan S. Alexandroff and John Kirton, "The 'Great Recession' and the Emergence of the G – 20 Leaders' Summit", in Alan S. Alexandroff and Andrew F. Cooper, eds., *Rising States*, *Rising Institutions：Challenges for Global Governance*, Washington DC：Brookings Institution Press, 2010, p. 194; David Scott, "China and the 'Responsibilities' of a 'Responsible' Power—The Uncertainties of Appropriate Power Rise Language", *Asia-Pacific Review*, Vol. 17, No. 1, 2010, pp. 72 – 96.

国退出京都机制，中国和印度等新兴大国竟成了替罪羊——"因为中印两国总拿美国累积排放量来说事，并且合力向美国施压"。[①] 哥本哈根气候政治进程中的经验教训，使 BASIC 在随后的 2010 年坎昆大会中采取了更为建设性的立场。除了与其他发展中国家如非洲国家群体和 G77 等进行更为广泛的协商之外，BASIC 在其诸多核心利益关切上显得更为灵活，以包含更加广大的发展中国家的诉求，具体表现为：确保发达国家给予发展中国家资金支持和技术转移，共同坚持"社会与经济发展乃至消除贫困是发展中国家的第一要务"；通过"BASIC +"（BASIC plus）的形式，接受观察员国家参加 BASIC 会议，以使 BASIC 保持开放和包容性，这种形式也在后来的国际气候政治进程中得以延续。[②] 当然，BASIC 内部乃至与他者之间的这些广泛协调、合作等努力，也一度因"缺少实质内核"而遭受质疑，即在 UNFCCC 下的各种具体议题中缺乏进展，如国际气候监察——"三可"核查（MRV）/国际咨询和分析（International Consultation and Analysis，ICA）、技术转移、知识产权和市场机制等，2010 年坎昆会议其实也暴露了基础四国内部在这些方面的分歧。[③]

不过，基础四国仍一致坚持认为自身的人均温室气体排放远低于发达国家，因而它们对于全球减排的贡献必须遵循自愿原则，且促进经济发展的优先性不能受阻。[④] 在南非德班会议上，新兴大国与传统工业化国家就寻求对京都机制的某种更新替换进行了积极商讨。在 2012 年的多哈会议上，通过"多哈气候关口"这一平衡成果，有关《京都议定书》第二承诺期和后续修正案的讨论成为重中之重。基础四国呼吁发达国家缔约方尽快批准修正案，以确保法律上的确定性，并强调《京都议定书》在国际气候建制和应对气候变化行动进程中的重

① Christian Brütsch and Mihaela Papa, "Deconstructing the BRICs: Bargaining Coalition, Imagined Community or Geopolitical Fad?", *The Chinese Journal of International Politics*, Vol. 6, No. 3, 2013, p. 318.

② "Joint Statement Issued at the Conclusion of the Fourth Meeting of Ministers of the BASIC Group", Rio de Janeiro, 25 – 26 July 2010, http://www.moef.nic.in/downloads/public – information/Joint – Statement – Rio.pdf; Chee Yoke Ling, "BASIC Ministers on Durban Expectation, Caution against Unilateralism", Third World Network (TWN) Info Service on Climate Change, 29 August 2011, http://www.twnside.org.sg/title2/climate/info.service/2011/climate20110801.htm.

③ Karl Hallding *et al.*, *Together Alone: BASIC Countries and the Climate Change Conundrum*, pp. 96 – 98.

④ Anthony Giddens, *The Politics of Climate Change*, p. 221.

要地位。基础四国还强调彼此间团结的重要性，并重申四国将致力于加强"G77 + 中国"，继续推进南南合作。① 事实上，自 2009 年 BASIC 形成以来，几乎每次的基础四国联合声明，都不忘强调 BASIC 与 G77 之间的合作/谈判之重要性。换言之，尽管就 BASIC 本身而言，基础四国与 G77 大多数成员国所面临的形势已有较大差别，然而四国从未完全放弃原属 G77 阵营的群体身份，因之当前 BASIC 和 G77 成了时空上平行，而形式上又尽量保持一致的既耦合又独立的两大群体。②

三　非正式国际机制下的气候政治互动

（一）金砖国家

金砖国家（BRICs）起初指巴西、俄罗斯、印度、中国这四个新兴大国。2001年，美国高盛公司的吉姆·奥尼尔（Jim O'Neill）首次提出了"金砖四国"，即由巴西（Brazil）、俄罗斯（Russia）、印度（India）、中国（China）这四国国名的英文首字母组成 BRIC 一词，其发音类似英文中"砖块"（brick）一词。2003 年，高盛公司一份题为《与"金砖四国"一起梦想：通往 2050》的研究报告指出，金砖四国改变了全球资本主义政治体系，并预测中国和印度将成为制造业和服务业的领头雁，而巴西和俄罗斯也将在原材料供应上成为主导者，因之 2050 年的世界格局将面临重组，金砖四国将超越英法德意等西方发达国家，成为与美日并驾齐驱的经济体。③ 自此，"金砖四国"与金砖国家的提法受到广泛关注。

2006 年 9 月的联合国大会期间，举行了首次金砖国家外长会晤，此后每年举行例会。2008 年 5 月，金砖四国外长在俄罗斯叶卡捷琳娜堡举行联合国大会场合之外的首次会晤并发表联合公报。2009 年 6 月，金砖四国首脑在叶卡捷琳娜堡举行首次会晤并于次年 4 月在巴西举行第二次领导人会晤。2010 年，金砖四国在协商一致的基础上，决定正式吸纳南非加入该机制，随着南非的加入，

① 《第十四次"基础四国"气候变化部长级会议联合声明》，印度金奈，2013 年 2 月 16 日，http：//www. ccchina. gov. cn/archiver/ccchinacn/UpFile/Files/Default/20130222103414654944. pdf。

② María del Pilar Bueno，"Middle Powers in the Frame of Global Climate Architecture：The Hybridization of the North-South Gap"，*Brazilian Journal of Strategy & International Relations*，Vol. 2，No. 4，2013，p. 205.

③ Goldman Sachs，"Dreaming with BRICs：The Path to 2050"，Global Economics Paper，No. 99，October 2003，http：//antonioguilherme. web. br. com/artigos/Brics. pdf.

BRICs 机制由此改写为 BRICS，金砖四国扩容为金砖五国。金砖国家的宗旨在于构建以这些国家为代表的新兴市场国家对话与合作的平台，遵循开放透明、团结互助、深化合作、共谋发展的原则。

基础四国在深化气候合作的同时，也使得原有的金砖国家平台在应对气候变化这一"新"问题时面临议程的复杂化。2009 年 6 月，金砖四国首脑在俄罗斯叶卡捷琳娜堡会晤联合声明中，明确提出"实施《里约宣言》《21 世纪议程》及多边环境条约中所强调的可持续发展理念，应成为改变经济发展模式的主要方向"，"支持各国，包括能源生产国、消费国和过境国，在能源领域加强协调与合作，以降低不确定性，确保能源稳定性与可持续性。支持能源资源供给的多元化，包括可再生能源，支持能源过境通道的安全，支持加强新能源的投资和基础设施"，"支持在能效领域开展国际合作。愿根据'共同但有区别的责任'原则，就应对气候变化开展建设性对话，并将有关措施与落实各国经济社会发展目标的任务相结合"。① 2010 年 4 月，金砖四国在巴西利亚举行领导人第二次正式会晤，重申支持在提高能效方面加强国际合作的立场，并在气候变化议题上进一步声明"气候变化是一个严重威胁，亟须全球携手应对……《公约》和《京都议定书》为气候变化国际谈判提供了主要框架。应确保谈判进程更加透明，所有缔约方应广泛参与，谈判结果应有助于公平、有效应对气候变化带来的挑战，同时体现《公约》原则，尤其是'共同但有区别的责任'原则"。② 2011 年，金砖国家在中国海南三亚举行领导人第三次会晤，也是金砖四国扩容为金砖五国后的首次峰会，会议发表的《三亚宣言》当中，重申了气候变化是维系公众和各国生计的全球性挑战之一，支持"坎昆协议"，愿与国际社会共同努力，推动德班会议按照"巴厘岛路线图"授权，根据公平和"共同但有区别的责任"原则，就加强《公约》和《京都议定书》实施达成全面、平衡和有约束力的成果，并声明就德班会议加强合作，在金砖国家各国经济和社会适应气候变化方面加强务实合作。③

---

① 《"金砖四国"领导人俄罗斯叶卡捷琳娜堡会晤联合声明》，2009 年 6 月 16 日，http://www.fmprc.gov.cn/mfa_chn/gjhdq_603914/gjhdqzz_609676/jzgj_609846/zywj_609858/t568224.shtml。

② 《"金砖四国"领导人第二次正式会晤联合声明》，2010 年 4 月 15 日，http://www.fmprc.gov.cn/mfa_chn/gjhdq_603914/gjhdqzz_609676/jzgj_609846/zywj_609858/t688360.shtml。

③ 《金砖国家领导人第三次会晤〈三亚宣言〉》，2011 年 4 月 14 日，http://www.gov.cn/ldhd/2011-04/14/content_1844034.htm。

2012 年，金砖国家在印度新德里举行领导人第四次会晤，共同承诺在应对气候变化的全球努力中做出自身贡献，通过可持续和包容性增长而非限制发展以应对气候变化，强调《公约》发达国家缔约方应向发展中国家提供更多资金、技术及能力建设支持，以帮助其准备并实施适合本国国情的减缓措施。① 2013 年，金砖国家领导人第五次会晤在南非德班举行并发表《德班宣言》，呼吁各方在卡塔尔多哈 COP18 暨《京都议定书》第八次缔约方会议（CMP8）通过决定的基础上，根据《公约》原则和规定于 2015 年前完成一份适用于《公约》所有缔约方的议定书，其他形式的法律文件，或是一份具有法律效力的商定成果。②

考虑到 BRICS 的历史起源，我们深感其五个成员国间的差异性。中国经济规模是南非的 21 倍，是俄罗斯、印度的四倍多，比另外四个国家经济总和还要高出两成，五个国家间的经济竞争力差异也较大。金砖国家成员国间不仅社会经济发展水平差距大，在国际上的地位也有较大差异，为在国际金融体系中获得收益，各自的利益诉求和所采取的策略也不同。从中国社会科学院发布的《金砖国家发展报告（2013）》来看，中国的金融体系以银行业为主，其他金砖国家如俄罗斯却以股市为主；金砖国家间的贸易摩擦亦较为突出；在劳动力市场上中国和印度存在竞争；巴西坚持农产品贸易自由，印度则主张对农产品实行贸易保护主义；中国的制造业贸易顺差给巴西和俄罗斯的制造业带来了较大冲击，从而遭到巴西和俄罗斯的贸易保护主义反制。③ 从现象上看，不同于基础四国的协调立场，俄罗斯位列伞形国家群体，由 BRICS 到 BASIC，之间其实存在着金融危机和气候变化这两个叙事情境的转换。进而，金砖国家间在气候政治情境中的利益分歧明显，彼此间的气候变化脆弱性也极为不同（见表 2-2）。同时，这五个新兴大国又都是温室气体的主要排放国。尽管它们在气候变化谈判中的立场有所不同（基础四国 vs. 俄罗斯），但应对这种风险并转向低碳经济之路，使气候变化不至于成为其各自发展的巨大障碍，如清洁能源开发和投资方面的气候合作，仍成为金砖国家

---

① 《金砖国家领导人第四次会晤〈德里宣言〉》，2012 年 3 月 29 日，http：//www. fmprc. gov. cn/mfa_ chn/ziliao_ 611306/1179_ 611310/t918949. shtml。
② 《金砖国家领导人第五次会晤〈德班宣言〉》，2013 年 3 月 27 日，http：//www. gov. cn/jrzg/2013 -03/28/content_ 2364217. htm。
③ 参见林跃勤、周文、刘文革主编《金砖国家发展报告（2013）：转型与崛起》，社会科学文献出版社，2013；《呼吁设立金砖自贸区》，《南方日报》2013 年 3 月 27 日，http：//epaper. nfdaily. cn/html/2013 -03/27/content_ 7176995. htm。

的共识。① 当然，就如何开启金砖国家间的气候合作，各国仍旧表达出了不同的意愿，可见，金砖国家似乎难以在气候变化谈判中形成联合阵营。

表2-2 气候变化脆弱性：BRIC vs. BASIC

巴 西	降雨模式的转变对农业生产的负面影响；东北部荒漠化的增加；火灾引起的森林毁坏；土壤侵蚀和洪涝；热带稀树草原的生物多样性面临威胁	中度/高度风险
南 非	水资源危机的加剧；粮食安全受威胁；火灾与虫害的增加；霍乱、疟疾与其他传染疾病的增加；地方生物多样性受威胁；三分之一的人口遭受气候变化的负面影响	高度风险
印 度	平均气温升高4℃；大量的人口贫困，人的身体健康、农业生产受气候变化影响；水资源危机、粮食安全、洪涝与干旱；政府应对气候变化的能力有限；气候变化亦可能冲击整个南亚地区	极度风险
中 国	北方严重的水资源危机，淡水资源供应的紧张还可能影响到粮食安全，导致主要农作物减产；土壤的荒漠化、南方地区的特大暴雨和洪涝；平均气温升高1℃，且中国的平均气温还可能继续攀升	高度风险
俄罗斯	干旱、洪涝、森林火灾的发生率增加；永久冻土的退化和生态平衡的破坏；传染与寄生疾病的增加；某些农业生产条件的改善	中度风险

资料来源：Econ Pöyry，"BRIC，BASIC and Climate Change Politics：Status, Dynamics and Scenarios for 2025"，*Econ Report Commissioned by the Norwegian Ministry of the Environment*，Oslo and Stavanger：Pöyry Management Consulting（Norway）AS，2010，p. 15。

　　事实上，BRICS机制为新兴大国崛起和转型提供了一个平台，但要想在气候外交中收到同步效果，还需要身份的转换。然而，从当前的国际气候政治结构来看，现有的全球气候机制复合体（regime complex）较为松散，对参与气候政治的行为体缺乏强有力的约束。② 除非以下情况发生——气候变化问题对行为体造

① Christian Brütsch，"Deconstructing the BRICS：Bargaining Coalition, Imagined Community or Geopolitical Fad?"，*The Chinese Journal of International Politics*，Vol. 6，No. 3，2013，pp. 299 - 327.

② Kirsten H. Engel and Scott R. Saleska，"Subglobal Regulation of the Global Commons：The Case of Climate Change"，*Ecology Law Quarterly*，Vol. 32，2005，pp. 183 - 233；Barry Rabe，"Beyond Kyoto：Climate Change Policy in Multilevel Governance Systems"，*Governance：An International Journal of Policy, Administration, and Institutions*，Vol. 20，No. 3，2007，pp. 423 - 444；Robert O. Keohane and David G. Victor，"The Regime Complex for Climate Change"，*Perspectives on Politics*，Vol. 9，No. 1，2011，pp. 7 - 23；Joanna Depledge and Farhana Yamin，"The Global Climate-change Regime：A Defence"，in Dieter Helm and Cameron Hepburn，eds.，*The Economics and Politics of Climate Change*，Oxford：Oxford University Press，2011，pp. 433 - 453.

成更加严重的冲击、新兴大国在全球环境谈判中面临贸易制裁等更大的压力、发达国家对发展中国家资金支持和技术转移的力度加大等，BRICS 平台下的气候合作，方可能扩大和推进。①

（二）二十国集团

为应对如 1997 年亚洲金融危机的冲击，1999 年 9 月 25 日，由八国集团财长在华盛顿宣布成立名为二十国集团（G20）的国际经济合作论坛，以利于主要发达国家和新兴市场国家就国际金融问题进行磋商；同年 12 月 16 日，G20 创始会议在柏林召开，会议强调 G20 是国际货币基金组织和世界银行框架内非正式对话的一种新机制，旨在推动国际金融体制改革以及发达国家和新兴市场国家之间就实质性问题进行讨论研究，以寻求合作并促进世界经济稳定和持续增长。② G20 成员包括八国集团成员（美国、日本、德国、法国、英国、意大利、加拿大、俄罗斯）和巴西、南非、印度、中国、阿根廷、澳大利亚、印度尼西亚、墨西哥、沙特阿拉伯、韩国、土耳其以及作为一个实体的欧盟。可见，G20 涵盖成员极广，具有较强的代表性，其构成基本包括了发达国家和新兴经济体（本书重点考察的五个对象国亦全被囊括在内）。

2009 年哥本哈根大会之后，现实世界似乎更加远离安全公正的气候政治愿景。政治领导人热衷于应对全球金融危机，而在联合国气候变化谈判——UNFCCC 进程中却缺少足够的公共利益关切，行为体间也相互分离。G20 作为一种新的全球治理论坛的兴起，其初衷在于国际经济发展，但我们仍须至少能够确保 G20 政治进程不至于影响气候政治发展、环境保护、根除贫困，以及维护全球正义等目标的实现。应对气候变化方面，G20 意识到新的战略与联合，至少需要考虑三方面：其一，如果我们认真对待气候变化危险，那么迈向一个具有法律约束力的协议（路径）则显得无可取代，UNFCCC 在全球气候政治谈判上的中心地位须予以维护；其二，需要将关注点从那些削弱/忽略气候政治努力的论坛

---

① Huifang Tian *et al.*, "Trade Sanctions, Financial Transfers and BRICs' Participation in Global Climate Change Negotiations", CESIFO Working Paper, No. 2698, July 2009, http://papers. ssrn. com/ sol3/papers. cfm? abstract_ id = 1433670.

② 为符合中文译法习惯，这里姑且仍沿用"集团"而非本书核心词"群体"来表达 G20，但正如其创建宗旨，所谓的二十"集团"仅仅是一种非正式国际经济对话机制，可见（至少在气候政治上）其群我意识仍较为薄弱。有关 G20 的定义，参见"G20 Members"，https://www. g20. org/about_ g20/g20_ members。

和议程当中转移过来，从理论上讲 G20 的用武之地也正在于此，即在气候融资（包括公共与私人资金）、碳市场、规约污染者等议程上发挥影响；其三，G20 成员的国内能源、经济与发展政策须为应对全球气候变化而努力，即转向一个安全的全球气候未来，当前现实仍存在着的国际气候政治实践行动迟缓不能成为各国国内不作为的借口。① 在此情况下，2013 年 9 月的 G20 圣彼得堡峰会，G20 就明确声明气候变化将继续对世界经济产生重要影响，如果拖延行动，将付出巨大代价。进而，G20 重申致力于应对气候变化的承诺，致力于全面落实坎昆、德班和多哈会议的成果；致力于支持全面落实 UNFCCC 已达成的成果以及正进行的磋商；在审查经济适用型和技术可行性替代措施的基础上，通过多边渠道包括利用《蒙特利尔议定书》的专长和机制削减氢氟碳化物的生产和消费，并继续把氢氟碳化物置于 UNFCCC 和京都议定书框架内的排放计量和报告范围内；支持启动绿色气候基金，并由 G20 气候变化融资研究小组根据 UNFCCC 的目标、条款和原则，起草关于成员国有效调动气候资金的报告。②

由此可见，即使在 G20 这样的国际经济合作机制下，包含新兴大国和传统发达国家群体在内的广大成员国也可能具有继续协商讨论气候议题的可能，并使其有可能成为正式国际气候机制乃至制度化建设进程外的一种必要补充。通过（经济－气候）议题间的关联，以一种《公约》和《京都议定书》之外的形式来推动适应气候变化如资金转移等议题的进展，不失为一种正式制度外的可贵尝试和（理论上的）有益补充。当然，由于 G20 毕竟只是一种非正式对话机制，因其"非正式"固然具有一定的灵活性，但同样可能因不具有约束力而存在发展瓶颈，其内部仍存在小群体（如 BRICS 和 G8），新兴大国与传统大国间的气候政治博弈因之仍可能在 G20 下延续。③

（三）IBSA 论坛

2003 年，聚焦农业问题的 WTO 坎昆会议失败，给发展中国家留下深刻思

---

① Lili Fuhr *et al.*, "A Future for International Climate Politics-Durban and Beyond", November 9, 2011, http://www.za.boell.org/downloads/A_Future_for_International_Climate_Politics_-_Durban_and_Beyond.pdf.

② 《二十国集团圣彼得堡峰会领导人声明》，2013 年 9 月 11 日，人民网，http://politics.people.com.cn/n/2013/0911/c99014-22889656-5.html。

③ 参见张海冰《二十国集团机制化的趋势及影响》，《世界经济研究》2010 年第 9 期，第 11 页；朱杰进：《二十国集团的定位与机制建设》，《阿拉伯世界研究》2012 年第 3 期，第 32 页。

考，他们迫切意识到，有必要增强彼此间在贸易、投资和经济外交方面的合作。同年，来自亚洲、南美和非洲的三个大国——印度、巴西和南非，在联合国大会论坛尝试寻找新的南南合作路径，并初步形成了三国间的三边关系协议。有意思的是，来自南亚的印度、南美的巴西、南非也恰好对"南南合作"之"南"进行了对位诠释。三国在巴西的首都巴西利亚发表宣言，呼吁通过改善多边贸易体系来消除保护主义政策和违反贸易规则的实践。由此，IBSA 对话论坛正式成立，旨在促进三国间高级官员、政府、知识界和其他公民社会成员等层次上的定期磋商。

IBSA 对印度、巴西和南非的外交政策意义亦显得尤为重要，推动了诸多议题领域上的三边关系发展，即为印度、巴西、南非在农业、气候变化、能源、卫生事业、信息、科技、社会发展、贸易、文化、教育和国防等方面的合作提供了平台。

当然，IBSA 的初衷是呼吁联合国特别是安理会的改革，以反映发展中国家日益增长的国际地位。及至 2007 年 IBSA 的第二次峰会，气候变化开始成为该对话论坛上具有优先性的国际议题，且 IBSA 对于塑造同年的"巴厘岛路线图"并通往哥本哈根协议也有着不容忽视的推动作用。比如，IBSA 还为印度推进与中国之间的气候政治关系发展（显然这是后来中印气候政治立场趋近之前提所在）提供了有利平台。[1]

第三节　新兴大国气候政治群体化的特点

一　新兴大国协调作用突出

通过前文对新兴大国气候政治群体化的进程回顾，不难发现参与全球气候政治的行为体相对集中且趋向大国协调。

从起初的"G77 + 中国"，逐步集中演化为 BASIC 和 BRICS 少数几个大国间协调。巴西、南非、印度、中国和俄罗斯，其中，除俄罗斯以外，巴西、南非、印度和中国所组成的 BASIC 群体，成了 UNFCCC 进程自 2009 年以降最具特色的

---

① Godwell Nhamo, "Dawn of a New Climate Order: Analysis of USA + BASIC Collaborative Frameworks", *Politikon: South African Journal of Political Studies*, Vol. 37, No. 2 - 3, 2010, pp. 353 - 376.

新兴大国气候政治群体，使整个气候政治群体化进程中的参与行为体相对集中，且趋向于这些主要新兴大国间相互协调。

2009年哥本哈根大会，就整个UNFCCC进程的发展而言，可以说是一次失败的气候谈判。然而，巴西、南非、印度和中国这四个新兴大国在该次艰苦的气候政治角力中崭露头角，却算是一次成功的尝试。而且，BASIC之于后来的坎昆、多哈、华沙谈判而言，四国群体始终致力于在更宽广的国际环境中推进南南合作，并尽可能地促成南北对话。

作为经济实力快速增长的新兴经济体，同时温室气体排放大户形象相应凸显，主要来自发达国家的施压（要求新兴大国承担起与发达国家同样的强制减排责任），BASIC为新兴大国本身提供了一个良好平台，以讨论有关公正、平等和社会经济发展等一系列关键问题。显然，这里涉及基础四国这一BASIC群体内部成员国间的"南南合作"，以尽可能地平衡/舒缓来自工业化发达国家乃至其他发展中国家的压力（这些压力施动方，要么要求新兴大国承担强制减排责任，要么就相关气候政治议程设置本身对新兴大国施压）。可见，至少在BASIC成员国看来，只有保持彼此间的必要联合和全球气候政治立场默契，才可能将其既有的"南南合作"认知加以扩展、深化和向前推移，如"BASIC +"（BASIC plus）的形式，接受观察员国家参加BASIC会议，以使BASIC保持开放和包容性，使BASIC本身存在扩容空间，以尽可能团结四国所原属G77群体中的广大发展中国家，从而扩大"南南合作"。同时，更为理想化的战略考量，则在于诸如印度和南非希望BASIC还能承担"南北沟通"之桥梁重任，以拉近与美国等发达国家之间的距离，推动南北国家间的气候合作（详见本书第三章印度和南非个案分析）。

就哥本哈根气候大会而言，与其说为达成具有法律约束力的全球协议而努力，不如说其最大功绩在于谈判本身催生了"群体化"的BASIC，进而也为未来气候变化机制的建构指引了方向。换言之，哥本哈根谈判中的新兴大国以南方国家的利益关切为视角促成谈判结果，达成《哥本哈根协议》，捍卫《京都议定书》的主要原则，尤其是"共同但有区别的责任"和"各自能力"原则。

哥本哈根大会之后的BASIC历次部长级会议，也一再重申其共同气候政治立场，大致包含这些方面的内容：坚持《京都议定书》"双轨制进程"的延续与

"共同但有区别的责任、各自能力原则"；适应与减缓在优先性上须保持一致；资金、能力建设与技术转移须由发达国家提供支持；强调 UNFCCC 进程和多边主义谈判的重要性。

德班会议以来形成的"德班平台"，为《京都议定书》的走向指明了方向，如通过绿色气候基金和技术机制，新兴大国 BASIC 因之继续坚持多边主义，以推动发达国家用资金和非资金方式支持发展中国家的产品和服务发展。这方面较为典型的例子可见于欧盟的航空业，将欧盟与非欧盟运输公司纳入排放权交易体系。作为回应，中国禁止自己的航空公司加入欧盟所谓的航空碳排放计划，反对欧盟将他国进出欧盟的国际航班纳入排放交易体系，并主张在联合国气候变化谈判和国际民航组织多边框架下通过充分协商来解决国际航空碳排放问题。而且，中国和俄罗斯还就此发表共同声明，反对就航空排放采取"任何单边、强制性、未经双方同意的做法"，认为欧盟征收航空碳关税"侵犯了其他国家的主权，也将损害正在蓬勃开展的气候变化国际合作"；2012 年 2 月 14 日举行的"基础四国"第十次部长级会议，BASIC 联合声明反对欧盟征收航空碳税，印度和巴西一致批评欧盟"以气候变化为名行单边贸易保护之实"，显然这违背了气候变化应对中所应遵循的"公平"原则。[①] 可见，在全球气候政治互动及群体化进程当中，新兴大国的协调作用较为突出。

二　基础四国松散联合主导

在新兴大国气候政治群体化的各个阶段，即由"G77 + 中国"到 BASIC，再到非正式国际机制下的气候政治互动（BRICS，G20，IBSA，etc.），BASIC 在其中逐渐占据主导地位，但这种带有准集体身份特征的政治联合仍较为松散。

在"G77 + 中国"的发展历程中，随着中国、巴西、印度、南非的综合实力增长，以及发展中国家阵营内部的分化，BASIC 群体在其中"脱颖而出"并占主导。同时，在后续的 UNFCCC 谈判进程和 BASIC 各成员国自身的气候政治实践中，努力主导谈判议程，捍卫"共同但有区别的责任"原则和发展中国家之发展优先性，呼吁全球气候政治公正，以推动新的全球气候制度形成。

BASIC 为其成员国提供了一个共同利益诉求平台，以使新兴大国增强其参与

①　参见曹慧《碳关税：以"气候变化"之名》，《世界知识》2012 年第 5 期，第 44～45 页。

全球事务治理的能力和影响力。反而观之，基础四国在其内部存在分歧可能的情况下，仍自愿维系 BASIC，这本身亦可能提升新兴大国群体化"抱团打拼"参与全球气候政治的国际影响力。只不过，这种群体化的新兴大国气候政治，其"抱团打拼"联合较为松散，远非紧密的集团/结盟。BASIC 群体倾向于彼此间气候合作的制度化，而合作在于具体议题导向下的特定领域，比如对于京都机制的延续、以发达国家承担更多减排目标为前提、关照适应资金和能力建设等方面的发展中国家诉求等。在新兴大国气候政治群体化进程当中，BASIC 逐渐占主导，但这种联合事实上是对新兴大国既有的多边主义立场可能遭遇挑战的某种回应，这种回应使得气候政治国际舞台上的"群体化"式"俱乐部外交"色彩加重。① 这里首要的挑战在于 BASIC 作为松散的气候政治联合，主要通过成员国以部长级会议和联合声明的形式，重申新兴大国在全球气候政治问题上的立场，相比哥本哈根协议的雄心，进展稍显缓慢与不足。而且，BASIC 在制度化的群体化进程中也存在功能重叠，如 IBSA 早在 BASIC 形成之前通过环境与气候变化工作组开始着手应对气候问题，并建立起旨在深化相互间知识共享与探索共同利益交汇的对话机制。此外，诸如 BRICS 平台下的气候合作，也在这些新兴大国间同步展开。从正向积极的意义来看，多重群体化进程相并行自然有利于拓宽新兴大国间的气候政治合作领域。但是，也应看到，多头并举亦可能使 BASIC 群体这一本身逐渐占主导的群体化形式显得联合过于松散，从而可能导致力量过于分散，所取得的气候政治成就也较为有限。因而，目前这些群体复合化给几个主要新兴大国带来的共同挑战在于，须努力提升这些群体中的国家能力和效率，并为群体化设置清晰的目标议程。

三　多个群体之间相互重叠

新兴大国气候政治群体化，其表现形式为新兴大国之间的协调，及其与共同他者间的互动，其中的"俱乐部外交"色彩较明显。这意味着，不仅 BASIC 及其所代表的群体内协调与互动，还包含诸如 G8、G20、MEF（主要经济体能源与气候变化论坛）及 BRICS 等平台，大国间互动与多层治理相互交织。然而，新

---

① Lesley Masters, "Policy Brief: What Future for BASIC? The Emerging Powers Dimension in the International Politics of Climate Change Negotiations", *Global Insight*, No. 95, March 2012, p. 2.

兴大国气候政治群体化的一个较为突出特点，还在于这种群体化进程的各个阶段并非"泾渭分明"。换言之，如前文所诠释的群体化演进，其各阶段之间的分界线并非十分清晰，且还呈现出多个群体之间相互重叠的现象。

由"G77＋中国"到 BASIC，再到新兴大国参与非正式国际机制下的气候政治互动如 BRICS 和 IBSA。尽管就群体化当中的主要角色而言，主要集中为巴西、俄罗斯、印度、中国和南非，且逐渐演化为基础四国占主导，然而这些群体化气候政治实践仍在同步延续。尤其如巴西、南非、印度和中国这四国，可谓穿梭于不同的群体，只不过所共同参与的群体组织化程度各异。按照历史发展的纵向逻辑，我们不难看出，"G77＋中国"较具有先导性，即使 2009 年哥本哈根大会上涌现出了 BASIC 群体，自然也无法替代"G77＋中国"之于发展中国家联合的重要意义和广泛代表性，因之即使在 BASIC 自群体气候政治发展进程中，与"G77＋中国"尽可能同步，始终是 BASIC 成员国均难以割舍的"从众情结"。有学者认为，可将中国实力的变化视作"G77＋中国"走向分化的关键变量，而其中重要的转折点在于 2008 年国际金融危机。[①] 这种"划界"分析值得尝试，且可能有助于我们分析 G77 群体的分化，但是，就群体化本身而言，显然仍是个难以被"清晰划界"的进程。更何况，我们在下文个案比较分析当中还将看到，出于双层互动、大国身份和他者反馈，新兴大国之于气候政治群体化进程中的身份选择也具有多重性。出于大国形象、工具理性考虑，有关"G77＋中国"、BASIC、BRICS 群体之身份选择对主要新兴大国而言，或许仍然还是多选题。

第四节　新兴大国气候政治群体化进程中的分歧

一　主体间认知差异

气候政治中的互动，一定程度上强化了新兴国家主体间性。可也正因为主体间性，主体间认知差异亦难以避免。[②] 从批评和反思主义的角度观之，气候政治

---

① 孙学峰、李银株：《中国与 77 国集团气候变化合作机制研究》，《国际政治研究》2013 年第 1 期，第 88～102 页。

② 参见秦亚青《主体间认知差异与中国的外交决策》，《外交评论》2010 年第 4 期，第 3～7 页。

的主体间认知差异大致可以表现为三种观念情境（scenarios）：乐观主义、现实主义、悲观主义。[①]

早在 2003 年召开的莫斯科气候大会上，时任俄罗斯总统普京就在开幕会上表示，"全球气温升高 2 ~ 3℃ 也许还是好事情，我们还可以节省买毛皮大衣的钱"。[②] 在俄罗斯公众舆论看来，气候变化也并非严重的环境问题。于是，俄罗斯国内的气候变化怀疑论甚为流行。不能不说这些认知一定程度上影响到俄罗斯在气候变化谈判中的摇摆立场，进而亦影响到金砖国家的内部一致性，导致新兴大国集体身份至少在俄罗斯这块横跨欧亚大陆的辽阔区域难以显现。难怪布热津斯基曾在 1997 年的《大棋局》当中将俄罗斯这片广阔地缘领域描写为"黑洞"，其对于全球政治形势之巨大而又非确定性的影响可见一斑。[③] 在新兴大国气候政治中的俄罗斯类属/角色身份效应上，亦是殊途同归。

反观基础四国，其主要成员对气候政治的认知经历了一个逐渐深化的过程。以中国和印度这对亚洲新兴大国为例，中国的气候政治认知由单维"环境定性"逐渐转向多维，且自身气候谈判立场也因之经历了被动却积极参与、谨慎保守参与、活跃开放参与三大阶段；[④] 印度的气候政治认知方面，源于国内政党和利益集团对气候变化的认知，进而影响其气候政治经由"发展优先考虑"向"渐进现实主义"再到"渐进国际主义"转变。[⑤] 与此类似，巴西国内影响重大的利益集团，其认知逐渐受国际气候制度/规范导入的影响，因之考虑结合其自身"低碳之星"及亚马孙森林资源优势，从而调整自身强硬僵化的气候政策立场。[⑥] 南非则主要从自身生态敏感性与脆弱性较高来看待气候变化，且由于气候问题中渗

---

① 严双伍、赵斌：《自反性与气候政治：一种批判理论的诠释》，《青海社会科学》2013 年第 2 期，第 56 ~ 57 页。

② 参见何一鸣《俄罗斯气候政策转型的驱动因素及国际影响分析》，《东北亚论坛》2011 年第 3 期，第 80 ~ 81 页。

③ Zbigniew Brzezinski, *The Grand Chessboard: American Primacy and Its Geostrategic Imperatives*, New York: Basic Books, 1997, pp. 87 – 118.

④ 严双伍、肖兰兰：《中国参与国际气候谈判的立场演变》，《当代亚太》2010 年第 1 期，第 81 ~ 86 页。

⑤ 赵斌：《印度气候政治的变化机制——基于双层互动的系统分析》，《南亚研究》2013 年第 1 期，第 72 ~ 75 页。

⑥ Sjur Kasa, "The Second-Image Reversed and Climate Policy: How International Influences Helped Changing Brazil's Positions on Climate Change", *Sustainability*, 2013, Vol. 5, No. 3, pp. 1049 – 1066.

透着粮食安全与人的健康等问题，再加上南非自身在非洲大陆的大国地位，因之南非极其重视气候政治。南非不仅非常看重与金砖国家/基础国家之间的伙伴关系，而且还被视为工业国家与发展中国家间气候谈判的"搭桥者"（bridge-builder）。①

二 具体议题之分歧

有关减缓、适应、技术、资金等具体议题，在新兴大国气候政治群体化进程中，几乎达成共识的是——由于发展中国家的气候变化脆弱性，发达国家不仅应承担其历史责任，而且还需要为发展中国家应对气候变化而提供必要的资金、技术转移和能力建设支持。然而，自2007年巴厘岛会议有关适应议程的讨论开启以来，发展中国家内部对于"适应"议题本身亦出现了分歧，即由谁来享有适应气候变化的资金支持？在这个问题上，OPEC石油输出国群体与AOSIS小岛国家联盟（乃至一些LDCs最不发达国家）之间可谓针锋相对。② 其主要争论的焦点在于，适应基金是否可以用于支持产油国家的经济多样性。具体而言，如2007年UNFCCC维也纳会议③，沙特阿拉伯明确表示，"任何协定如果不考虑减缓气候变化政策的受害方的话，沙特都不会接受。我们不能被'原则'所禁锢，我们同样也有不寻常的负担……"④ 联合国2010年第2次、第3次气候变化谈判均在德国波恩举行，其间各方在援助资金管理结构等问题上取得了一定进展，增强了互信，但UNFCCC长期合作行动特设工作组提出的草案遭到广大发展中国家的严厉批评。而且，产油国如沙特阿拉伯还进一步重申："需要对有关发展中

① Karl Hallding *et al.*，"Together Alone：Brazil，South Africa，India，China（BASIC）and the Climate Change Conundrum"，https：//www. sei. org/publications/together – alone – brazil – south – africa – india – china – basic – climate – change – conundrum/，p. 3.

② Joanna Depledge，"Striving for No：Saudi Arabia in the Climate Change Regime"，*Global Environmental Politics*，Vol. 8，No. 4，2008，pp. 9 – 35.

③ 该次会议又称"维也纳气候谈判"，由两方面议程组成：有关附件一国家长期承诺的特殊工作组会议、有关应对气候变化的对话和长期合作行动会议。维也纳气候谈判推出了《与发达国家后续承诺减排潜力和可能减排目标相关的综合信息》技术报告，还汇总了包括美国在内的36个主要发达国家与减排潜力相关的人口、经济、能源、排放等方面的指标和数据。参见"'应对气候变化'溯源·国际篇（会议·机构·政策）"，中国低碳网，http：//www. ditan360. com/qihou/qihou_ guoji. aspx？SpecialsID = 1139。

④ "TWN Info Service on Climate Change"，2007 – 09 – 07，http：//www. twnside. org. sg/title2/climate/info. service/climate. change. 090701. htm.

国家减缓气候变化的意义进行全面的分析，比如以粮食、可可、番茄等出口为主的国家，或以石油和煤炭出口为主的国家等等……"① 可见，随着气候变化谈判的深入，G77 内部的分歧亦开始发生，尤其涉及减缓这样的具体议题导向，倘若有关适应资金的需求未能实现，那么诸如以沙特阿拉伯为代表的产油国家基于自身的利益而可能持续扮演"麻烦制造者"角色。

反过来看，AOSIS 小岛国家则表现出了极大的气候变化脆弱性，因之与OPEC 国家就气候谈判问题上的根本分歧长达二十余年之久（几乎贯穿整个全球气候政治进程）。甚至可以说，这种由地理因素和国家特性造成的气候政治认知观对立，一定程度上也为联合国气候谈判平台所强化。值得注意的是，这种关乎气候政治具体议题导向下的发展中国家内部分歧，还外溢到了 G77 的其他议题领域，比如过往的贸易谈判进程，G77 并未如同我们对之思维惯性般地实现联合，反而以大量变动的"联盟"乱象而与既有的南北对立相互交织。② 那么，AOSIS 和 LDCs 国家的居民生活可能遭遇气候变化影响的强烈冲击，尤其当这种意识提升到了政治高度时，小岛国家和最不发达国家间的矛盾则越发明显，这也集中体现在了联合国 2010 年第 2 次气候变化波恩谈判之中。小岛国家反对沙特阿拉伯等 OPEC 国家有关全球变暖仅限制在 1.5℃的所谓"科学发现"，并强调指出："发展中国家兄弟竟然成了我们的阻碍，难道忘了大家一直强调的团结一致了吗？这真是莫大的讽刺。何况，（气候变化）不是一场游戏/单次博弈（This is not a game），而是事关人类的生存，国家的未来处于险境，这不是一场游戏。"③ 当然，G77 内部的分歧相比全球气候政治中的南北两极对立而言，似乎还不算最主要矛盾，这也可以解释为何"G77 + 中国"得以延续。只不过，自2007 年以降，由减缓、适应、资金、技术等具体议题导向下的气候谈判，使气候变化脆弱性较强的国家越发挑战 G77 的官方立场，质疑 CBDRs，并开始向新兴大国提出要求，希望这些大的发展中国家同意有关气候行动应达到某种国际

---

① IISD, "Summary of the Bonn Climate Change Conference: 14 – 25 May 2012", Earth Negotiations Bulletin, Vol. 12, No. 546, 2012 – 05 – 28, http://www.iisd.ca/download/pdf/enb12546e.pdf.

② Kathryn C. Lavelle, "Ideas within a Context of Power: The African Group in an Evolving UNCTAD", *The Journal of Modern African Studies*, Vol. 39, No. 1, 2001, pp. 25 – 50.

③ IISD, "Summary of the Bonn Climate Change Talks: 31 May – 11 June 2010", Earth Negotiations Bulletin, Vol. 12, No. 472, 2010 – 06 – 14, http://www.iisd.ca/download/pdf/enb12472e.pdf.

"透明度"水准，这显然有违 G77 之于发展中国家的主权和平等原则。①

2009～2012 年，全球气候政治谈判的焦点主要在于减排这一根本难题上的讨价还价。其中，新兴大国对减排议题的关切，自然也毫不例外。2009 年哥本哈根气候大会为金砖国家以统一立场参与全球气候政治拉开序幕，就发达国家以强制减排向新兴大国施压而言，中国与印度合力顶住了压力。随着巴西和南非的加入，所谓基础四国身份增强了这些国家的谈判实力。哥本哈根会议之后，"基础四国并不仅仅是一个谈判协调平台，还是一个为减排与适应行动提供合作的平台，包括信息交流、气候科学与气候相关技术的协作"。② 而且，与发达国家要求新兴大国强制减排而引发谈判僵局的情形适成反差，基础四国在其自身的利益考量和协调后将哥本哈根协议可操作化于自愿减排承诺，显得更为主动和雄心勃勃。③ 及至 2011 年的南非德班会议，此次峰会成了新兴大国联合一致的主要试验场。德班会议前夕，基础四国原本希望增强 BASIC 自身乃至 BRICS 即金砖国家平台下的气候合作，并重申群体内聚力。然而俄罗斯仍坚持其传统立场，坚持与日本和加拿大等伞形国家一道，反对延续《京都议定书》的后续承诺期，并要求基础四国等新兴经济体国家接受有约束力的量化减排指标。④ 可见，新兴大国气候政治群体化进程中的准集体身份形成之可能性，尤其金砖国家在气候变化问题上继续发挥重要作用，不仅取决于基础国家间持续的协同合作，还有赖于金砖国家内部的协调。尤其是，俄罗斯与基础国家之间就气候政治议题的良性互动。

三 准集体身份迷思

对于 G77 而言，"环境 vs. 发展"之二元对立长期左右其成员国有关全球环

---

① Adil Najam, "Dynamics of the Southern Collective: Developing Countries in Desertification Negotiation", *Global Environmental Politics*, Vol. 4, No. 3, 2004, pp. 128 – 154.

② "Joint Statement Issued at the Conclusion of the Second Meeting of Ministers of BASIC Group", Ministry of External Affairs Government of India, January 25, 2010, https://mea. gov. in/bilateral – documents. htm? dtl/3327/Joint + Statement + issued + at + the + conclusion + of + the + Second + Meeting + of + Ministers + of + BASIC + Group.

③ Sivan Kartha and Peter Erickson, "Comparison of Annex 1 and Non-Annex 1 Pledges under the Cancun Agreements", http://www. oxfam. org. nz/ resources/onlinereports/SEI – Comparison – of – pledges – Jun2011. pdf.

④ Christian Brütsch, "Deconstructing the BRICS: Bargaining Coalition, Imagined Community or Geopolitical Fad?", *The Chinese Journal of International Politics*, Vol. 6, No. 3, 2013, p. 321.

境与气候变化谈判的认知。自 1972 年斯德哥尔摩人类环境会议开启全球环境治理以来，国际层次的环境立法开始起步，G77 将许多相关的谈判议程视作北方国家责任所在。进而，由于对环境问题的关切转向诸如臭氧层、生物多样性保护，以及防控人为气候变化等具体议题领域，这些议题同属全球公共问题，而与此相关的各种环境谈判安排，发展中国家对工业化发达国家的立场深表怀疑，认为后者有可能利用这些问题而维护发达国家经济利益，同时遏制新兴经济体的快速发展。① G77 则正好可以为发展中国家（包括迅速成长的新兴国家在内）提供"避风港"（shelter），及至 2009 年哥本哈根大会而突现的 BASIC，也能为其他 G77 国家的利益诉求提供通道——比如通过"G77 + 中国"这一机制，中国推动了为 G77 广大成员国获取有关应对气候变化的资金支持，且就这种资金支持的享有资格而言，中国甚至将自身排除在外。②

如前所述，由于 G77 成员国众多，那么，为如此庞大且内部存在较多差异的群体寻求某种共识绝非易事。G77 从其诞生一开始，其内部就存在显著的社会经济分化态势。20 世纪 70 年代，以 OPEC 为代表的石油输出国以及亚洲部分新兴工业化国家发展迅猛，这种经济能力上的分化进程在发展中国家群体内部逐渐加快，中国向其他发展中国家的大宗商品和土地战略投资，一方面扩充了中国自身的经济实力；另一方面却也引发这些受众国的"中国印象"异化——将中国对外经济战略同传统工业化国家的商品与资本输出，进行了"相互关联"式联想，认为中国行为与之如出一辙。③ 及至 2009 年哥本哈根大会，"G77 + 中国"出现明显的裂痕，有关协议的法律形式、减缓目标、整体谈判战略等，G77 与中国之间都存在分歧。④ 比如，马尔代夫和孟加拉国，一方面继续坚持"共同但有

① Antto Vihma, Yacob Mulugetta and Sylvia Karlsson-Vinkhuuyzen, "Negotiating Solidarity? The G77 through the Prism of Climate Change Negotiations", *Global Change*, *Peace & Security*, Vol. 23, No. 3, 2011, pp. 315 – 334.

② Karl Hallding *et al.*, "Rising Powers: The Evolving Role of BASIC Countries", *Climate Policy*, Vol. 13, No. 5, 2013, p. 616.

③ Mikael Mattlin and Matti Nojonen, "Conditionality in Chinese Bilateral Lending", BOFIT Discussion Papers, No. 14, 2011, http://www.suomenpankki.fi/bofit/tutkimus/tutkimusjulkaisut/dp/Documents/DP1411.pdf.

④ Antto Vihma, "The Elephant in the Room: The New G77 and China Dynamics in Climate Talks", Briefing Paper, No. 62, 2010, www.fiia.fi/assets/publications/UPI _ Briefing _ Paper _ 62 _ 2010.pdf.

区别的责任"原则，另一方面，则要求其他发展中国家在未来的减排努力中须付出更实质的行动。其他的 G77 成员国，以南非和一些拉丁美洲国家为代表，也对达成有法律约束力的气候制度框架开始表达出了认同，且这种约束框架甚至同时包括了发展中国家行动在内（只不过其中可能涉及有关国际核查机制的具体条款）。2010 年坎昆会议，一些发展中国家（包括新兴大国如印度），同意通过"国际咨询和分析"框架来实现国内气候政策目标的"国际化"，但如何来界定这种国际框架，则成了可能导致 G77 自身分化的开放式问题。

G77 群体内部利益的分化，也给其中的发展中大国间协调创造了活动空间。BASIC 之所以形成，我们不妨通过分析这些新兴大国的快速经济增长得到较直观的解释：一国的经济财富增加，其对于影响世界事务的期望值也会相应提升。根据这一逻辑，工业化国家开始在 UNFCCC 进程之外发起气候对话，2005 年，BASIC 成员国和墨西哥被邀请参加 G8 + 5 气候与能源对话，该论坛邀请了世界13 大温室气体排放国。2006 年，由澳大利亚、加拿大、中国、印度、日本、韩国和美国等国正式联合创建了亚太清洁发展与气候伙伴计划（Asia-Pacific Partnership on Clean Development and Climate，APP）[1]，这七国的经济、人口和能源消耗总和超过世界半数，因之这些国家致力于合作解决能源需求和随之带来的气候变化和环境安全问题，该计划建立在现有的双边和多边倡议基础上，并与伙伴国在 UNFCCC 下的努力相一致，成为京都议定书的补充。该计划还特别指出中国和印度所应履行的自愿减排义务或减少单位 GDP 的能源消耗。[2] 类似的，2007 年，BASIC 四成员国均作为重要代表受邀参加在德国海利根达姆（Heiligendamm）举行的 G8 + 5 峰会，这种场合会晤并不在于代表发展中国家，却在于为应对急剧气候变化风险而采取联合行动。2009 年，BASIC 成员国也均被邀请参加美国发起的主要经济体能源与气候变化论坛（MEF）。

---

[1] 该计划又称亚太地区伙伴计划，2005 年 7 月在老挝万象的第 38 届东南亚国家联盟（ASEAN）部长会议上提出，并于 2006 年 1 月在澳大利亚悉尼举行的第一次部长会议上正式通过。有关该计划的章程和部长联合公报，参见 "Asia-Pacific Partnership on Clean Development and Climate"，http：//www. asiapacificpartnership. org/english/about. aspx。

[2] Deborah Davenport，"BRICs in the Global Climate Regime：Ripidly Industrializing Countries and International Climate Negotiations"，in Ian Bailey and Hugh Compston，eds.，*Feeling the Heat：The Politics of Climate Policy in Rapidly Industrializing Countries*，Basingstoke：Palgrave Macmillan，2012，pp. 38 – 56.

当然，对于巴西、印度、中国、南非等国而言，很大程度上仍处于由贫困发展中国家迈入强国的进阶过程，那么即使 BASIC 得以形成且引人注目，在气候变化政治的复杂博弈当中，仍然少不了"抱团打拼"。进而，"全球南方集体"（Global South Collective）这一更宽广的群体身份仍显得意义深远。换言之，BASIC 各成员国至少主观上不希望自己在南方国家集体中显得太"离群"甚至被分化出去。[①] 然而，出于其他外交政策动因，尤其是 UNFCCC 进程之外的其他争议，也有可能对 BASIC 构成挑战。也就是说，在联合国框架之外，没有京都机制作为支撑，也没有了所谓"共同但有区别的责任"等原则，那么诸如 MEF 和 G8 + 5 等平台的气候政治讨论，有可能将主要新兴经济体与其他发展中国家隔离开来，使得全球气候政治越来越显著集中于发达国家与 BASIC 之间的互动。

可见，由集体身份理论视角观之，当前的新兴大国气候政治群体化进程可谓陷入了某种"准集体身份迷思"（the myth of quasi-collective identity）。也就是说，究竟是选择坚守"G77 + 中国"，还是抓住 2009 年以降逐渐居于主导地位的 BASIC 之机遇而勇于提供全球公共物品？这对于崛起中的新兴大国而言，似乎是颇为艰难的抉择。正因为如此，新兴大国群体内部之于群体化本身的走向，亦存在不同程度的歧见，这些歧见可能溯源于巴西、俄罗斯、印度、中国和南非等各自不同的气候政治变化及其动因。反而观之，甚至也影响到了这些新兴大国之于"G77 + 中国"、BASIC 或 BRICS 等国家群体的身份选择（详见本书第三章有关讨论）。

小　结

1992 年以来，联合国政府间以气候变化谈判为主旋律的全球气候政治进程，形成了发达国家与发展中国家之间的二元对立格局。而且，这两大阵营内部亦各自存在分歧，就发展中国家而言，"G77 + 中国"逐步分化为基础四国、最不发达国家、非洲国家群体、小岛国家联盟、美洲玻利瓦尔联盟和欧佩克石油输出国组织。其中，由巴西、南非、印度和中国所组成的基础四国即 BASIC，是最为突

---

① Anne-Sophie Tabau and Marion Lemoine, "Willing Power, Fearing Responsibilities: BASIC in the Climate Negotiations", *Carbon & Climate Law Review*, No. 3, 2012, pp. 197 – 208.

出的一个群体，BASIC 本身的突现，也是新兴大国迈向气候政治群体化进程的一大重要转折或曰关键标识。同时，BASIC 成员国并未放弃原属"G77 + 中国"机制，且努力强调发展中国家阵营团结的重要性。

新兴大国气候政治群体化进程，除了占据主导地位的 BASIC 进程，新兴大国还广泛参与非正式国际机制下的气候政治互动，如 BRICS、G20 和 IBSA。通过这些多边平台，在全球气候政治中发挥更大的国际影响。

新兴大国气候政治群体化的特点，主要表现为新兴大国协调作用突出、基础四国松散联合主导、多个群体之间相互重叠。此外，这种群体化进程中同样存在分歧，体现为主体间认知差异、具体议题分歧和准集体身份迷思。

那么，我们不禁要问，新兴大国气候政治群体化的形成机制是什么？或者说，群体化的动因何在？因此，下文将从内生机制和外部机制两大方面进行综合分析。内生机制方面，有必要首先就新兴大国的气候政治变化及其动因和群体身份选择进行比较分析（详见第三章）；外部机制方面，则考虑新兴大国群体外的共同他者对新兴大国气候政治的反馈，以及面对这种他者反馈时，新兴大国的联合回应（详见第四章）。

第三章
新兴大国气候政治群体化的
内生机制分析

第一节　双层互动与新兴大国身份

一　双层互动

20 世纪 70 年代末以来，全球化与相互依存逐渐为人们所认知。同时，国际关系民主化与全球化进程相互作用、互为条件，成为现代国际社会的两大发展动力。[1] 在如此动态的转变中的世界政治背景下，基欧汉和奈提出"复合相互依赖"，针对管控国际议题的机制如何变化，提出了因果模式：经济模式、基于总体权力结构的模式、基于问题领域内权力分配的模式、国际组织模式。显然，"全球化"使得世界在气候变化、金融市场等特定问题或世界某些地区（如发达民主国家之间）的关系更接近复合相互依赖。[2] 其中，任何国家的温室气体排放都对其他国家的气候产生了代价效应。进一步说，关于气候变化的探讨以及相关谈判促成了相互依赖的社会和政治网络。因此在气候变化问题上形成的全球主义是多维的，既包含着相互依赖关系网络，也包含着以多边反馈为特征的全球复杂系统。[3]

---

[1]　参见罗志刚《全球化视域下的国际关系民主化》，《武汉大学学报》〈哲学社会科学版〉2012 年第 1 期，第 87 页。

[2]　Robert Keohane and Joseph Nye, *Power and Interdependence*, p. 30.

[3]　Robert Keohane and Joseph Nye, *Power and Interdependence*, p. 262.

1978 年，古勒维奇（Peter Gourevitch）提出"倒置的第二意象"（the second image reversed），即主张避免将国际关系简单地视作国内政治的衍生，而强调对国内问题的国际根源进行分析。① 基欧汉和米尔纳（Helen Milner）所编撰的《国际化与国内政治》文集正是从国际化入手，严格按照所谓"倒置的第二意象"，围绕着焦点问题，探讨国际化的结果（影响国内偏好乃至塑造国内政策等）。② 这里我们不难发现，尽管一定程度上顺应了时代特征和历史潮流，但国际制度与国际规范内化，强调跨国主义与相互依存的所谓大理论视域，其研究层次仍然是单一层次或单向度的，未能系统考虑诸如气候政治等后现代主义议题对于理论分析传统和归因惯性思维的冲击。因此，希望超越单一层次研究，融合国际政治与国内政治的所谓双层互动博弈理论应运而生。

双层博弈理论最早由美国学者普特南（Robert D. Putnam）提出，但该理论并非严格意义上的博弈论，而更像是某种隐喻（metaphor），用以解释国际谈判中的国内国际层次间互动。他指出，国内层次上，国内集团通过对政府施压以实施有利于集团利益的政策，而政治家又与这些集团结盟以寻求权力；国际层次上，国家政府尽最大的能力应付国内压力，将对外发展中的损失最小化。只要国家还能够保持独立自主，那么处于决策核心的政治家们不可偏废双层博弈中的任何一项。③ 可以想见，这种国内与国际层次的相互联系或多或少限制了决策者的选择，尤其当考虑到国际协议的国内合理性时，所谓"获胜集合"（win sets）的重要性凸显。值得注意的是，这里有两种源自国内政治行为体利益的解释：其一，"国际环境政策的利益基础解释"，指出气候变化的脆弱性和减排成本，是影响大国参与国际环境协议的重要因素，并可因之将国际气候谈判国家划分为推动者、观望者、左右摇摆和拖后腿者；④ 其二，认为环境问题的严重性与经济财富的水平，决定了工业化国家改善环境问题的决策，进行经济结构调整，减少总

---

① Peter Gourevitch, "The Second Image Reversed: The International Sources of Domestic Politics", *International Organization*, Vol. 32, No. 4, 1978, pp. 881–912.

② 参见 Robert Keohane and Helen Milner, eds., *Internationalization and Domestic Politics*, Cambridge: Cambridge University Press, 1996。

③ Robert D. Putnam, "Diplomacy and Domestic Politics: The Logic of Two-Level Games", *International Organization*, Vol. 42, No. 3, 1988, pp. 427–429, 434.

④ Detlef Sprinz and Tapani Vaahtoranta, "The Interest-based Explanation of International Environmental Policy", *International Organization*, Vol. 48, No. 1, 1994, p. 81.

排放的副作用。后者可以进一步解释国家利益如何与国内政治行为体相联系，关注所谓污染者利益、受害者利益、第三方利益，结果是代表主要污染者利益的国家成了国际环境谈判的拖后腿者，代表受害者利益的国家则希望推动严格国际环境协议的达成，而代表第三方利益者的国家也往往倾向于达成国际协定。[①] 事实上，自双层博弈理论问世以来，一方面，与其他微观决策理论、中层理论、体系大理论等所能激起的学理思辨热潮相似，学界对于拓展国内政治与国际政治互动的分析框架亦显得兴趣盎然；另一方面，也正是在对普特南双层博弈理论进行或"升级"或"优化"的所谓努力中，我们或许第无数次地、略带审美疲劳地、再次感知理论的"效度"和解释力困境。例如海伦·米尔纳和杰弗里·兰蒂斯（Jeffrey Lantis）均对普特南的理论进行了修正，以克服其理论化程度不足、缺乏可操作的假设等缺陷。他们提出国际合作行为在国内的影响大于国际层次，更何况国际层次还可能受制于相对收益顾虑和对欺诈行为的担忧，国内集团间的斗争影响国际协议达成，而国际谈判及其失败源自国内政治，受国内政治干扰和影响，国际合作因之是国内政治斗争的某种延续，外交决策受到国内约束而可能造成国际违约等合作后问题。[②]

这里我们若将理论演绎的简单回顾稍稍对位于如前所述的历史背景，可见双层博弈理论一定程度上反映了全球化与相互依存、"世界政治"的现实需要，并强化了国际政治与国内政治间的边界趋于模糊这一假设/判断。值得注意的是，尽管存在一定的理论分歧和操作困难，仍有学者尝试严格按照双层博弈理论对气候政治进行经验实证分析，其中新兴大国的案例选取了印度（发达国家/集团则选取美国、德国、欧盟）。[③] 该研究表明印度仅在三个小方面勉强符合所谓的理论解释，即"减排成本越高则国家越不希望强力减排""（国内）第三方利益者

① Detlef F. Sprinz and Martin Weiß, "Domestic Politics and Global Climate Policy", in Urs Luterbacher and Detlef F. Sprinz, eds., *International Relations and Global Climate Change*, Cambridge, MA: The MIT Press, 2001, pp. 70 – 71.

② 参见 Helen V. Milner, *Interests, Institutions, and Information: Domestic Politics and International Relations*, Princeton, New Jersey: Princeton University Press, 1997; Jeffrey S. Lantis, *Domestic Constraints and the Breakdown of International Agreements*, Westport: Praeger Publishers, 1997。

③ Detlef F. Sprinz and Martin Weiß, "Domestic Politics and Global Climate Policy", in Urs Luterbacher and Detlef F. Sprinz, eds., *International Relations and Global Climate Change*, Cambridge, MA: The MIT Press, 2001, pp. 75 – 90.

越强势，尤其这股势力支持减排时，国家更可能争取强力减排""非政府环境组织的势力大于代表污染者利益的非政府组织，则国家更可能强力减排"（见表3-1）。可见这种假设验证和分析框架仍主要关注的是，作为政治系统核心的国家对来自国内层次压力的回应上。

表3-1　双层博弈假设的经验验证

假设	美国	欧洲联盟	德国	印度
减排成本越高，国家越不希望强力减排	＋＋	＋＋	＋	＋
第三方利益者越强势、越支持减排，国家更可能争取强力减排	＋	＋＋	＋＋	＋
非政府环境组织势力大于代表污染者利益的非政府组织，国家更可能强力减排	＋	＋	＋	＋

注：＋ = 证实（confirming）；＋＋ = 强烈证实（strongly confirming）。

资料来源：Detlef F. Sprinz and Martin Weiß, "Domestic Politics and Global Climate Policy", in Urs Luterbacher and Detlef F. Sprinz, eds., *International Relations and Global Climate Change*, Cambridge, MA：The MIT Press, 2001, p. 89, 笔者据该文献的表4.3整理而得。

通过对既有理论的梳理与解读，我们不难发现，用出自美国的双层博弈理论来解释发展中国家的气候政治问题，可能难以避免地重现"水土不服"之尴尬（这种理论与现实的认知失调，与事后诸葛亮式的理论"补救"与修正，经常遭到国内外学者的批评，此处不再赘述缘由）。其中的危险在于"美国人把决策、冒险、官僚机构的预算之争、长期军备竞赛或严重危机中的互动行为方面的一些基本概念当作理性来考虑的时候，通过观察美国决策者的行为而得到的教训和经验，有可能被不恰当地运用到各种不同的决策环境中去，如莫斯科、北京、东京、新德里和曼谷"。①

现有相关研究构成了我们的理论来源和分析基础，为较为系统地勾勒一个具有解释力的分析框架，本书部分借鉴了前面提到的双层互动博弈理论，即主要接受其有关双层互动的隐喻，而非严格意义上的博弈论。因此，本书论述的核心概念将主要使用"双层互动"，广义上指的是国内政治与国际政治的互动。具体而

---

① James E. Dougherty and Robert L. Pfaltzgraff, Jr., *Contending Theories of International Relations：A Comprehensive Survey*, New York：Longman, 2004, p. 600.

言，我们理解的互动是一种政治互动，它首先生发于政治系统（主要由主权民族国家或类似享有最高合法性权威的独立政治单位构成）与其总体（如国内与国际）环境之间。对于一个具体的政治系统而言，其总体环境总是变化的，这种系统外变化（exogenous）会对系统产生干扰（disturbance），使其遭到压力（stress）而引起系统失衡（disequilibrium）。① 那么，政治变化正是系统为重构自均衡（reconstruct self-balance）而主动适应（adjustment）环境变化的过程（见图3-1）。在系统分析中，研究的重点是系统的适应性，即调整或根本改变系统本身。诚如著名政治学家戴维·伊斯顿（David Easton）的"系统思维"，认为系统置身于环境中且容易受环境影响，这种影响可能对系统造成较大冲击，系统为维持自身，必须按已掌握的信息在一定限度内作出回应。②

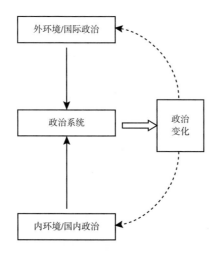

图 3-1　双层互动中的政治系统

说明：图中实线箭头表示环境对系统的压力"输入"，曲虚线箭头表示系统自适应均衡/政治变化对环境的反向"输出"。

资料来源：笔者自制。

---

① Van Den Berghe, "Dialectic and Functionality: Toward a Theoretical Synthesis", *American Sociological Review*, Vol. 28, No. 5, 1963, pp. 696-697.

② 参见〔美〕戴维·伊斯顿《政治生活的系统分析》，王浦劬译，人民出版社，2012，第24~25页。

可见，当对具体的新兴大国个案进行比较分析考察时，根据以上定义和系统分析路径，为进一步展开论述，我们不妨假设如下。

假设一，政治系统外环境/国际政治，与内环境/国内政治间的边界并非如前述全球主义者所认为的那般模糊化，而至少两者间的二元对立或认知分野依然清晰可辨；

假设二，双层互动，是国际政治和国内政治通过对政治系统施压而实现政治变化的进程。

基于这两个假设，本书在个案分析阶段首先尝试建立一个"政治变化 = 国际政治→政治系统←国内政治"的双层互动简易模型。对于现有的层次分析法和双层互动博弈理论而言，该模型的主要意义在于它考虑了复杂系统效应，以系统自适应均衡/政治变化的动态分析，提供一个可能适用于新兴大国气候政治变化机制的解释。

二　新兴大国身份

当我们将"双层互动"嵌入国际政治的具体议题思考时，其要义无非在于：一方面，国家对国内压力的回应以获取相应的政治支持；另一方面，国家还须考虑国际因素，尽可能将国际层次上的不利影响降低到最小。政治变化不可偏废这两层要义中的任何一项。从政治系统理论来看，这种强调国内政治与国际政治互动的理论框架，其核心在于某种存续于政治研究中潜在而流行的思维定式——均衡分析（equilibrium analysis）。具体而言，从政治系统（主要指主权民族国家，本书特指新兴大国）的内部组织来看，它与其他所有社会系统都具有一个关键性特征，即对于自身在其中起作用的条件作出反应的特殊适应能力，并累积形成了借以应对其环境的大量机制（mechanism），运用这些机制，政治系统可以调节自己的行为，改变自己的内部结构，甚至重新确立自己的基本目标——例如卡尔·多伊奇（Karl Deutsch）在《政府的神经》（*The Nerves of Government*，1963）中就已经考虑到了政治系统对于国际事务反应能力的结果。[①] 这种意在重构系统

---

① 〔美〕戴维·伊斯顿：《政治生活的系统分析》，第 17~18 页。

自均衡的分析模式,大量渗入国际关系研究当中,然而,该思维的缺陷亦较为明显,即"双层互动→政治变化"往往是一种单向度的分析路径。① 事实上,既然"政治生活的本质是运行于一种环境内的社会系统",那么反馈反应(feedback response)在其中就显得至关重要了。② 换言之,仅仅依托"双层互动"似还不足以提供一个可能适用于新兴大国气候政治变化机制的较完整解释,反馈反应存续于政治系统的运行当中。更何况,基于当前的国际政治现实,我们恐怕不能对"新兴大国"这个身份标识"视若不见"。

另外,既然要对变化机制作出动态的分析,那么比较案例的最重要价值大概正在于通过所谓"比较"发现某种通则,而非单纯地罗列或细化其中的差异性。因此,本书暂且搁置"新兴大国身份"何以建构这样的形而上思考,这种"身份"可能仍是"先验的",即在国内/国际压力"输入"前就预先存在,或通过压力"输入"逐步建构,以系统的政治变化作出内外回应才成为"自我实现的预言"(self-fulfilling prophecy)。这里我们不妨进一步假设双层互动再造/强化了新兴大国身份,这种再造/强化的过程是一个认知的过程,在这一过程中的认同总是与具体问题(如气候政治)相关。简单来说,新兴大国群体化进程中的准集体身份是角色身份(如中国/印度)和类属身份(新兴国家群体如 BASIC)的独特结合,它具有因果力量,诱使政治系统把他者的利益定义为自我利益的一部分,亦即"利他性",如此一来有望采取行动,克服集体行动难题(如气候政治治理)。③ 同时,政治系统亦非社会化的因徒。④ 反馈(见图 3 - 2 曲线)存在于"身份→利益→政治变化"关系链的各个环节,使利益(包含利己与利他性)得以重塑进而影响政治系统的自身份定位(新兴大国身份);反馈也为新一轮"双层互动→政治变化"提供了势能,从而令整个政治系统生态处于动态运行之中。

我们知道,在国际关系学的建构主义理论当中,所谓国际社会与规则何以

---

① 笔者曾以"双层互动"分析印度气候政治个案,这种逻辑的单向度痕迹亦较为明显。详见赵斌《印度气候政治的变化机制——基于双层互动的系统分析》,《南亚研究》2013 年第 1 期,第 67~76 页。

② 〔美〕戴维·伊斯顿:《政治生活的系统分析》,第 326、359 页。

③ 参见〔美〕亚历山大·温特《国际政治的社会理论》,秦亚青译,上海人民出版社,2008,第 224 页。

④ James Samuel Coleman, "The Foundation of Social Theory", in Richard Ned Lebow, *A Cultural Theory of International Relations*, p. 563.

影响/塑造国家的身份和利益的有关讨论，对分析一国的气候政治变化有所启发。例如，克拉斯纳（Krasner）认为规范（norms）是由权利和责任所界定的行为标准；克拉托奇维尔（Kratochwil）进一步指出，规范有别于规则（rules），前者较为宽泛，而后者为处理特定难题而设定；芬妮莫尔和辛金克则将国际规范划分为"规范突现"（norm emergence）、"规范普及"（norm cascade）、"内化"（internalization）这三个阶段，即"规范倡导者"（norm entrepreneurs）对于特定议题领域的合适行为具有强烈的看法从而生发新的规范（该阶段中的规范倡导者因此显得特别重要，他们往往用语言符号等来引起对议题的关注，甚至构建议题本身）、大多数关键国家（critical mass of states）[①] 采纳了这一新规范、规范通过国际组织而制度化为公认的"游戏准则"。[②] 新兴大国通过双层互动而逐渐产生气候政治变化以回应系统内外的环境压力，这本身固然是参与全球气候政治的社会化过程。我们知道，社会化意味着将新社会成员（新兴大国相对于传统大国俱乐部而言，姑且算是"新人"）导入社会赞成的行为方式中去。[③] 社会化可以被理解为一种体制，新兴大国经由这种体制，接受国际社会所赞成的规范，据此改变自己的行为。[④] 以巴西、印度、中国、南非等为例，这些国家共同的新兴大国身份正是在国际和国内政治双层互动中再造/强化的。其中，发展中国家这一"共同命运"是一个客观条件，而新兴大国对 BASIC 的准集体身份认同则是一个主观条件。[⑤] 具体的（气候政治）议题与对这种准集体身

①　这里有关大多数关键国家的界定，有两个标准：其一，采纳规范者须至少超过体系内国家数量的1/3；其二，这类国家之关键性可由议题而定，在特定的议题领域这类国家往往不可或缺。参见 Martha Finnemore and Kathryn Sikkink，"International Norm Dynamics and Political Change"，*International Organization*，Vol. 52，No. 4，1998，p. 901。

②　Stephen D. Krasner，"Structural Causes and Regimes Consequences：Regimes as Intervening Variables"，*International Organization*，Vol. 36，No. 2，1982，p. 186；Friedrich Kratochwil，"The Force of Prescriptions"，*International Organization*，Vol. 38，No. 4，1984，p. 687；Martha Finnemore and Kathryn Sikkink，"International Norm Dynamics and Political Change"，*International Organization*，Vol. 52，No. 4，1998，pp. 896 – 905.

③　参见 James F. Barnes，Marshall Carter and Max J. Skidmore，*The World of Politics：A Concise Introduction*，New York：St. Martin's Press，1980，p. 35。

④　Martha Finnemore and Kathryn Sikkink，"International Norm Dynamics and Political Change"，in Peter Katzenstein，Robert Keohane and Stephen Krasner，eds.，*Exploration and Contestation in the Study of World Politics*，Cambridge，MA：The MIT Press，1999，p. 262.

⑤　参见 Alexander Wendt，*Social Theory of International Politics*，pp. 349 – 352。

份的认同相关，比如针对中印等新兴大国是否支持强制减排及有关限排承诺上的讨价还价，往往与新兴大国这一"标签"挂钩而衍生出所谓的全球治理责任。从利他的角度来看，新兴大国身份具有某种因果力量，使中国和印度等重新反思自身发展与减缓全球气候变化等环境治理利益关切之间的契合可能，也正是在这种应然意义上，中国和印度等新兴大国的气候政治变化才附加了某种道义色彩，尽管大国的"自我约束"在气候变化的集体行动难题上似只助益于理性选择/第二等级内化（康德式的情感认同至少在气候政治难题上还有很长的路要走）。同时，俄罗斯作为转型经济体国家，与其余金砖国家在"共同命运"和"同质性"上均存在较大分歧，且"自我约束"感亦较为弱化（俄罗斯时而阻碍气候政治发展，如其在多哈大会上的表现可见一斑），因而至少可以部分解释俄罗斯这一"特例"/"反例"在全球气候政治群体化中的身份选择何以较为"另类"，与BASIC间存在明显的群体认知分野甚至身份冲突。

图 3 - 2　新兴大国身份、利益与政治变化

资料来源：笔者根据 Richard Ned Lebow, *A Cultural Theory of International Relations*, p. 564 图 10 - 3 修改绘制。

在正式进入下文的案例分析之前，还有必要对研究涉及的理论分析做一点简要的说明。有一种错觉，即认为一种理论只不过是对现实的极端简化，所以理论是没有生命力的；在社会科学中，人们对理论的普遍反感，是对传统社会哲学的宏伟设计不满所造成的。[1] 显然，这种错觉和误解是有缺陷的。可以肯定的是，理论的使命就是简化，而且在简化时不得不舍弃政治行为的一些直观或经验的特征，因为如果用如同经验般复杂的分析来观察事物往往导致错误认知，当然也不利于我们对事物的理解。[2]

---

[1] 〔美〕戴维·伊斯顿：《政治生活的系统分析》，第459页。
[2] 〔美〕戴维·伊斯顿：《政治生活的系统分析》，第460页。

第二节　新兴大国气候政治变化

一　巴西的气候政治变化

回顾20世纪70年代，即全球环境治理的起步期，亚马孙地区之命运可谓全球环境主义者的主要关注点。巴西在70年代的全球环境论坛中常持保守立场，其出于所谓发展与安全政策考虑，甚至纵容了对亚马孙雨林的破坏。诚如一些观察家所指，"巴西政府似乎十分愿意牺牲亚马孙，以寻求发展和安全利益乃至地区甚或全球权力地位"。① 与之相反的看法则认为，巴西的气候政治变化往往与政府的民主化进程、环保主义者之权力增长、绿色融资的多边渠道（如通过世界银行）等要素相互交织，并（有可能进一步地）寻求环境议题领域的国际合作等。② 可见，对于亚马孙热带雨林这一地区的关注与争议，且该地区与巴西气候政治变化之相关性分析，其实都早已超出环境问题讨论之本身，因之带有复合安全议题色彩。

作为1992年里约地球峰会的东道国，巴西在气候谈判中的地位亦引人注目。及至1997年5月的"柏林授权"特设小组③第七次会议（AGBM-7），巴西提议

---

① Hans P. Binswanger, "Brazilian Policies That Encourage Deforestation in the Amazon", *World Development*, Vol. 19, No. 7, 1991, pp. 821–829; Ronald A. Foresta, "Amazonia and the Politics of Geopolitics", *Geographical Review*, Vol. 82, No. 2, 1992, pp. 128–142; Daniel Zirker and Marvin Henberg, "Amazonia: Democracy, Ecology, and Brazilian Military Prerogatives in the 1990s", *Armed Forces & Society*, Vol. 20, No. 2, 1994, p. 259.

② Luiz C. Barbosa, "The 'Greening' of the Ecopolitics of the World-system: Amazonia and Changes in the Ecopolitics of Brazil", *Journal of Political and Military Sociology*, Vol. 21, No. 1, 1993, pp. 107–134; Eduardo L. Viola, "The Environmental Movement in Brazil: Institutionalization, Sustainable Development and Crisis of Governance since 1987", in Gordon J. MacDonald, Daniel L. Nielson and Marc A. Stern, eds., *Latin American Environmental Policy in International Perspective*, Boulder, CO: Westview Press, 1997, pp. 88–111.

③ 柏林授权（Berlin Mandate），即1995年3月28日至4月27日由UNFCCC缔约方首次会议讨论通过的声明，旨在包含发达国家通过有法律约束力的减排义务以减少温室气体排放，而发展中国家则免于承担该义务。柏林授权为京都议定书奠定了基础。参见Council on Foreign Relations, "Berlin Mandate", http://www.cfr.org/climate-change/berlin-mandate/p21276；与柏林授权相应成立的特设小组，任务是审查UNFCCC第4条第2款（a）项和（b）项是否充足，特设小组的工作目标是加强根据这些条款所做的承诺，并订立规定时限内的可量化的限排和减排指标，特设小组于1995年8月21~25日举行了首届会议。参见《联合国气候变化框架公约京都议定书》，http://legal.un.org/avl/pdf/ha/kpccc/kpccc_ph_c.pdf。

根据国家温室气体实际排放量（所造成全球气温平均升高的程度）来确定各国的减排责任；如今的全球变暖归咎于工业革命以来的温室气体累积排放（accumulated emissions）/历史排放（historical emissions），由于气候变化公约最终涉及减缓或阻止人为因素导致的全球升温，巴西认为应当关注各国的历史责任，而非当前的年均碳排放量，何况发展中国家温室气体排放对全球升温的影响仍远不及发达国家，因此没理由让发展中国家承担与附件一国家同等的减排责任。① 进而，巴西甚至还预测，"至少到 2147 年，发展中国家世界温室气体排放之于气候变化的影响才可能赶上发达国家"。②

气候变化国际谈判初始，巴西外交部和科技部是代表巴西参加气候大会的主要部门。京都议定书谈判时期（1996～2001 年），巴西的气候政治变化与其整体外交步伐基本同步。这时不同于 20 世纪 70 年代（如斯德哥尔摩会议时期），巴西开始关注环境可持续发展，并且主张发达国家须提供资金以帮助发展中国家减缓气候变化。不过，这个时候巴西的气候政治立场仍然偏向"零和博弈"，较多侧重经济利益考虑，诸如环境非政府组织和环保主义者其实意识到了这一点，但没能对巴西的气候政治变化造成有力影响。③

及至新世纪初期，2005～2011 年，巴西渐趋打破其在亚马孙雨林问题上的"历史惯性"，从而极大减少了该地区的森林采伐，并因此使温室气体排放总量大幅下降。难得的是这时候巴西正处于较快经济增长阶段，诸如商品出口也较为繁荣，尽管森林采伐率仍较高，但巴西毕竟已经意识到了在环保和经济发展间寻求平衡。④ 2012～2013 年，巴西更为积极地参与全球气候政治，具体表现为 2012 年多哈气候大会上与其余基础四国成员国间"紧密抱团"，乃至在 2013 年华沙谈判中坚持评判应对气候变化的历史责任，以切实行动和相关技术数据支撑，为构建 2020 年全球气候协议而奠定基础。

① "Implementation of the Berlin Mandate", Bonn, 31 July – 7 August 1997, http://unfccc.int/cop5/resource/docs/1997/agbm/misc01a3.htm.

② Sebastian Oberthür and Hermann E. Ott, *The Kyoto Protocol: International Climate Policy for the 21st Century*, Berlin: Springer-Verlag, 1999, p. 235.

③ Myanna Lahsen, "Transnational Locals: Brazilian Experiences of the Climate Regime", in Sheila Jasanoff and Marybeth Martello, eds., *Earthly Politics: Local and Global in Environmental Governance*, Cambridge, MA: MIT Press, 2004, pp. 157–157.

④ Daniel Nepstad *et al.*, "The End of Deforestation in the Brazilian Amazon", *Science*, Vol. 326, No. 5958, 2009, pp. 1350–1351.

二　俄罗斯的气候政治变化

2007 年，八国集团① （Group of Eight，G8） 首脑会议在德国的海利根达姆举行，八国集团成员国与中国、印度、巴西、南非等新兴大国就有关发展、能源效率、投资和知识产权等结构性议题开展对话，开启"海利根达姆进程"。此次峰会，俄罗斯开始承认 IPCC 第四次评估报告的有关发现，即认同存在着人为因素造成全球变暖。G8 +5 为俄罗斯与中美等国之间的互动提供了平台，在俄罗斯看来，美国和中国是全球谈判的重要领导者，俄罗斯广泛利用 G8 和主要经济体论坛等非正式国际机制，发布并不具有强力约束性质的宣言。不过，俄罗斯加入 UNFCCC 进程，也使得全球气候政治图景变得更为复杂化。

2008 年，俄罗斯气候政策发生微调，以使气候政策与国家能源效率等议题紧密相关，不过其中的政策行动仍局限于较低水平。2009 年 4 月 23 日，时任俄罗斯总理普京就有关发布国家气候条例而发表宣言，尽管公文表述相当模糊且未能涉及任何具体数值上的目标，但这是俄罗斯首次在政治上承认全球变暖/气候变化，而且还将气候变化与俄罗斯国家安全相联系，认为需要尽早采取综合的、均衡的政府行为举措以应对气候变化风险。同时，普京的这次宣言还提到，俄罗斯的国家利益须置于优先考虑，国内气候政策须与公平的国际合作相同步。鉴于此，俄罗斯须为减排尽最大努力，首要的任务是提高能源效率，其次是扩展可再生能源利用率、通过金融与财政政策减小市场失衡，再次是现有森林资源须得到有效保护并通过重新造林来增强自然碳吸收能力。

于是，就俄罗斯国内气候政策而言，一般强调气候问题只能够通过普遍的、国际机制来处理，而且这种国际机制须基于 UNFCCC 的基本原则来构建。比如，俄罗斯也会提及"共同但有区别的责任"原则，以确保国家间有关责任的公平分摊——结合各国的国情，依照每个国家的社会经济发展水平和生态气候条件而定。对俄罗斯联邦政治进程而言，则需要联邦、地区以及其他公共政治行为体能够承担起责任。只不过，这些原则、条例和理念，仍面临"知易行难"困境，

---

① 八国集团，指当今世界的主要工业化国家组成的"富国俱乐部"，其历史溯源于 1975 年 7 月由法国倡议而形成的"七国集团"，成员包括美国、日本、德国、法国、英国、意大利、加拿大，俄罗斯于 1998 年的伯明翰峰会正式加入该集团，至此形成了八国集团。显然，除俄罗斯这一转型经济体国家之外，其余七国均为传统工业化国家。

即使就单从联邦层次来看，执行效果都十分不力，其他层次上的气候政治行动，则同样难以奢求。当然，这些模糊化的政府宣言，并不意味着俄罗斯回避任何有关温室气体减排的目标承诺——2009 年 6 月，俄罗斯总统梅德韦杰夫宣布，政府计划到 2020 年减排 10%～15%（以 1990 年为基准年）。这里，以 1990 年为基准年得到俄罗斯官方的认可，这其实意味着 2007～2020 年，俄罗斯的温室气体排放可以增加 30%～35%。①

2009 年 7 月在意大利拉奎拉举行的八国集团峰会，俄罗斯与其他成员国一起，认同有关限制全球变暖温升 2℃ 的目标，但拒绝就此作出必要的减排承诺。同时，俄罗斯联邦政府认为，八国集团峰会所谓到 2050 年实现温室气体减排远超 50%，这一目标在俄看来"颇具雄心"（very ambitious），且所认定到 2020 年实现集体减排 25%～40% 的目标（以 1990 年为基准年）也无异于"天方夜谭"（unreasonable）（即俄罗斯单方面认为 G8 设定的减排目标过高且脱离实际）。②哥本哈根大会之前的 2009 年 11 月 18 日，俄罗斯在欧盟-俄罗斯峰会上提出到2020 年实现温室气体排放减少 20%～25%（以 1990 年为基准年），这与欧盟的目标不谋而合，受到欧盟方面的欢迎和赞同。及至 UNFCCC 哥本哈根气候谈判大会，梅德韦杰夫重申减排 25% 这一目标。然而，需要指出的是，到 2020 年，俄罗斯方面不用付出多大努力，即可将温室气体排放相比 1990 年减少 25%。根据梅德韦杰夫的计划，俄罗斯的温室气体排放年均增加 1.5%～2%，并且这意味着与 2007 年的 22 亿吨二氧化碳排放相比，到 2020 年俄罗斯将排放将近 30 亿吨二氧化碳，如此算来俄罗斯在哥本哈根大会上所作 15%～25% 的减排承诺其实无异于一次"大倒退"（stepbackward）。③ 并且，相比其他国家，俄罗斯亦并未给出有关限排方面的 2050 远景目标。换言之，俄罗斯政府明确其首要目标在于社会经济发展和现代化，包括潜在气候政策目标在内的所有其他目标都必须从

① Kirsten Westphal, "Russia: Climate Policy on the Sidelines", in Susanne Dröge, ed., *International Climate Policy: Priorities of Key Negotiating Parties*, Berlin: Stiftung Wissenschaft and Politik, 2010, p. 79.

② Agence France-Presse (AFP), "G8 Emission Cut Target 'Unacceptable': Medvedev Aide", 2009-07-08, http://www.smh.com.au/business/g8-emissions-cut-target-unacceptable--medvedev-aide-20090709-ddm0.html.

③ 参见 "Appendix I-Quantified Economy-wide Emissions Targets for 2020", http://unfccc.int/meetings/copenhagen_ dec_ 2009/items/5264. php。

属于首要目标。

2011 年 12 月的德班气候大会，俄罗斯政府强调其在京都议定书的第二承诺期将不会承担任何量化减排义务，这与其在 2010 年坎昆会议中的陈述并无二致。俄罗斯强调国际气候制度须在"全面、综合"的基础上达成一致，即"包含所有国家，包括发达国家和发展中国家，尤其是主要的温室气体排放国"。早在 2009 年哥本哈根大会召开之前，俄总理普京就曾表示俄罗斯对气候变化谈判协议的参与和支持取决于其他主要工业化国家须作出相应的承诺并能提出量化的减排目标，而且，还要将俄罗斯广阔森林资源所具备巨大的碳吸收能力这一因素考虑在内。① 及至 2012 年的多哈大会，俄罗斯将自身所占有的"排放盈余"当作谈判筹码，希望就此将《京都议定书》第一承诺期内的可排放额度（简称"热空气"）过渡到第二承诺期，强调"热空气"是其主权财富，并以此作为俄同意参加《京都议定书》第二承诺期的交换条件。俄罗斯的这种态度并未得到（除白俄罗斯和乌克兰以外）其他国家的支持，甚至同为伞形国家的日本和澳大利亚对俄强调所谓"热空气"碳排放盈余的提议也不予认同。鉴此，俄罗斯在 2012～2013 年的全球气候政治博弈中亦较多扮演了"顽固派"和"麻烦制造者"的角色。

三　印度的气候政治变化

从全球气候治理的维度来看，印度的气候政治进程较直观地显现于其在国际政治层次上的变化。早在 1991 年，政府间气候谈判委员会第一次会议时，印度被选为亚洲国家的副主席国，对此，印度感到满意，认为可以因此而掌控气候变化谈判。同年第二次会议，印度提交反映发展中国家立场的"非正式文件"。及至 1998 年的第四次缔约方会议，强调"奢侈排放"和"生存排放"之别。2002年第八次会议上印度更是倡导可持续发展以应对气候变化。②

在过去的二十余年间（1991～2013），印度在全球气候政治参与中长期坚持其所谓的原则，这些原则很大程度上契合于其传统意识形态和多边主义立场。印

---

① 赵斌：《大国国际形象与气候政治参与：一项研究议程》，《天津行政学院学报》2013 年第 4 期，第 55 页。
② 张海滨、李滨兵：《印度在国际气候谈判中的立场》，《绿叶》2008 年第 8 期，第 67 页。

度的多边主义溯源于开国总理尼赫鲁（Jawaharlal Nehru），并受到中国和平共处五项原则的启发。历史上，印度常以第三世界国家为自己的身份定位，并积极倡导某种"弱普遍主义"（the weak universalism）① 式的原则。具体表现为印度作为不结盟运动的创始国，在如今的贸易自由化谈判实践中，为在冷战世界的强现实主义对抗中寻找间隙，不断呼吁发展中国家团结、在国际谈判中为发展中国家争取权益。如此一来，尽管相关弱普遍原则可能多少被来自发达国家的主流话语湮没，印度还是逐渐形成了在多边气候谈判中的连续立场，即坚持"共同但有区别的责任"和人均排放原则。其中，"共同但有区别的责任"是《联合国气候变化框架公约》（UNFCCC）的重要原则，印度将这一国际规范内化为其在多边谈判战略中的核心信条。基于这项原则，印度一贯认为气候变化的历史责任在于北方即发达国家是气候难题的制造者，为此发达国家必须在应对气候变化方面负主要责任。南方国家需要首先关注自身的发展优先目标，而在采取任何减排行动方面应遵循自愿原则；印度将人均排放原则作为其气候政治参与的目标，在2000年第六次缔约方会议上得到阐述。此外，印度还强调应对气候变化由发达国家向发展中国家提供资金和技术支持，强调不承诺量化减排等。

印度政府在全球气候政治中一再强调"共同但有区别的责任"，同时坚持发展中国家需要获取必要的资金和技术支持。然而，这种强硬的立场至2009年哥本哈根峰会时开始松动。正是在哥本哈根大会上印度首次提出自愿减排的承诺，还宣称为减少碳排放量而在国内实施新的、积极主动的气候变化战略。其一，提出将努力减少工业生产、房屋设施与建筑的能源占用；其二，努力增强可再生能源在总能源消耗中的份额；其三，努力扩大造林率。与此相伴的是印度的新环境行动，官方号召环境事务立法，在这方面如果按照2006年的新立法和制度革新来衡量，印度在环境关切方面算得上是走在最前沿了。② 这种国际气候政策方面

---

① "弱普遍主义"源自美学，认为弱的/先验的艺术姿态必须不断被重复，以在先验与可见经验间保持距离，来抵制变化的强图景，而每一次"弱"的重复又会生发出新的清晰和困惑，如此反复而已。正如黑格尔所揭示的，艺术已不能反映这个世界的本来样子而只能说明现代世界的短暂特性，其中的时间缺失需要一种弱的姿态去弥补。参见 Boris Groys，"The Weak Universalism"，2010-04-15，http://www.e-flux.com/journal/view/130。

② Joachim Betz，"India's Turn in Climate Policy: Assessing the Interplay of Domestic and International Policy Change"，GIGA Working Papers，No.190，March 2012，p.5，http://papers.ssrn.com/sol3/papers.cfm?abstract_id=2134869.

的转向与环境友好型国内政策的大调整，我们大致可以描述为学习效应。换言之，印度的能源短缺及其日益依赖外部进口的事实，使其相比其他新兴经济体而言，似乎更易遭受全球变暖的巨大冲击。于是，在近来的四次气候大会上（哥本哈根、坎昆、德班、多哈），印度与其他发展中国家商讨气候变化的姿态更为活跃。

尽管在多边舞台上表达出讨论气候变化的意愿，印度仍然被视作"麻烦制造者"，然而印度并非在多边谈判的气候政治进程中观望坐等发达工业化国家履行承诺，而是积极参与，在缔约方会议（COP）及其他主要国际论坛中强调其气候变化应对观和能源安全关切（见图3-3）。印度在环境方面的国际合作一直与社会经济发展相连。气候变化时常在地区及双边层面的会谈中为印度所提及。作为南南合作的主要推动者之一，印度在G77中的作用仍不容小觑，同时作为新兴经济体大国，开始积极着手与其他成员在G20峰会中讨论气候、环境和能源问题等。印度成了500个多边环境协定（MEAs）/谅解备忘录（MOUs）中的主要缔约方之一，是20个主要MEAs的参与者，尤其强调可持续发展。与此相关，印度还通过不同的国际组织和论坛探讨可再生能源。例如，2009年，印度成为国际能效合作伙伴关系（IPEEC）和主要经济体能源与气候变化论坛（MEF）的成员国，从而便于在能源与气候领域参与多边合作。而且，印度还在2013年组织召开了第四次清洁能源部长级会议。

2010年的墨西哥坎昆会议上，印度环境部部长贾伊拉姆·拉梅什（Jairam Ramesh）提出建议每个国家接受某种法律形式上有约束力的减排承诺，并需要一种以非侵入和非惩罚方式存在的国际咨询。这一主张看来与发达国家所希冀的强制新兴经济体减排的意愿十分接近，而印度方面似乎自相矛盾地辩解这不过是对印度既有立场进行了"微调"罢了，现阶段印度仍然不会接受国际强制减排。基于坎昆会议的表现，印度不仅算是一个应对气候变化立场"灵活"的国家，而且还善于利用自身与中国和其他新兴经济体的合作关系达成某种共识。作为一个长期奉行基于公平原则和历史责任的强硬政策之国家，印度为气候政治国际合作而作出的务实努力赢得了一定的国际赞誉。有评论指出，"印度部长可能拉近美国和基础国家间的关系，印度真正地成了谈判的重要号召者"。[①]

---

① Jayanta Basu, "Cautious Support for Jairam Tightrope Act", *The Telegraph*, December 7, 2010, http://www.telegraphindia.com/1101208/jsp/nation/story_ 13273144.jsp.

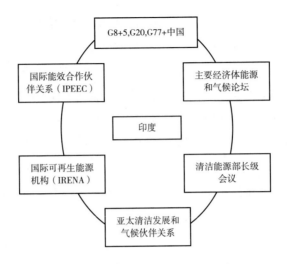

图3-3 印度在气候变化领域的多边合作

资料来源：Swati Ganeshan，"Indian Climate Change/Energy Security Nexus in Multilateral Negotiations," in Lesley Masters，ed.，*The Global South and the International Politics of Climate Change*，November 25，2011，p.44，http：//www.igd.org.za/jdownloads/IGD% 20Reports/igd_report_the_global_south_and_the_international_politics_of_climate_change.pdf。

　　然而，在大会上因为架构沟通桥梁的作用而为其他大国所欢迎的印度环境部部长拉梅什在随后的内阁改组中让位于在环境问题上更为保守的继任者——纳塔拉简（Jayanthi Natarajan），坚持此前及2011年底德班会议上有关京都议定书存续的建议，并继续反对发展中国家承诺强制减排，印度似乎又回到了（被发达国家群体抨击的）"麻烦制造者"形象。不过需要指出的是，其实自2009年哥本哈根会议以来，印度与中国、巴西、南非等"抱团打拼"，尽可能地统一立场。换言之，印度与其余三国常根据气候谈判进程而密切磋商，并用一个声音说话，这在2012年多哈及2013年华沙气候大会中表现得尤为明显。

　　国内层次，历史上印度应对气候变化的相关国内政策只是以某种特定的方式存在着，比如主要通过能源或林业政策有所涉及，气候并未成为关注核心。标志性的变化始于2008年，印度总理曼莫汉·辛格（Manmohan Singh）颁布了首个《气候变化国家行动计划》（NAPCC），该行动计划涵盖的内容十分广泛，重点强调实施八大计划，即国家太阳能计划、提高国家能源效率计划、可持续生活环境国家计划、水资源保持计划、维持喜马拉雅山脉生态系统国家计划、"绿色印度"国家计划、可持续农业国家计划、气候变化战略知识平台国家计划。①该计划还在包括电力生产、可再生能源和能源效率方面提出了一些方案。简言之，NAPCC 在有关气候变化的国内政治方面首次建立起了具体的应对框架。由八个大方面组成的国家行动计划，包含了减排与适应。比如其中的"绿色印度"、太阳能计划，表明政府转向之前从未开发的能源领域。与此相应，印度强调推动化石能源型经济向可再生能源和非化石能源型经济的转变。② 相比对印度气候谈判立场的反应，NAPCC 所包含的国内政策受到印度气候环境保护组织的欢迎。同时，对于 NAPCC 的批评则来自一些非政府组织，抱怨该计划忽略重要细节、缺少利益相关者参与、未改变主流的能源消耗方式、目标导向不明确等。③ 相关的国内争议反映了印度国内民主政治动态，尤其关注所谓的高经济增长率与仍然庞大的贫困人口数值之间的矛盾。

四　中国的气候政治变化

中国参与国际气候政治的历程，与中国外交的整体步伐如影随形。中国参与国际气候谈判也存在立场上的演变，由被动参与逐步走向主动积极参与，深刻地反映了中国外交日趋成熟的发展进程。④

20 世纪 70 年代初，环境关切开始进入中国的政策议程，其主要的标志是1972 年中国参加在斯德哥尔摩召开的联合国人类环境大会。计划经济时代和"大跃进"时期（如其间对重工业建设的过分偏重）以来被长期冷落的环境议题，开始得到关注。⑤ 尤其是 70 年代末改革开放的开启，环境的意义得到更多重视和讨论。1984 年，国务院成立国家环保委员会，作为环境事务的领导决策机构。1988 年，国家环保局（由国务院机构改革而从城乡建设环境保护部当中独立出来的国务院直属机构）成立。80 年代，还颁布了相当一部分环境法令，环境目标首

---

① Pew Center, "National Action Plan on Climate Change", June 2008, http：//www. pewclimate. org/docUploads/India% 20National% 20Action% 20Plan% 20on% 20Climate% 20Change – Summary. pdf.

② Manmohan Singh, "Release of the National Action Plan on Climate Change", Prime Minister's Speech, June 30, 2008, http：//www. pmindia. nic. in/speech – details. php? nodeid =667.

③ Praful Bidwai, "Climate Change, India and the Global Negotiations", *Social Change*, Vol. 42, No. 3, 2012, pp. 387 – 389.

④ 严双伍、肖兰兰：《中国参与国际气候谈判的立场演变》，《当代亚太》2010 年第 1 期，第 81 ~ 86 页；赵斌：《大国国际形象与气候政治参与：一项研究议程》，《天津行政学院学报》2013 年第 4 期，第 55 页。

⑤ Lester Ross, "The Politics of Environmental Policy in the People's Republic of China", *Policy Studies Journal*, Vol. 20, No. 4, 1992, p. 628.

次作为中国的政治议程可见于"六五"（1981～1985 年）计划。20 世纪 90 年代，随着环境的持续恶化和国内环保意识的提升，中国在国际环境外交中的期望值也相应提高，回归到国内环境政治领域，较为典型的是"八五"（1991～1995 年）计划和"九五"（1996～2000 年）计划，在这些发展时期内，中国的国际气候谈判也初具雏形。

在参与国际气候谈判之前，中国对全球变暖的进展就已经开始了监测工作，不过这种有关气候变化议题的工作主要是在科学界进行。1987 年 2 月，国家气候委员会成立，其后 12 月召开的委员会会议审议修改了《国家气候蓝皮书纲要》，开启了中国气候变化科研与业务工作相结合的新篇章。1990 年，国家气候变化协调小组（1998 年改组为国家气候变化对策协调小组）成立，作为 IPCC 在中国的对应机构，其下设有关气候变化的科学评估、影响评估、反应战略和国际气候变化谈判小组与 IPCC 的功能相并行。

1991 年 2 月，有关气候变化框架公约的正式谈判在美国弗吉尼亚州的尚蒂伊开启，并艰难设计出了气候变化框架公约草案，该草案于 1992 年的联合国环境与发展大会上获批。1991 年 3 月，"G77 + 中国"初步形成，以准备次年举行的联合国环境与发展大会，中国以"G77 + 中国"的形式提出立场声明和相关草案，推动了"共同但有区别的责任"这一重要原则的诞生。1992 年联合国环境与发展大会的召开，也使得中国国内气候变化议题关切由起初的科学重心向政治议程讨论转变。具体而言，中国的谈判立场表现在：强调围绕着气候变化争论，还存在较多科学上的不确定性；捍卫国家主权，发展中国家拥有发展之需要和权利，因之发展中国家不应承受有可能损害发展优先的相关安排，所受援助与发展资金也不应附加任何条件；工业化国家应为过往两个世纪的大量温室气体排放承担主要历史责任；工业化国家应当向发展中国家转移新的和额外的资金技术支持，以帮助后者参与应对全球气候变化。中国在 90 年代初期，与印度等发展中国家的气候谈判立场保持一致，即认为仅由发达国家承受限排目标的约束，而反对罔顾发展中国家与发达国家差别之所谓同一目标责任划分。换言之，90 年代的中国气候政治立场，与其他发展中国家保持一致，核心表述亦为气候变化框架公约内容所涵盖，具体可概括为如下四个方面。①

---

① Zhihong Zhang, "The Forces behind China's Climate Change Policy: Interests, Sovereignty, and Prestige", in Paul G. Harris, ed., *Global Warming and East Asia: The Domestic and International Politics of Climate Change*, London and New York: Routledge, 2003, p. 68.

其一，中国是全球气候变化的受害者。中国与其他发展中国家一样，遭受全球气候变化的消极影响，中国政府因之十分重视气候变化议题。这一点，中国作为最早批准 UNFCCC 的十个国家之一这个历史事实可以佐证。另外，1992 年联合国环境与发展大会之后，中国果断调整国内气候政策，采取不少举措以促进可持续发展，如控制人口数量、提高能源效率、推广可再生能源技术、支持植树造林与生态农业的发展等。

其二，发达国家是主要的温室气体排放者，因而须承担起应对气候变化的首要责任。发达国家的人均排放量是发展中国家排放水平的四倍之多，中国的人均排放量只有发达国家的七分之一。当前空气中的温室气体浓度主要来源于发达国家工业化的历史排放。考虑到发达国家的资金与技术能力（优势），理应由发达国家带头解决气候变化难题。

其三，鉴于发达国家当前的和历史的责任以及相对能力，应向发展中国家转移先进的、环境友好型技术，并提供资金援助，以让发展中国家在满足可持续发展需要的同时迎接气候变化挑战。气候援助必须是现存发展援助计划之外所附加的新的援助。

其四，中国的减少贫困和实现经济发展的优先性不能受阻。作为具有庞大人口数额的低收入发展中国家，中国的人均能源利用和温室气体排放仅占发达国家的一小部分，上千万的人口还处于极度贫穷状态。因而，中国的主要关切在于改善民生、发展国民经济，经济条件决定中国还难以为应对气候变化作出更大贡献。

1999 年波恩会议（COP 5），中国代表重申如上相关立场，表示中国在达到中等发达国家水平之前，不可能承担任何温室气体减排义务。不过，中方也指出，中国将在自身可持续发展战略基础上，努力减少温室气体排放，并继续积极推进和参与国际合作。可见，相比 1997 年的京都大会（COP 3），中国的全球气候政治立场发生了变化，且不再一味反对所谓"灵活机制"（如碳贸易、联合履约、清洁发展机制等），但一些发展中国家试图为批准《京都议定书》而设立新的条件使"灵活机制"模糊化，中国对此表示关切并通过"G77＋中国"进行批评回应。2000 年海牙会议（COP 6），强调考虑碳吸收能力，而中国仍主张延续有关京都议定书下的三个灵活机制安排，并称 CDM 为发达国家和发展中国家间的"双赢"机制。2001 年马拉喀什会议（COP 7），中国明确支持灵活机制，并呼吁加快建立清洁发展机制。

2002 年以后，中国气候政治发展步伐加快。国内层次，成立国家气候变化对策协调小组（2003 年），并先后颁布《可再生能源法》（2005 年）、《国家中长期科学和技术发展规划纲要》（2006 年）、《中国应对气候变化国家方案》（2007 年）。其中，2006 年中国提出了 2010 年单位国内生产总值能耗下降 20% 左右的约束性指标（以 2005 年为基准年）。2007 年的《中国应对气候变化国家方案》是中国首个应对气候变化综合性政策文件，这在发展中国家世界亦属首创，全面阐述了国内经济发展与气候变化应对之间的相互联系。同时，中国通过大力推进产业结构优化、能源节约、低碳能源开发、增加碳汇、低碳发展等，努力提高适应能力建设，将应对气候变化提升到国家发展的战略高度，努力促进经济社会全面和谐可持续发展。2009 年哥本哈根大会前夕，中国明确提出到 2020 年实现二氧化碳减排 40%～45%，并将其作为国民经济和社会发展中长期规划的约束性指标，制定相应的国内统计、监测、考核办法。2010 年，中国继续坚持节约能耗并提高能源效率、开发绿色低碳能源、增加森林碳汇、推进低碳省和低碳城市试点建设等。这一系列减缓和适应气候变化的重大政策措施，实施于"十一五"规划期间，取得了显著成效。2011 年，中国制定实施的"十二五"规划纲要中，明确了中国经济发展的目标任务和总体部署，将应对气候变化作为重要内容正式纳入国民经济和社会发展中长期规划，确立了绿色、低碳发展的政策导向。同年，制定了《"十二五"控制温室气体排放工作方案》，明确了 2015 年中国控制温室气体排放的总体要求和主要目标，提出了推进低碳发展重点任务和政策措施。2012 年，通过《"十二五"控制温室气体排放工作方案重点工作部门分工》，以对限排工作方案进行全面部署。2012 年 11 月，中共十八大召开，提出面对资源约束趋紧、环境污染严重、生态退化的严峻形势，必须树立尊重自然、顺应自然、保护自然的生态文明理念，把生态文明建设放在突出地位，融入经济建设、政治建设、文化建设、社会建设各方面和全过程，纳入建设中国特色社会主义"五位一体"总体布局，并着力推进绿色发展、循环发展、低碳发展，进一步提升了应对气候变化在中国经济社会发展全局中的战略地位。

国际层次，中国在履约机制、谈判渠道和有关发展中国家自愿减排承诺等方面的立场也逐渐变得开放灵活。① 2008 年，中国发表了《应对气候变化技术开发

---

① 严双伍、肖兰兰：《中国参与国际气候谈判的立场演变》，《当代亚太》2010 年第 1 期，第 87 页。

与转让北京宣言》，表明中国在公约缔约方会议以及长期合作行动特设工作组下就促进技术转让提出了切实可行而有效的机制建议。2010 年中国国际经济交流中心主办绿色经济与应对气候变化国际合作会议，为各国加强气候变化合作提供了良好的交流平台，同年，中国还承办联合国气候变化会议天津峰会，这是中国首次承办联合国框架下的气候谈判，也是坎昆气候大会前最后一轮谈判。2011 ~ 2013 年，中国努力在气候变化国际谈判中发挥积极建设性作用，积极参加联合国进程下的国际谈判，坚持以《联合国气候变化框架公约》和《京都议定书》为基本框架的国际气候制度，坚持 UNFCCC 框架下的多边谈判主渠道，坚持 CBDR 原则、公平原则和各自能力原则，坚持公开透明、广泛参与、缔约方驱动和协商一致。同时中国还通过 BRICS、G20 等平台，广泛参与国际对话与交流，并在这些峰会和多边外交互动中，携手与各国共同推进气候政治进程。2013 年，中美两国首脑的两次会晤，都对气候变化议题表示高度重视，并就加强气候变化对话与合作以及氢氟碳化物（HFCs）问题形成重要共识，同年 7 月，第五轮中美战略与经济对话期间举行了中美两国元首特别代表共同主持的气候变化特别会议，深化了中美双边气候合作交流。中国气候政治的发展也由过往的生态单维认知逐渐转向活跃和全面，渐趋成熟和稳健，并与中国整体外交步伐保持一致。

五　南非的气候政治变化

二战以后，南非经历了长达近半个世纪的种族隔离时期（1948 ~ 1994 年），市民社会遭到压制和排挤，因之无法有效驱动国内的环境决策进程。① 随着民主化进程的开启，南非的环境政策话语也相应发生转变，以适应综合的、可持续的社会经济发展需求。1994 年，环境政策议程出现于总统选举中，政府已经意识到气候变化将可能成为南非未来政治的重要议题，并于该年成立了国家气候变化委员会（National Committee for Climate Change，NCCC），作为国家与非国家行为

---

① 南非是世界上种族歧视最为严重的地区之一，南非共和国的种族隔离制度实行近半个世纪，但实际上该国存在的种族歧视长达 350 年之久，占人口大多数的南非黑人往往被强制分离。可以想见，在教育、医疗、劳工、婚姻等基本民生都长期无以保障时，南非的非白人族群参与环境政治则无异于奢望。有关南非的种族隔离史，参见 "Liberation Struggle in South Africa: Apartheid and Reactions to It"，http：//www. sahistory. org. za/liberation - struggle - south - africa/ apartheid - and - limits - non - violent - resistance - 1948 - 1960；"Apartheid South Africa"，http：//www. southafrica. to/history/Apartheid/apartheid. php。

体就气候变化问题进行协调的论坛/平台，NCCC 也因不同部门与制度的利益相关者之广泛参与而显得尤为重要。NCCC 广泛接纳公民社会行为体/公民团体，且国内两大能源生产巨头——南非萨索尔（Sasol）[1] 公司和艾斯康（Eskom）电力公司也赫然在列，后者甚至还被视为南非气候治理中最有影响力的行为体，因为该电力公司不仅提供知识和专门技术，还为支持气候谈判而提供必要的资金；可同时萨索尔和艾斯康这两大公司的温室气体排放几乎占南非的 75%，这当然也很大程度上制约了 NCCC 的效力。[2]

1996 年南非新宪法则首次包含了公民权利和社会经济关切，这决定了将环境保护视作公民权利，并通过合理的立法及其他举措来加以制度化。[3] 1996 年新宪法和 1998 年《国家环境管理法案》（NEMA）构成了南非国内层次环境立法的两大重要组成部分。[4] 其中，NEMA 通过可持续发展与合作治理结构原则的设定，使环境政策实施阶段得以开启，为保证环境决策提供了基本的法律框架，尤其强调防控污染，并确保国家为全体公民提供安全环境这一基本职责的履行。当然，各级政府部门的利益诉求交错重叠，因之 NEMA 可能存在的问题在于它仍无法清晰界定南非环境政策的制度架构。[5]

不过，就后种族隔离时代的首个五年而言，尽管尝试广泛整合，经济增长和协调安排在南非仍占据主导地位。毕竟，考虑到南非长期经历的种族隔离史，绝大多数人很可能将理性的环境政策仅仅视作种族压迫的工具，因而相关的气候政策亦较少受到

---

① 萨索尔，又译作"沙索"，是全球公认的煤炭液化技术领导者，也是目前世界上唯一进行大规模煤液化生产合成燃料的国际公司，成立时间长达半个世纪之久。依靠萨索尔，南非得以打破外界对其进行的所谓石油制裁，成了世界上首个利用煤炭液化技术大规模生产石油制品的国家。

② Ingrid Christine Koch, Coleen Vogel and Zarina Patel, "Institutional Dynamics and Climate Change Adaptation in South Africa", *Mitigation and Adaptation Strategies for Global Change*, Vol. 12, No. 8, 2006, p. 1334.

③ Nigel Rossouw and Keith Wiseman, "Learning from the Implementation of Environmental Public Policy Instruments after the First Ten Years of Democracy in South Africa", *Impact Assessment and Project Appraisal*, Vol. 22, No. 2, 2004, p. 133.

④ Van der Linde, *Compendium of South African Environmental Legislation*, Pretoria: Pretoria University Law Press, 2006, p. 5.

⑤ Nigel Rossouw and Keith Wiseman, "Learning from the Implementation of Environmental Public Policy Instruments after the First Ten Years of Democracy in South Africa", *Impact Assessment and Project Appraisal*, Vol. 22, No. 2, p. 132.

关注。① 直到 2002 年，南非第一大城市约翰内斯堡承办世界可持续发展峰会，气候变化上升为其中的政治议程，并且南非于该年 7 月批准《京都议定书》，同时作为发展中国家，没有任何减排目标提出。可以说，尽管环境议题在南非国内政治议程中的重要性越来越突出，然而由种族隔离向民主时代过渡，相关技术的、官僚制度上的转型较为缓慢渐进，缺乏结构上的实施逻辑则成了环境政策进程中的一大障碍。②

2004 年，随着南非渐趋活跃于国际多边互动舞台，其相应的国内气候变化政策也有了明显调整，如"国家气候变化反应战略"的提出，该战略呼吁为发展一种有效的气候变化规划而采取联合努力，以支持国家在国际气候谈判中的立场。2005 年，气候变化作为政策议题首次出现于国内政府会议，来自政界、商界和公民社会团体的 600 多位代表出席了米德兰（Midrand）气候行动大会，会议提出的"米德兰行动计划"直接推动了 2008 年"长期减缓战略"（Long-Term Mitigation，LMTS）的形成。③ 这里，LMTS 可视作南非气候变化治理史上最为重要的里程碑，它以长期减缓气候变化为情境，勾勒出了"无限制增长"和"科学要求"这两大选择，并旨在弥合这两大情境间的鸿沟，南非的比较优势因之表现为"气候友好型技术"方面的世界领导者，以助于应对全球气候变化挑战时实现"公平和有意义的贡献"；相应的，南非在 UNFCCC 谈判进程中的立场也主张应由发达国家承担起有法律约束力的实质减排的义务。④

2009 年，雅各布·祖马（Jacob Zuma）当选南非总统，南非国内气候政策亦因之有了较大改观。此前的南非水利与环境事务部，被分离成环境事务部和水利部，意在做出些许改变，从而使南非在国内与国际两个层次应对复杂气候变化的政策有效性均有所增强。⑤ 2009 年，南非积极参与哥本哈根气候大会，并于次

① 参见 Stephen Dovers，Ruth Edgecombe and Bill Guest，eds.，*South Africa's Environmental History：Cases and Comparisons*，Ohio：Ohio University Press，2003。

② Nigel Rossouw and Keith Wiseman，"Learning from the Implementation of Environmental Public Policy Instruments after the First Ten Years of Democracy in South Africa"，*Impact Assessment and Project Appraisal*，Vol. 22，No. 2，pp. 138 – 139.

③ Karl Hallding *et al.*，*Together Alone：BASIC Countries and the Climate Change Conundrum*，p. 50.

④ Babette Never，"Regional Power Shifts and Climate Knowledge Systems：South Africa as a Climate Power?"，GIGA Working Paper，No. 125，Hamburg：GIGA，2010，p. 21，http：//www. giga - hamburg. de/de/system/files/publications/wp125_ never. pdf.

⑤ Emily Tyler，"Aligning South African Energy and Climate Change Mitigation Policy"，*Climate Policy*，Vol. 10，No. 5，2010，p. 585.

年即 2010 年提出国家气候变化绿皮书以响应国内气候政策调整，并对减缓与适应气候变化等议题进行了归类。及至 2011 年，南非经济发展与劳动委员会通过广泛的公共政策讨论、利益相关方工作组进行的正式洽谈等，国家气候变化绿皮书转变为国家气候变化白皮书，白皮书于 2012 年 1 月以南非国内立法形式通过。白皮书基于风险进程分析，区分对气候变化的短期与中期适应，除关注碳氢化合物能源以外，开始意识到了混合能源的重要性。不过，尽管国内已有较多讨论和政策涉及，多数国会议员对气候议题的参与热情仍然较低。[①]

国际层次，南非早在 1993 年 6 月就签署了 UNFCCC，并宣布于 1994 年年底正式批准公约。但是，来自环境正义网络论坛等非政府组织的声音，掀起了南非有关公约的国内争论，这直接导致公约延迟到 1997 年 8 月才在南非得以通过。[②]从 1998 年起，南非的国际谈判参与姿态渐趋积极主动。然而，直到 2005 年，南非的二氧化碳排放量仅占全球碳排放的 1.2%，位列世界第 19 位，从这一点看来，南非几乎不能被视作全球气候协议的主要谈判方，南非在全球气候政治中变得真正重要，始于其区域大国地位凸显、在气候谈判中开始变得积极主动之时。[③]南非在气候谈判中，与其他发展中国家一样反对（被要求承担）强制减排目标，而且在谈判中更为关心的问题往往是未来有关适应措施的资金流向。当大多数附件一国家倾向于仅仅为增加潜在收益的适应措施（如"气候防护"[④] 新投资、水坝建设等）而提供资金时，南非提出多边资金应该被单独用于诸如创

① Aaron Atteridge, "Multiple Identities: Behind South Africa's Approach to Climate Diplomacy", SEI Policy Brief, 2011, p. 3, http://www.sei - international. org/mediamanager/documents/Publications/ Climate – mitigation – adaptation/sei_ policy_ brief_ atteridge_ southafrica. pdf.

② Ian H. Rowlands, "South Africa and Global Climate Change", *Journal of Modern African Studies*, Vol. 34, No. 1, 1996, pp. 163 – 178.

③ Jörg Husar, "South Africa in the Climate Change Negotiations: Global Activism and Domestic Veto Players", in Susanne Dröge, ed., *International Climate Policy: Priorities of Key Negotiating Parties*, p. 98.

④ "气候防护"（Climate Proofing）是一种应对气候变化的防护能力，即考虑到与气候相关的风险不确定性，建立以风险为考量基础的调适能力，从而使与此相关的投资工程安排达到可接受的社会经济水准。气候防护也是目前荷兰等发达国家较为推崇的适应战略，2010 年 9 月 30 日，荷兰环境评估署发布了《生物多样性气候防护适应战略》，以有效实施环境政策，提高自然生态系统的适应能力。参见 M. Vonk, C. C. Vos and D. C. J. van der Hoek, "Adaptation Strategy for Climate-proofing Biodiversity", Policy Studies for Netherlands Environmental Assessment Agency, 2010, pp. 17 – 18, http://www.pbl.nl/sites/default/files/cms/publicaties/500078005_ adaptation_ strategy_ for_ climate – proofing_ biodiversity. pdf。

建基因和种子银行、开发新的农作物、建设和重置新的地下水淡化设备等措施。全球气候政治具体议题导向如技术转移方面，南非要求加大源自发达国家的技术转移力度，而且有关清洁发展机制的应付费用需拓展到其他气候防护领域（比如碳贸易和联合履约）。此外，南非还通过在肯尼亚首都内罗毕主持召开非洲环境部长级会议，发布《内罗毕宣言》（2009 年 5 月），以代表非洲国家联盟在气候政策中的联合立场。① 各国环境部部长在该宣言中强调：工业化国家须妥善履行 UNFCCC 条款 4.3 之减排承诺，从而到 2020 年实现减排 40%、到 2050 年实现减排 80% ~ 95%（以 1990 年为基准年）；为计划和实施适应战略，非洲国家需要依靠工业化国家的技术和资金支持；非洲国家所有有关减排的承诺必须是自愿的，且这些目标的实现须以工业化国家进一步的资金和技术转移支持为前提；将来对于非洲的支持须聚焦如适应、能力建设、研究与开发、技术转移和融资等优先领域；对于减排、能力建设、技术转移和融资这些优先领域，须同时引入监督机制；改进清洁发展机制以使相关工程的分布更为均匀；全球环境设施发展基金须优先考虑非洲，资金分布也应照顾受助国家的实际需求。

第三节 新兴大国气候政治变化的动因分析

一 巴西气候政治变化的动因

1945 年以来，巴西经济发展迅速，然而在整个 20 世纪都面临收入分配不均的难题，其与外部世界的联系多半基于和平、自由贸易、文化多样性和宗教自由等方面。绝大部分时间，政治民主成了巴西社会的既定国家目标，但经历了多次威权主义时期。巴西的全球环境主义于 70 年代早期开始涌现，以适应国内的经济状况，因为当时巴西对环保的认识在于：贫困才是主要的污染，环保须在国家经济显著发展且人均收入达到发达国家水平之后方能予以

---

① "Nairobi Declaration on the African Process for Combating Climate Change", http：//www. unep. org/roa/Amcen/Amcen_ Events/3rd_ ss/Docs/nairobi – Decration – 2009. pdf.

考虑。① 于是，在1972年的斯德哥尔摩会议上，巴西与中国共同推动第三世界国家的联合。其中，巴西的三大原则在于：自然资源的利用须同时捍卫国家主权；环保须在本国人均收入提高之后方可考虑；全球环境保护的成本须由发达国家承担。②

　　巴西的气候政治立场，部分源于其自然条件和温室气体排放量的变化。一般而言，温室气体排放主要来自能源消耗和土地利用之变化（如采伐森林）等方面。与中国、印度等其他新兴大国所不同的是，巴西由能源消耗所致的温室气体排放量相对较低，而主要源自采伐森林。巴西国土的60%为亚马孙热带雨林所覆盖，这种得天独厚的森林资源特点为将主要温室气体二氧化碳转化为氧气提供了至关重要的环境基础。③ 然而，对亚马孙热带雨林进行或直接或间接的滥伐，导致了该地区森林资源的大面积减少。就温室气体排放而论，尤以森林大火之破坏性为甚，亚马孙地区的森林大火不仅直接导致了空气中二氧化碳排放量增多，而且由于森林面积的缩小相应降低了该地区对二氧化碳的吸收能力。其中，燃烧和砍伐每公顷森林所产生的碳含量大约为167吨。④ 如此一来，防止滥伐森林就显得尤为重要，但相关应对之策的实施面临诸多障碍：亚马孙地区的交通运输条件有限，以致对该地区进行监管的成本较高且难度较大；政府自身略带矛盾性的发展优先顾虑，仅将亚马孙地区视作服从于经济与社会目标的资源；州政府间缺乏有力合作，从而轻视环保、纵容伐木行为；就保护森林资源的联邦立法也较为弱化，且在联邦层次一度缺乏宏观的协调与规划；有关森林保护项目的国际资金支持也较为有限；经合组织（OECD）国家拒绝缔约国际木材体系，以致难以对外国公司的非法伐木行径

① Eduardo Viola, "Brazil in the Context of Global Governance Politics and Climate Change, 1989 – 2003", *Ambiente & Sociedade*, Vol. 7, No. 1, 2004, p. 30.

② Eduardo Viola, "The Environmental Movement in Brazil: Institutionalization, Sustainable Development and Crisis of Governance since 1987", in Gordon J. MacDonald, Daniel L. Nielson and Marc A. Stern, eds., *Latin American Environmental Policy in International Perspective*, Boulder, CO: Westview Press, 1997, pp. 88 –111.

③ 参见 Michael Goulding, Ronaldo Bartthem and Efrem J. G. Ferreira, eds., *The Smithsonian Atlas of the Amazon*, Washington, D. C.: Smithsonian Books, 2003, pp. 75 –135。

④ Marcos A. V. de Freitas and Luiz P. Rosa, "Strategies for Reducing Carbon Emissions on the Tropical Rain Forest: The Case of the Brazilian Amazon", *Energy Conservation Management*, Vol. 37, Issues 6, 1996, pp. 760 –761.

进行认定和指控。① 因而，难以有效控制亚马孙地区的森林滥伐，成了巴西气候政治变化的一大限定因素，这使得巴西在全球气候政治中不仅偏向于关注土地利用变化之于全球变暖的影响，而且还往往就控制森林滥伐而寻求国际合作，进而令巴西与其他新兴大国抱团应对北方国家的气候政治挑战——如共同要求发达国家承担气候变化的历史责任等。

与其他新兴大国所不同的是，巴西的现代工业、能源和交通部门所产生的碳排放较低，而主要通过可再生能源如水力发电和生物质能等来维持能源消耗。巴西在多边国际气候谈判中一直扮演着主要角色，其在谈判过程中的立场和利益由发展顾虑、意识形态和安全考量等因素所塑造，这些因素又往往与巴西的能源增长、经济发展、亚马孙地缘以及第三世界民族主义等密切相关。因此，巴西在国际气候政治中的立场与利益诉求在于：与其他主要发展中国家一样，关注应当由谁来减排，量化标准和时间框架又如何；有效的全球气候治理机制的建构；为向发展中国家提供必要的技术与资金支持，不得不对发达国家作出一定的让步；有关森林采伐和土地使用，这构成目前巴西主要的温室气体排放来源；巴西政府还尤其关心亚马孙地区日益增长的国外干预，认为这会对其领土和资源控制构成威胁。如此一来，我们不难理解巴西历史上所形成的在环境谈判上的保守立场，在 20 世纪 60 年代中期至 80 年代的军政府时期，巴西的官方环保立场是"不能妨碍快速经济发展目标的实现"。②

① Philip M. Fearnside, "Amazonian Deforestation and Global Warming: Carbon Stocks in Vegetation Replacing Brazil's Amazon Forest", *Forest Ecology and Management*, Vol. 80, No. 1 – 3, 1996, pp. 21 – 34; Philip M. Fearnside, "Forests and Global Warming Mitigation in Brazil: Opportunities in the Brazilian Forest Sector for Responses to Global Warming under the 'Clean Development Mechanism'", *Biomass and Bioenergy*, Vol. 16, No. 3, March 1999, pp. 171 – 189; Philip M. Fearnside, "The Potential of Brazil's Forest Sector for Mitigating Global Warming under the Kyoto Protocol", *Mitigation and Adaptation Strategies for Global Change*, Vol. 6, No. 3 – 4. 2001, pp. 355 – 372; Jacqueline Klosek, "The Destruction of the Brazilian Amazon: An International Problem", *Cardozo Journal of International and Comparative Law*, No. 6, Spring 1998, pp. 122 – 126; Ans Kolk, "The Complexities of Environmental Regulation: The Example of the Brazilian Amazon", *International Journal of Environment and Pollution*, Vol. 11, No. 1, 1999, pp. 71 – 85; Henry W. McGee, Jr. and Kurt Zimmerman, "The Deforestation of the Brazilian Amazon: Law, Politics and International Cooperation", *The University of Miami Inter-American Law Review*, Vol. 21, No. 3, Summer 1990, pp. 513 – 550; Ken Johnson, "Brazil and the Politics of the Climate Change Negotiations", *Journal of Environment & Development*, Vol. 10, No. 2, June 2001, p. 187.

② Sjur Kasa, "Brazil and Climate Change", in Gunnar Fermann, ed., *International Politics of Climate Change: Key Issues and Critical Actors*, Oslo: Scandinavian University Press, 1997, pp. 235 – 244.

依附论有关"边缘国家—中心国家"间"依附—被依附"关系的思想此时也影响到巴西的外交战略,从而使巴西强调物质权力和外交实用主义。[1] 及至后冷战时期,军事独裁的终结与环境关切的复苏同步,全球议程推动了巴西国内有关如何参与国际谈判的认知转变。巴西传统僵化的环境观为更具包容性的政治系统所削弱,决策者们更为关注次国家与国际行为体对环境政策的影响。[2] 然而,由于仍担心外部势力介入亚马孙地区,传统外交观念对建构与制度化巴西外交政策目标的影响仍然根深蒂固。因此,在国内利益相关者之间具有某种共识性的气候政治定位,"着眼于 UNFCCC 下的巴西承诺"(如清洁发展机制何以既反映巴西政府在国际环境谈判中的主导性又兼顾国内关切),成为包括环境部门在内的其他部门在决策进程中面临的一大难题。[3]

二 俄罗斯气候政治变化的动因

俄罗斯国土面积广袤辽阔,横跨多个气候区域,3000 万人口居住在极寒地带,四分之三的燃料消耗相应集中于这些地区,交通和运输线也因为国土广袤而延长。由此不难想象,俄罗斯的经济结构属于高度能源密集型。

对俄罗斯来说,与大部分其他国家不同的是,气候变化所能带来的,竟有不少明显的国家优势。2008 年,俄罗斯作为全球第四大温室气体排放国,其排放量占全球的 5.67%。俄罗斯拥有足够广袤的森林覆盖国土,在影响气候变化方面蕴藏巨大潜力,就气候变化的脆弱性而言,俄排在遥远的第 81 位,相比近邻白俄罗斯(第 28 位)、哈萨克斯坦(第 50 位)、乌克兰(第 52 位),俄罗斯的情况似乎乐观得多。[4] 同时,俄罗斯还认为需要更多的科学研究支撑方能验证"全球变暖"这一充满争议的命题,甚至不少俄罗斯科学家相信,气候变化尤

---

[1] Andrew Hurrell, "Brazil: What Kind of Rising States in What Kind of Institutional Order?", in Alan S. Alexandroff and Andrew Cooper, eds., *Rising States*, *Rising Institutions*: *Challenges for Global Governance*, Washington, D. C.: Brookings Institution Press, 2010, p. 131.

[2] 参见 Luiz Barbosa, *The Brazilian Amazon Rainforest*: *Global Ecopolitics*, *Development and Democracy*, New York: University Press of America, 2000, pp. 17 - 27。

[3] Lars Friberg, "Varieties of Carbon Governance: The Clean Development Mechanism in Brazil—A Success Story Challenged", *The Journal of Environment and Development*, Vol. 18, No. 4, 2009, p. 399.

[4] 赵斌:《大国国际形象与气候政治参与:一项研究议程》,《天津行政学院学报》2013 年第 4 期,第 55 页。

其是气温升高对俄罗斯的环境可能带来积极影响；俄罗斯公众舆论认为，气候变化并非严重的环境问题，2009 年盖洛普公司的调查研究显示，相当多的俄罗斯人并不把气候变化视为重要的难题，也不赞同将纳税人的钱投入到减缓气候变化上。[①] 比如说气温升高能使俄罗斯的冬天变得温暖从而可以减少冬季供暖时长而给国家节约大量能源；由于气候暖化，北冰洋地区的丰富能源开采前景将更加明朗起来，开发该地区资源的行动更为容易；海上国际航道交通的顺达也将使俄罗斯的地缘战略影响加大，有利于其拓展国际形象。

即便如此，正如俄罗斯联邦水文气象与环境监测局（Roshydromet）的 2005 年报告指出，气候变化是人为现象（human-induced phenomenon），并呼吁俄罗斯政府为减缓气候变化的影响而采取必要预防措施，而且全球变暖对俄罗斯的国家安全也会构成威胁。其中一大影响即为圣彼得堡等地可能面临的洪涝灾害，约 4000 万俄国居民已开始遭遇水质变差和环境恶化的消极影响。气候变化对俄罗斯农业的影响，难以被准确测量，只能说积极的影响在于耕种季节延长、可耕作用地增加、可培育新的农作物等；消极的影响显然在于干旱时节也相应延长，并伴随极端降水（extreme precipitation）等气象灾害。[②] 至于全球变暖对俄罗斯燃料能源的影响，也令俄罗斯监测部门感到纠结：河流水位的激增，使水力发电在短期和中期看来似乎更为可行，抵达北极地区和不冻港亦更为便捷，北部极昼地区冬季日照时间缩短；同时，永久冻土的解冻也可能对能源基础设施（尤其管道运输）乃至整个公共建设（街道、建筑根基等）带来消极影响。可见，联邦水文气象与环境监测局 2005 年报告为分析俄罗斯气候变化脆弱性迈出了关键步伐，从而推动俄罗斯国内政策进程的变化。

此外，俄罗斯气候政策立场演变的国内动因，还应考虑俄作为能源生产和消费大国的重要角色，如其主要的税收直接来源于石油和天然气部门，化石能源贸易也构成了俄罗斯出口所得的主要来源。在俄罗斯，丰富的自然资源和可获能源

---

① Arild Moe and Kristian Tangen, *The Kyoto Mechanisms and Russian Climate Politics*, London: The Royal Institute for International Affairs, 2000, p. 12; Anita Pugliese and Julie Ray, "Top-Emitting Countries Differ on Climate Change Threat", December 7, 2009, http://www.gallup.com/poll/124595/top-emitting-countries-differ-climate-change-threat.aspx.

② Kirsten Westphal, "Russia: Climate Policy on the Sidelines", in Susanne Dröge, ed., *International Climate Policy: Priorities of Key Negotiating Parties*, Berlin: Stiftung Wissenschaft and Politik, 2010, pp. 75 – 76.

一直是国家优势之所在，苏联社会主义时期曾以这种能源优势和资本主义世界进行角逐，到俄罗斯联邦时期面临经济转型，也利用这种能源优势来助力结构调整、缓和经济衰退带来的社会压力。社会经济的发展是影响温室气体排放水平的主要因素，这一逻辑对于苏联经济模式坍塌后的俄罗斯来讲同样适用。而且，气候变化谈判有关减排协定以1990年为基准年，俄罗斯其实可以因此而"获益"——不仅由于俄罗斯当时正处于经济转型导致的生产下降进而使温室气体排放量骤减，而且俄罗斯经济也在这一（生产及排放）放缓的过程中得以重组。这种经济结构转型与调整，在能源消费上亦有所反映，如核能、煤炭、石油、天然气等在俄罗斯国内能源消耗中所占的份额均有所下降。由此不难想见，随着国内能源消耗的下降，导致二氧化碳排放的减少。鉴于此，莫斯科能效中心（CENEf）描绘出了一种"低碳俄罗斯"情境（"Low-Carbon Russia" scenario），认为俄罗斯通过合适的（adequate）政策，到2020年可以轻松实现温室气体减排20%~30%（以1990年为基准年）。[①] 对于俄罗斯政治精英来说，保持俄罗斯能源的价格优势，有助于维持能源竞争中的优势地位。然而，在对外贸易当中，俄罗斯作为化石燃料的主要出口国，化石燃料出口贸易自然会受到可再生能源应用增加所带来的（降低成本和减少排放）冲击。如此一来，俄罗斯在气候政治中的立场，亦难免显得自相矛盾（ambivalent）。[②]

国际层次，2008年，国际金融危机重创俄罗斯经济，原油价格暴跌对俄影响深远。与石油相比较，天然气这一略为廉价的燃料对于出口供应而言就显得尤为重要，即便如此，俄罗斯燃气产品出口欧洲和其他国家的比例仍有所下降。在这种形势下，俄罗斯发现灵活利用京都机制这一工具，或可对俄罗斯延缓的现代化进程尽可能进行提速。具体而言，俄罗斯经济发展部部长埃尔韦拉·纳比乌琳娜（Elvira Nabiullina）提出在《京都议定书》之外可寻求资本增长的新突破，这至少部分可以解释俄罗斯对待《京都议定书》的态度何以摇摆不定。此外，

---

① Samuel Charap and Georgi V. Safonov, "Climate Change and Role of Energy Efficiency", in Anders Aslund, Sergei Guriev and Andrew Kuchins, eds., *Russia after the Global Economic Crisis*, Washington, DC: Peterson Institute for International Economics, 2010, p. 132.

② Kirsten Westphal, "Russia: Climate Policy on the Sidelines", in Susanne Dröge, ed., *International Climate Policy: Priorities of Key Negotiating Parties*, Berlin: Stiftung Wissenschaft and Politik, 2010, p. 77.

至少有三大目标常用来解释俄罗斯的气候政治参与：其一，为改善俄罗斯的国际形象；其二，为入世谈判而加强与欧盟的联系；其三，《京都议定书》机制下的经济动机。[①] 当美国退出后，俄罗斯批准《京都议定书》的行为就显得尤为关键，甚至成了欧洲领导人议事日程所关注的重心，时任总统普京将对于京都机制的认可当作重塑俄罗斯国际形象的工具，以使俄罗斯成为挽救京都机制的"救世主"，表明俄与"欧洲政治"或"西方价值观"的一致。[②]

可见，俄罗斯对于气候变化政治的参与，是探求其特殊的国家利益进而重塑俄罗斯"超强"国家地位的工具性写照。俄罗斯参与国际气候政治似乎总是显得"游刃有余"，除了与其资源禀赋和历史遗产具有一定的相关性之外，俄罗斯对国际形象的追求与伞形国家群体中的美国具有极其相似之处，即可以说都从国际地位及国际威望上看待和塑造所谓的国际形象，这种国际形象的建构几乎可以混同于权力（尤其软权力的）优势、威望、相对地位等方面的谋划。[③]

三　印度气候政治变化的动因

印度的气候政治，是经由"发展优先顾虑"（growth-first stonewallers）向"渐进现实主义者"（progressive realists）再到"渐进国际主义者"（progressive internationalists）的变化进程。[④] 我们难以简单地找出印度气候政治变化的国内原因，国内的政治行为体，如政党在气候变化问题方面常常保持沉默，仅有少部分国内社会组织发表它们的环境立场宣言。[⑤] 这些少数社会组织对印度政府政策的影响难以评估。印度气候政策官方立场的缓慢蜕变，或许可以用国际关系经典理

[①] Andrzej Turkowski, "Russia's International Climate Policy", Polski Insiytut Spraw Miedzynarodowych（PISM）Policy Paper, No. 27, April 2012, p. 3, http：//www. pism. pl/files/? id_ plik =10025.

[②] Laura A. Henry and Lisa McIntosh Sundstrom, "Russia and the Kyoto Protocol：Seeking an Alignment of Interests and Image", *Global Environmental Politics*, Vol. 7, No. 4, 2007, p. 58.

[③] 赵斌：《大国国际形象与气候政治参与：一项研究议程》，《天津行政学院学报》2013 年第 4 期第 55 页。

[④] Navroz Dubash, "Toward Progressive Indian and Global Climate Politics", CPR Working Paper, Centre for Policy Research, New Delhi, 2009, http：//www. indiaenvironmentportal. org. in/files/climatepolitics. pdf；Namrata Patodia Rastogi, "Winds of Change：India's Emerging Climate Strategy", *The International Spectator*, Vol. 46, No. 2, June 2011, p. 135.

[⑤] Joachim Betz, "India's Turn in Climate Policy：Assessing the Interplay of Domestic and International Policy Change", GIGA Working Papers, No. 190, March 2012, http：//papers. ssrn. com/sol3/papers. cfm? abstract_ id =2134869, p. 14.

论路径来解析。新现实主义必须弄清楚的是，为什么印度在其经济和军事实力增强以及对国际秩序现状不满之时，却同意妥协让步，尤其是当最强大的温室气体排放国（美国）逐渐衰弱且对待京都议定书的立场仍旧顽固倒退之时，需要其他大国（包括印度）展现出灵活性；[①] 对印度气候政治变化的制度主义解释，或许在于面对印度更融于世界市场的事实，在如前所述的国际论坛与国际制度中享有更高地位、拥有更多的话语权（如在国际货币基金组织和联合国中的地位提升愿望尤为强烈），还有印度已被纳入国际气候、国际贸易、国际金融等领域中谈判回合的显要位置，如 G8 和 G20，多哈回合的谈判等。[②] 那么，既然印度培育出了一种更为明显的全球观，并准备为提供全球公共物品承担更多的责任，可为什么在早些时候没有让步并调整自己的气候政策呢？因此，自由主义的研究路径务必在环境和其他利益集团仍旧占据重大影响的有关印度气候政策的技术方面做出合理解释，这些利益集团对印度的国际减排承诺常常持反对态度；再者，对国际气候专家们的核心理念的认同（即气候变化是人为的，并对农业生产和贫困产生严重的影响等）或许将使得建构主义路径大有可为，当然这并不意味着不需要通过京都机制等理性安排，来处理有关国际减排的更多义务承担和适应成本。[③]

这里，本书不想对印度气候政治的变化机制分析继续做"三大主义式"的论证。[④] 除了反向格义或许伴随着"理论消化不良"的尴尬外，可能的问题在

① Pantelis Sklias, "India's Position at the Copenhagen Climate Change Conference: Towards a New Era in the Political Economy of International Relations?", *Research Journal of International Studies*, No. 15, August 2010, pp. 4 – 10. http://www. eurojournals. com/rjis_15_01. pdf; Mukul Sanwal, "Realism in the Climate Negotiations," November 21, 2012, http://www. indiaenvironment portal. org. in/blogs/realism – climate – negotiations.

② Praful Bidwai, "Two Decades of Neo-liberalism in India", August 4, 2011, http://www. thedailystar. net/newDesign/news – details. php? nid = 197058; Stewart Patrick and Preeti Bhattacharji, "Rising India: Implications for World Order and International Institutions", October, 2010, http://www. cfr. org/content/thinktank/IIGG_ DelhiMeetingNote_ 2010_ 11_ 01. pdf.

③ Hayley Stevenson, "India and International Norms of Climate Governance: A Constructivist Analysis of Normative Congruence Building", *Review of International Studies*, Vol. 37, No. 03, July 2011, pp. 997 – 1019.

④ "三大主义式"研究并未实现所谓的"理论综合"，也难以贡献更多新的知识，甚至对各理论范式本身的解读也存在严重简单化和似是而非的问题。对这类研究的批评，详见周方银、王子昌《三大主义式论文可以休矣——论国际关系理论的运用与综合》，《国际政治科学》2009年第1期，第79~98页。

于，这些研究路径其实只解释了"政治变化＝国际政治→政治系统←国内政治"这一政治等式的一部分，即来自政治系统外环境/国际政治层次的压力，一国不得不应对或多或少来自其他国家联合对该国政策的强大支持或反对，而即使这种联合，也并不总是稳定的或者一致的。在政治等式中容易忽略的其他部分在于政治系统内环境/国内政治层次，其构成与反对力量的相对强势不同于外环境/国际政治层次，显然在对内部压力回应方面政府能够采取大量的能源保护和生态友好型政策。尽管渐进的规划比起实践来要容易得多（"说起来容易做起来难"），比如一些难度大的结构调整（如能源定价与补贴）难以处理，不过显而易见的是，比起国际妥协让步来，印度政府的国内行动还是要明朗得多。[①] 印度的气候政治变化因之不妨以双层互动来做进一步分析，表现在如下几个方面。

首先，政府在国际论坛和国际谈判中改变立场的一个重要原因在于其传统立场的支持者渐少，特别是来自发展中国家的支持变少了。显然这是一种系统外环境变化带来的"压力"，若失去大量"支持"则会导致系统"失衡"。鉴于全球气候的恶化（在科学认知上，IPCC 评估报告姑且具有一定可信性）及全球碳空间的萎缩，国际争论中的公平优先性慢慢为减排目标的考虑所替代，而公平的人均排放权一度成为印度最珍视的信条。[②] 在哥本哈根和坎昆气候峰会时，由于美国和附件一发达国家持续向印度等新兴经济体国家施压（强调新兴大国须强制减排），因而批评发达国家对印度等新兴经济体国家的干扰（致使达成气候谈判协议方面收效甚微）一度成为优选策略。然而，当印度政府面对国家的增长繁荣（及不平等的内部碳排放权分配）和快速扩张的碳排放事实时，再为传统立场而声辩则缺乏说服力了。换言之，一味地反对他者也无助于在气候政治中取得新的突破。同时，正如其他新兴经济体已开始行动，比如中国提出自愿减排的承诺，基础四国中的巴西和南非赞同坎昆会议中有法律约束力的协议，而印度和其他新兴经济体国家则遭到来自小岛国家联盟的攻击。一部分非洲国家，甚至近邻（孟加拉国、不丹、马尔代夫和尼泊尔）都纷纷指责印度，使印度因逐渐明显的

---

① Joachim Betz, "India's Turn in Climate Policy: Assessing the Interplay of Domestic and International Policy Change", GIGA Working Papers, No. 190, March 2012, http://papers.ssrn.com/sol3/papers.cfm?abstract_id=2134869, p. 15.

② Arvind Subramanian et al., "India and Climate Change: Some International Dimensions", *Economic and Political Weekly*, No. 44, No. 1, 2009, pp. 43–50.

国际孤立担忧而无法保持其传统立场。

其次，国内政党和主要有影响力的社会团体逐渐意识到气候变化对印度影响的严重性，从而对印度政府施压，希望其能减缓危机。显然，这种国内层次的"需求"，是一种系统内环境压力的输入。环境问题包括气候问题一度不为政党所看重，只是 2009 年在印度国内政党选举中首次被提及。其中，国大党的努力较为微弱，环境和气候问题在其长达 21 页的宣言中只占了半页的篇幅；在印度人民党（Bharatiya Janata Party）的宣言中，环境问题所占的分量略为显著些，在48 页的宣言中占 1.25 页，其中还提到需减少化肥补贴；印度共产党（马克思主义）的宣言也谈到减少温室气体排放、支持可再生能源、提高能源效率等。① 在长期否定或至少淡化全球暖化对本国的影响（甚至对喜马拉雅山脉冰川融化的看法都有争议）之后，政党和社会团体开始承认印度易受到气候变化冲击。干旱和洪涝会对支撑庞大人口生计的农业生产造成严重破坏，喜马拉雅冰川的融化将影响水资源供应、海平面上升、印度滨海地区消失、生态栖息地大面积覆灭。② 农业生产率的下降将首先对农民造成严重冲击，并影响到城市的贫民。根据世界银行的专家预测，相比全球气温零变暖这样的反事实，到 2040 年印度国内贫困率将增加 3% ~4%。③ 出于这样的危机意识，印度国内多数企业受到进步的商业组织/协会如印度工业联合会（the Confederation of Indian Industry）的影响而期望国家实施实际减排行动，它们不赞同印度政府固守僵化的国际气候谈判立场。除了私人企业要求政府更负责的态度外（这多半由印度可再生能源市场发展大有可为的商机意识所驱使），印度还涌现出大量的生态友好型非政府组织，它们反对森林采伐、"土地侵占"（land-grabbing）、破坏生物多样性等，这些绿色倡议得到了司法制度的支持，执行相关环境法规，并严格管控或强制关闭那些可能破坏

---

① Joachim Betz, "India's Turn in Climate Policy: Assessing the Interplay of Domestic and International Policy Change", GIGA Working Papers, No. 190, March 2012, http://papers. ssrn. com/sol3/ papers. cfm? abstract_ id = 2134869, p. 20.

② Noriko Fujiwara and Christian Egenhofer, "Understanding India's Climate Agenda", CEPS Policy Brief, No. 206, Centre for European Policy Studies, Brüssel, 2010, p. 2, http://aei. pitt. edu/ 14549/1/PB206_ India's_ climate_ agenda_ e – version. pdf.

③ Hanan Jacoby et al., "Distributional Implications of Climate Change in India", Policy Research Working Paper, No. 5623, World Bank, 2011, http://papers. ssrn. com/sol3/papers. cfm? abstract _ id = 1803003&.

生态的工厂。① 当然，保守力量依然存在着，如印度工商联盟（the Federation of Indian Chambers of Commerce and Industry，FICCI），反对在国际减排上做任何妥协和让步。

再次，印度政府希望国际社会认可其负责任国家身份。这反映了政治系统的"输出"效应，系统自均衡/政治变化对其外环境主体的反向建构，强调主体间性。印度所谓"大国责任"所在的领域有：美印民用核合作协议、2008 年国际金融危机期间参与并进一步推动 G20、批评联合国安理会的"非代表性"等，这些都反映了其大国政治雄心。当然，国际气候政治方面的"责任"，则意味着首先印度已经是一个主要的排放国，理应承担起更多的减排义务。作为新兴经济体国家，实施减排理应可以凭借自己逐渐强大起来的国力，而不必坐等依赖国际社会的财政支持。然而，我们不难联想到的是，印度在其传统的身份定位上所存留的历史记忆，作为前殖民地国家的印度是大量贫困的发展中国家中的一员。从这一点来讲，印度似乎需要国际社会给予自身较多关照，或者说为全球气候治理做贡献对印度而言须"量力而行"。按照历史发展的客观规律，以及印度重塑自身大国国际形象的战略诉求，其去殖民化后跻身大国俱乐部，可能失去一些原发展中国家阵营的支持，因而在未来气候政治角力中，印度自身的战略选择空间和抗压能力也就难免大打折扣了。

最后，印度气候政治变化还可以解读为双层互动中政治输入/输出的失调。具体而言，印度在哥本哈根大会上提出，到 2020 年将比 2005 年减排 20%～25%。事实上，如果印度保持当前作为新兴国家的发展势头，到 2020 年，印度的温室气体排放总量将增长 1 倍，而到 2035 年将增长 3 倍，照这样来看，即使各生产部门按部就班也可以完成减排 20%～25% 的目标；反过来讲，如果印度的发电效率和交通工具燃料消耗提高到了国际水准、公共交通的覆盖率提高，以及其他积极的措施得以生效的话，那么，印度甚至可实现减排 35%。② 所以说，印度在哥本哈根及之后的气候谈判中承诺更大的目标，且不过度牺牲经济增长也

---

① 参见 Navroz Dubash，"Toward Progressive Indian and Global Climate Politics"，CPR Working Paper，Centre for Policy Research，New Delhi，2009，http：//www. indiaenvironmentportal. org. in/files/climatepolitics. pdf. 2009。

② Joachim Betz，"India's Turn in Climate Policy：Assessing the Interplay of Domestic and International Policy Change"，GIGA Working Papers，No. 190，March 2012，http：//papers. ssrn. com/sol3/papers. cfm？abstract_ id＝2134869，p. 17.

是有可能的。在减排承诺方面似有所保留，一方面可使国家在未来的国际谈判中留有余地，另一方面则在应对国内强大利益集团反对时保持一定的灵活性。

总之，我们很难仅用日趋紧张的能源紧缺、对非稳定的国外能源供应日益严重的依赖、全球暖化对印度的影响来简单解释印度气候政治的变化机制。考察国内政治与国际政治间的双层互动，我们看到印度的气候政治立场由强硬转为某种程度的软化，除非其他新兴大国（尤其是中国）放弃实用主义，以及发达国家不在乎印度所谓的承诺，否则很难想象印度轻易放弃当前有所软化的气候政治战略。不过，可能的倒退似乎还是在某种程度上有所浮现，如前所述，像我们在2011年年底的德班会议前后所见证的那样。然而，就印度的国内能源和气候政策而论，我们必须首先注意到印度在有关减缓气候变化努力的国际会议中的回旋余地小于其国内能源节约、植树造林等计划可能产生的影响。根据双层互动系统，一种可能的解释是，政府想为经济增长保留足够的回旋余地，传统上执行缓慢的政策以应对来自利益集团的潜在阻力。事实上，印度的国际立场仍有些僵化但总体上已经更为灵活，国内正在进行前所未有的政治努力，以求降低生产产品的能源密集度，改进发电和输电的效率，推动可再生能源的供应，以及使农业、大众消费和公共交通更为生态友好等。

四 中国气候政治变化的动因

应对气候变化逐渐成为中国所必须面对的一大难题。考察中国气候政治变化的动因，不妨从中国国情、气候变化影响、国际形象等方面来进行综合分析。

第一，中国国情。中国作为地域辽阔的发展中大国，又是世界上人口最多的国家，气候条件较为复杂，经济发展的起点和水平较低，生态环境也较为脆弱，属于气候变化高度风险国家（表2-2）。改革开放以来经济的快速增长，中国不得不经历经济结构战略性调整、消除贫困、减缓温室气体排放和环境污染等多重国内压力的考验。中国的能源结构依赖煤炭等高消耗、高污染和碳排放量较高的能源，因之处于工业化发展阶段的中国限制温室气体排放的任务也较为艰巨。具体而言，中国大部分地区属于大陆性季风气候，相比同纬度的其他陆地而言季节变化更剧烈，多数地区冬夏两季较为明显，尤其夏季时全国普遍高温。近半个世纪以来，中国的降水分布变化也较为明显，西部和华南地区的降水明显增加，而东北和华北地区的降水量却相对减少，降水的时空分布也非常不均衡，大多集中在汛期。极端气候事件大有增加的趋势，如强降水、干旱、高温天气等。改革开放以来，中国沿海地区的海平面亦有所上升。据预测，未来中国国内的气温变暖趋势有可能进一步加剧，南北地区降水分布将更加不平衡，强降水和极端气候事件发生的概率也可能进一步增大，海平面亦可能进一步上升，而大陆海岸线长达1.8万多公里，因之较容易受到海平面上升所带来的冲击（构成对沿海城市市政排水工程的排水能力、海洋渔业和珍稀物种资源的挑战）。生态环境较为脆弱，水土流失和荒漠化较为严重，森林覆盖率不高，自然湿地面积较少，土壤面临退化和沙化危机，等等。

第二，气候变化影响。中国自1949年新中国成立以来，以对煤炭等燃料的依赖为特征的资源密集型增长战略，在全球气候变化大背景下开始显现出不小的副作用。中国一度经历淡水和灌溉水资源短缺、水污染，以及由森林采伐和土壤侵蚀造成的耕地退化等环境问题。而且，更为严重的问题在于和中国能源消费模式直接相关的空气污染——成千上万的锅炉和燃煤生产工作，对中国的空气质量和居民的身体健康构成了直接威胁，大量燃煤导致的酸雨灾害，也对农作物、森林和渔业带来危害。[1] 气候变化给中国的农业、林业、水资源、自然生态系统、沿海地区等都带来了可能和现实威胁。由于气候变化，中国的农业生存状况可能更加不稳定，这对于农业大国而言无异于雪上加霜，诸如高温天气和降水分布不均、直接或间接导致的气象灾害和虫害加剧，对农业的产量更是造成直接的消极影响。由于气候变化，中国的部分地区冻土面积减少、西北冰川面积缩小并呈加速融化之势，导致生物多样性和生态系统平衡受到严峻挑战。而且，冰川的加速融化，还可能导致以之为主要淡水来源的河流受到影响，使得水资源短缺这一难题进一步加剧。此外，气候变化还会对国内居民的生活环境乃至生命财产安全造成威胁，影响人们的日常生活和社会秩序的安定。

第三，国际形象与国际地位。提升中国的国际形象和国际地位，一直是中国外交的重要目标。一方面，中国外交长期坚持独立自主的和平外交、奉行不结盟

---

[1]　World Bank, "Clear Water, Blue Skies: China's Environment in the New Century", China 2020, 1997, pp. 21 – 22, http://www – wds. worldbank. org/external/default/WDSContentServer/WDSP/IB/1997/09/01/000009265 _ 3980203115520/Rendered/PDF/multi _ page. pdf; Chris P. Nielsen and Michael B. McElroy, "Introduction and overview", in Michael B. McElroy, Chris P. Nielsen and Peter Lydon, eds., *Energizing China: Reconciling Environmental Protection and Economic Growth*, Newton, MA: Harvard University Press, 1998, p. 12.

政策；另一方面，中国外交传统上与广大发展中国家保持团结一致。因而，气候论理也有望扩大中国自身的国际声望、赢得更多发展中国家的支持。而且，中国还可以利用气候变化议题增进与发达国家之间的互动联系。在江忆恩（Alastair Iain Johnston）看来，国际形象对于中国的决策而言至关重要，不论是在多边合作军备控制，还是参与国际环境制度建构上，中国重视负责任大国身份的构建，并对外界的评价尤其批评的反应特别敏感，以避免陷入外交孤立和遭受国际非议，因而这种国际形象关切推动了中国采取更多的国际合作行为。① 中国在全球气候政治参与初期，与发展中国家阵营尽可能保持同一立场，这并不意味着将自身塑造成了气候谈判的"麻烦制造者"，而是作为世界政治舞台的主要力量之一，希望构建一种建设性和负责任大国身份。② 可以说，全球气候政治为中国的大国国际形象建构和身份认同塑造提供了良好的机遇，也带来了一定的挑战；中国的全球气候政治正向参与，很大程度上也出于大国国际形象维系与提升这一战略考虑，从而为崛起与和平发展进一步创造软条件。③ 在气候政治参与进程当中，中国尤其看重负责任大国形象的护持，防止出现气候变化议题领域的"中国威胁论"。④

五 南非气候政治变化的动因

与非洲大陆的其他国家一样，南非面临着气候变化高度风险。据预测未来

---

① Alastair Iain Johnston, "China and International Environmental Institutions: A Decision Rule Analysis", in Michael B. McElroy, Chris P. Nielsen and Peter Lydon, eds., *Energizing China: Reconciling Environmental Protection and Economic Growth*, pp. 559 – 560.

② Yufan Hao, "Environmental Protection in Chinese Foreign Policy", *Journal of Northeast Asian Studies*, Vol. 11, No. 3, 1992, pp. 25 – 46; Robert D. Perlack, Milton Russell and Zhongmin Shen, "Reducing Greenhouse Gas Emissions in China: Institutional, Legal and Cultural Constraints and Opportunities", *Global Environmental Change*, Vol. 3, No. 1, 1993, p. 86; Michel Oksenberg and Elizabeth Economy, "Introduction: China Joins the World", in Elizabeth Economy and Michel Oksenberg, eds., *China Joins the World: Progress and Prospects*, New York: Council on Foreign Relations, 1999, p. 21.

③ 赵斌：《大国国际形象与气候政治参与：一项研究议程》，《天津行政学院学报》2013 年第 4 期，第 55 ~ 56 页。

④ Hyung-Kwon Jeon and Seong-Suk Yoon, "From International Linkages to Internal Divisions in China: The Political Response to Climate Change Negotiations", *Asian Survey*, Vol. 46, No. 6, 2006, pp. 846 – 866.

的三十到五十年内，平均气温将上升1℃~3℃，而降水则可能减少5%~10%，且降水还可能在各地呈不均衡分布，这将对农业造成直接的消极影响，南非70%的农产品为玉米，玉米由于气候变化将可能减产20%；耕地由于气候变化原因，也已经变得贫瘠，且这些土地往往由小农耕种，预计可耕用地将锐减60%。[①] 此外，目前已经存在的饮用水供应困难和土壤荒漠化亦有可能进一步加剧。南非独具特色的生物多样性资源，带动了旅游业的快速增长，但同样因为气候变化而面临危机。比如，对人的健康和安全构成直接威胁的是，（由于气候变化／全球变暖）造成绝大多数疟疾瘟疫的蚊虫物种大有泛滥成灾之势。[②] 不过，尽管南非相比其他国家而言更容易遭受气候变化的严重冲击，然而遗憾的是气候问题似乎一开始并未引起足够的重视，其在大众传媒当中较少得到讨论且即使提及也仅被视作精英问题（elitist issue）。[③] 相反，南非人仍较为关注诸如失业率、艾滋病、犯罪、腐败和能源供应等短期内看来对个人似具有更直接影响的问题。

　　南非气候政治的变化，就其国内政策动因而言，主要与该国的能源状况密切相关。南非的经济属"能源密集型"与"碳密集型"混合体，超过2/3的能源须通过煤炭供应，这在相当长的历史时间内使廉价能源的获取成为可能，并因此而带动了能源密集型产业发展；南非国内93%的供电依赖燃煤发电来实现。[④] 煤炭是南非主要的出口矿产之一，将近80%的温室气体排放来自能源部门，甚至可以肯定，碳密集型采矿业和能源部门还将继续为南非的经济增长和发展提供主

① Jörg Husar, "South Africa in the Climate Change Negotiations: Global Activism and Domestic Veto Players", in Susanne Dröge, ed., *International Climate Policy: Priorities of Key Negotiating Parties*, p. 99.

② 有关气候变化对南非构成消极影响的更多细节，参见 Michel Boko et al., "Africa", in Martin L. Parry et al., *Climate Change 2007: Impacts, Adaptation and Vulnerability, Contribution of Working Group II to the Fourth Assessment Report of the Intergovernmental Panel on Climate Change*, Cambridge: Cambridge University Press, 2007, pp. 433–467。

③ Leslie Masters, "The Road to Copenhagen: Climate Change, Energy and South Africa's Foreign Policy", SAIIA Occasional Paper, No. 47, October 2009, p. 22, http://dspace. cigilibrary. org/jspui/bitstream/123456789/29593/1/SAIIA%20Occasional%20Paper%2047. pdf? 1.

④ Ian H. Rowlands, "South Africa and Global Climate Change", *Journal of Modern African Studies*, Vol. 34, No. 1, 1996, pp. 163–178; Harald Winkler, *Clean Energy, Cooler Climate: Developing Sustainable Energy Solutions for South Africa*, Cape Town: HSRC Press, 2009, p. 27.

要动力，这些产业背后的国内利益团体也仍对国内政治产生较大影响。① 南非的气候政策表现出希望在应对全球气候问题上发挥建设性作用的雄心，但二者之间存有内在矛盾，即南非不得不面对本国的能源需求已越来越趋向于温室气体高排放型。那么，任何气候行动的推进将可能与经济增长之间形成冲突。如此一来，基于对主要能源供应的关注，南非国内也逐步意识到需减少对煤炭的依赖，只是由于煤炭供应和消费团体过于庞大，因之南非也未能采取有效举措进行控制。也就是说，即使采取一些环保措施，也终因可能阻滞国家必要发展而搁置或行动迟缓。但是，燃煤毕竟会对气候变化造成消极影响，而且也对南非的自然环境构成了直接冲击，影响到国内居民的生活质量。于是，为唤起国家气候政治参与的热情，提升大众应对气候变化的公共意识，一些环境非政府组织开始有意识地就此对南非政府施加影响，以推动国家环保和气候政策的转变。

国际层次上，自种族隔离时代结束以来，南非与尼日利亚一同被视作非洲大陆上举足轻重的主要国家。作为发展中国家，南非既属于非附件一国家，又是 G77 以及非洲国家群体中的成员。在非洲联盟（African Union）当中，南非亦再三表明自身有能力使地区争议减小到可控范围内，且南非并不谋求非洲大陆的地区霸权地位。南非还对自身作为发展中国家的谈判立场给予了较高评价，强调其首要的目标是与贫困做斗争并努力加快国家的社会经济发展。鉴于此，南非认为应采取必要的气候环保措施，且这些措施不应附加任何条件，也不能损害国家减贫与寻求社会经济发展等优先性目标的实现。进而，南非与其他发展中国家乃至新兴大国一道，坚持主张发达国家理应承担起气候变化的历史责任，因之减排水准和目标实现的主要压力也应更多由发达国家而不是发展中国家来承受。

第四节　新兴大国在全球气候政治群体化中的身份选择

一　巴西的身份选择

20 世纪 70 年代初期，巴西的环境政策立场与 G77 保持一致，即国际环境谈

① Jörg Husar, "South Africa in the Climate Change Negotiations: Global Activism and Domestic Veto Players", in Susanne Dröge, ed., *International Climate Policy: Priorities of Key Negotiating Parties*, p. 98.

判进展不能以阻碍国内增长为代价，环保不能与经济发展相分离。于是，巴西与 G77 的共同语言亦在于指责发达国家所造成的全球环境恶化，并与 G77 一同捍卫主权（而非自然资源保护优先）。显然，巴西所持的这一较为保守的气候政治立场与坚守 G77 阵营的身份选择，与其当时所处的历史背景相关。巴西与"G77 + 中国"的气候政策立场从一开始就保持很大程度上的一致，即减缓气候变化的责任应由发达国家承担，发展中国家的首要任务仍是消除贫困，且减缓与适应气候变化还需要来自发达国家的资金和技术支持。

1995 年通过的"柏林授权"中，巴西提议增强"G77 + 中国"的基础地位，而发达国家则需要为减排及相关成本承担起主要责任。1998 年的阿根廷布宜诺斯艾利斯会议（COP4），巴西与"G77 + 中国"一道，强烈反对发达国家对发展中国家的强制减排要求，这种争议尽管难以在当时的气候政治谈判议程中达成一致建议，然而巴西等一些发展中国家也逐渐倾向于自愿减排，从而推动全球气候治理的演进。需要指出的是，在气候政治谈判进程中，巴西不仅仅是发展中世界的利益代表者，而且甚至支持美国有关碳减排的弹性时间表（flexible timetables）与目标，从而建构巴西自身之于南北谈判的"平衡者"（balancer）角色，以适应巴西作为新兴大国的全球作用，即实现自身从发展中国家向发达国家的转型。[1]

全球气候政治谈判初始，巴西外交部和科技部将巴西在气候政治中的国家利益定位与其整体外交政策目标保持一致，这在 1996～2001 年的京都谈判时期表现得尤为明显，但有关环境可持续的"全球视野"亦开始显现，为此巴西呼吁发达国家为发展中国家提供减缓气候变化的资金。[2] 显然这一利益诉求和当时的 G77 以及后来的 BASIC（群体内生成的）共有观念之间可能产生共鸣。而且，为了促成京都机制，巴西与其他新兴大国以及欧盟、日本等努力协调以促成可能的协定，并多次在国际场合公开批评美国（尤其是退出京都机制）的单边主义立场。有意思的是，1989 年布什政府还强烈批评巴西的环境

---

[1] Ken Johnson, "Brazil and the Politics of the Climate Change Negotiations", *Journal of Environment & Development*, Vol. 10, No. 2, June 2001, p. 192.

[2] Eduardo Viola, "Brazil in the Politics of Climate Change and Global Governance 1989 - 2003", Centre for Brazilian Studies Working Paper, No. 56, 2004, http：//www. lac. ox. ac. uk/sites/sias/files/documents/Eduardo%2520Viola%252056. pdf.

政策（尤其亚马孙森林采伐可能对气候变化造成的冲击），并在 1992 年联合国里约热内卢峰会上吹嘘美国自身的环保成就。这种情形到 2002 年的约翰内斯堡"里约＋20"会议及京都谈判后期发生逆转——美国成了环境"拖后腿者"（laggard），沦为众矢之的。① 巴西纵然仍无法成为气候政治领导者，但境遇终有所改善。

值得一提的是，发展中国家气候变化资金的主要来源——清洁发展机制（CDM），其实溯源于巴西长期存在的气候争论之一，即碳排放计算须考虑自 19 世纪中期以来的历史累积排放。② 这一观点得到来自 G77 成员国的支持。1997 年，巴西提议建立一种补偿机制即清洁发展基金（Clean Development Fund, CDF），以支持那些未实现工业化的发展中国家（承担减缓温室气体排放）。可以想见，附件一国家明显反对所谓的全球排放历史责任，巴西因之与美国紧密联系，并在构建京都机制的努力中发展出了 CDM。③

对于在森林资源丰富的国家建立"避免滥伐森林"的国际机制，巴西政府一贯持抵制态度，因为这种安排往往为附件一国家的碳信用额或排放权提供了便利。④ 相反，其他拥有丰富森林资源的国家，如美国、加拿大、俄罗斯和澳大利亚，以及巴西的近邻阿根廷、智利、哥伦比亚、哥斯达黎加、墨西哥和秘鲁等国，则希望将"避免滥伐森林纳入 CDM"。⑤ 尽管巴西对待森林采伐的态度自 2006 年以来似有所松动，但其仍在国际气候谈判中反对有关森林碳市场的讨论，

① Norman J. Vig and Michael G. Faure, "Introduction", in Norman J. Vig and Michael G. Faure, ed., *Green Giants? Environmental Policies of the United States and the European Union*, Cambridge, MA: The MIT Press, 2004, p. 1.

② J. Timmons Roberts and Bradley C. Park, *A Climate of Injustice: Global Inequality, North-South Politics, and Climate Policy*, Cambridge, MA: MIT Press, 2007, p. 146.

③ Lars Friberg, "Varieties of Carbon Governance: The Clean Development Mechanism in Brazil-a Success Story Challenged", *The Journal of Environment and Development*, Vol. 18, No. 4, 2009, p. 398.

④ Martin Person and Christian Azar, "Brazil beyond Kyoto: Prospects and Problems in Handling Tropical Deforestation in a Second Commitment Period", Report Prepared for the Swedish Environmental Protection Agency, Stockholm, Sweden, March 2004, Part iii; Leo Peskett, D. Brown and Cecilia Luttrell, "Can Payments for Avoided Deforestation to Tackle Climate Change also Benefit the Poor?" *Forestry Briefing 12*, London: Overseas Development Institute, November 2006.

⑤ Marco A. Vieira, "Brazilian Foreign Policy in the Context of Global Climate Norms", *Foreign Policy Analysis*, Vol. 9, No. 4, 2013, p. 375.

这种"僵化"立场一直延续到了 2009 年哥本哈根大会时期。① 2009 年,巴西终于顶住了来自外交和科技等部门的压力,决定根据国际气候治理惯例和京都机制考虑自身的自愿减排,并承诺减排 36% ~ 39%(以 2005 年为基准年)。当然,这种非约束性指标并不同于欧盟、日本、韩国、瑞士和挪威等国的承诺。在随后的坎昆、德班、多哈会议上,巴西的气候政治立场保持了连续性,即始终将 BASIC 联盟视作自身份定位的优先考虑,巴西的主要目标在于确保 2012 年后京都机制的延续,即到 2020 年仍由附件一国家实施减排义务。例如,在 2011 年的南非德班会议上,巴西意在弥合主要博弈方之间的分歧,拉近欧盟和 BASIC 成员国之间的距离,希望自群体内的中国、印度及发达国家阵营中的美国的气候政策更具弹性。② 2012 年的多哈会议尽管收效甚微,但巴西仍坚持这种积极的立场。2013 年,波兰华沙气候大会,"巴西方案"③ 得到 "G77 + 中国" 的广泛采纳,使巴西的气候政治在国际层次进程上得以更进一步。④

二 俄罗斯的身份选择

自 1992 年 UNFCCC 通过并于 1994 年生效以来,俄罗斯一直将其身份定位为工业化国家,担心强有力的国际参与将会冲击其能源出口。⑤ 俄罗斯对气候变化谈判态度的转变最早可追溯至 1997 年,它将排放贸易视为重回国际气候谈判并

① Kathryn Hochsteller and Eduardo Viola, "Brazil and the Multiscalar Politics of Climate Change", Paper Presented at the 2011 Colorado Conference on Earth Systems Governance, Fort Collins, Colorado: Colorado State University, May 17 – 20, 2011, p. 12.

② Eduardo Viola, "Brazilian Climate Policy since 2005: Continuity, Change and Prospective", CEPS Working Document, No. 373, February 2013, p. 6.

③ 巴西方案,即以 IPCC 报告所谓历史排放责任为基准(reference methodology on historical responsibilities by the IPCC),国家减排目标根据历史责任、国家能力和内部情况等制定。其中,最重要的是要与国家的历史责任相一致,通过 IPCC 开发的一个考量历史排放责任(从 1985 年以来)的方法,指导各国内部的目标咨询、讨论和确定。参见李莉娜、杨富强《华沙气候谈判:〈德班平台〉谈判的四个建议方案》,环境生态网,2013 年 11 月 24 日,http://www.eedu.org.cn/news/envir/overseasnews/201311/89181.html。

④ SBSTA, "G77 and China 'Adopts' Brazilian Proposal on Need for Methodology for Historical Responsibility", 2013 – 11 – 14, http://www.twnside.org.sg/title2/climate/news/warsaw01/TWN_update7.pdf.

⑤ Anna Korpoo et al., eds., *Russia and the Kyoto Protocol: Opportunities and Challenges*, London: The Royal Institute for International Affairs, 2006, p. 7.

帮助其走出经济低迷的重要途径。俄自苏联解体以来碳排放的相对下降，也使其在达成碳排放额的气候协议上具有不小的谈判资本。[1] 出于外交战略和国际形象等多重考虑，比如考虑到以欧盟准许俄罗斯加入 WTO 为交换条件和与其他金砖国家（中国、印度和巴西）横向对比的国际压力等，俄罗斯于 2004 年批准《京都议定书》，从而极大地削弱了其所在的伞形国家群体，俄作为 UNFCCC 框架中的一个行为体，其角色相比 1994 年更显得至关重要（有望重塑全球气候政治多边互动框架）。[2] 同时，也正是由于俄自身丰富的自然资源禀赋，以及在碳排放额度交易等方面的优势，俄罗斯这个气候变化的"部分受益者"（气候变化脆弱性在金砖国家中属于中度风险，远不如其余四国脆弱，见表 2 - 2）还主张发展中国家承担减排义务，其在这方面的强势主张相比欧盟有过之而无不及。2005年，即俄罗斯批准《京都议定书》的次年，俄就提出公开讨论发展中国家自愿减排承诺的问题，引起广泛争议，该主张在 2007 年的巴厘岛会议中遭到 "G77+中国"的强烈反对。而且，俄罗斯领导人还多次抱怨京都机制未能将俄森林资源保护及其已有的碳汇能力考虑在内，相反，那些曾经毁林的发展中国家通过再植树造林而得到的待遇却更好。[3] 于是，2009 年哥本哈根会议召开之前，俄总理普京就表示俄罗斯对气候变化谈判协议的参与和支持取决于其他主要工业化国家须作出相应的承诺并能提出量化的减排目标，而且，还要将俄罗斯广阔森林具

---

[1] D. Dudek et al. , "Economics of the Kyoto Protocol for Russia", *Climate Policy*, Vol. 4, No. 2, 2004, p. 132.

[2] Michael Grubb, "Kyoto and the Future of International Climate Change Responses: From Here to Where?", *International Review for Environmental Strategies*, Vol. 5, No. 1, 2004, pp. 1 - 24; Barbara Buchner and Silvia Dall'Olio, "Russia and the Kyoto Protocol: The Long Road to Ratification", *Transition Studies Review*, Vol. 12, No. 2, 2005, pp. 349 - 382; Anders Aslund, "Kyoto Could Be Russia's Ticket to Europe: WTO negotiations", *The International Herald Tribune*, 6 April, 2006; Laura A. Henry and Lisa McIntosh Sundstrom, "Russia and the Kyoto Protocol: Seeking an Alignment of Interests and Image", *Global Environmental Politics*, Vol. 7, No. 4, 2007, pp. 47 - 66; 赵斌:《大国国际形象与气候政治参与: 一项研究议程》,《天津行政学院学报》2013 年第 4 期, 第 55 页。

[3] Stavros Afionis and Ioannis Chatzopoulos, "Russia's Role in UNFCCC Negotiations since the Exit of the United States in 2001", *International Environmental Agreements: Politics, Law and Economics*, Vol. 10, No. 1, 2010, pp. 45 - 53; Elena Lioubimtseva, "Russia's Role in the Post - 2012 Climate Change Policy: Key Contradictions and Uncertainties", *Forum on Public Policy: The Journal of the Oxford Round Table*, Vol. 10, No. 3, 2010, p. 9.

有巨大的碳吸收力这一因素考虑在内。[1]

2009 年哥本哈根大会时期，俄罗斯政府承诺到 2020 年实现减排 25%（以 1990 年为基准年），而当后来谈判失败则将承诺降低为减排 10%～15%。[2] 随后的 2010 年坎昆会议、2011 年德班会议以及 2012 年的多哈会议上，俄罗斯更是拒绝在京都机制第二承诺期承担任何量化减排义务，并且将批评的矛头直指中美等主要温室气体排放者，声称国际气候变化机制的建构需要"全面的、整合的"协定，"以涵盖所有国家，包括发达国家和发展中国家，特别是主要温室气体排放者"。[3] 需要指出的是，俄罗斯官方仍支持主要发展中国家的需求，即反映一国特定的经济实际，为之提供相应的资金和技术支持。这一点与其他金砖国家/基础四国的利益关切不谋而合，俄罗斯也不希望气候机制具有强制约束力，而主张激励相关国家的减缓或适应政策。换言之，俄罗斯比较欢迎一个富有弹性的气候政治机制或制度，使得全球气候政治的各个参与者都能在履约时进行相应的灵活调整（如自身的承诺等），而不是当前广为熟知且生硬死板的"法律约束力"（legally binding）。[4]

三 印度的身份选择

在五个新兴大国中，印度的气候变化脆弱性居首，这意味着有效的国际气候协议与该国利益存在紧密相关性。不过，即使面临气候变化的"极度风险"（表

---

[1] 赵斌：《大国国际形象与气候政治参与：一项研究议程》，《天津行政学院学报》2013 年第 4 期，第 55 页。

[2] "Russia Sets Conditions for Considering Emission Cut", RIA Novosti, December 10, 2009, http://en. rian. ru/Environment/20091210/157188874. html; "Medvedev Calls for Green Overhaul of Russian Economy", RIA Novosti, February 18, 2010, http://en. rian. ru/Environment/20100218/157930576. html.

[3] Alexander Bedritskiy, "Statement of the Advisor to the President of the Russian Federation", Special Representative of the President of the Russian Federation on Climate Change, Doha, December 2012, http://unfccc. int/resource/docs/cop18_ cmp8_ hl_ statements/Statement% 20by% 20Russia% 20 (COP% 20). pdf.

[4] Anna Korppoo, "Russia and the Post – 2012 Climate Regime: Foreign Rather than Environmental Policy", UPI Briefing Paper 23, The Finnish Institute of International Affairs, November 24, 2008, www. fiia. fi/fi/publication/61/russia_ and_ the_ post – 2012_ climate_ regime; Nina Tynkkynen and Pami Aalto, "Environmental Sustainability of Russia's Energy Policies", in Pami Aalto, ed., *Russia's Energy Policies: National, Interregional and Global Levels*, Northampton (USA): Edward Elgar Publishing, 2012, p. 112.

2-2)，印度在全球气候政治进程中仍长期坚持其所谓传统意识和多边立场。

印度气候政治立场的首次转变体现在 2007 年德国的世界经济论坛中。在这次论坛上，印度总理曼莫汉·辛格宣称，印度的人均排放量不会超过其他工业化国家，该声明在次年的《气候变化国家行动计划》（NAPCC）中得到了重申。印度也在其传统的多边舞台上频繁讨论气候变化问题，如在 G77、G20 峰会等积极讨论气候与能源合作。2009 年 7 月，印度参加在意大利拉奎拉举行的"主要经济体能源与气候变化论坛"（该论坛在美国政府倡议下，由 17 个主要发达国家和发展中国家组成），并认同应当限制引起气候变化的人为因素。尽管此次论坛的表态比较模糊，未涉及任何具体目标，但印度气候政治的传统僵化立场开始松动。

在 2009 年 12 月的哥本哈根大会上，印度环境部部长贾伊拉姆·拉梅什宣布到 2020 年实现减排 20%～25%（以 2005 年为基准年）。此次会议形成了 BASIC 群体，印度对该群体的身份选择契合其整体外交政策目标，即增强国际地位、增进与美国之间的互信和改善中印关系等。具体而言，印度认为气候变化是为数不多的能拉近中印关系的议题之一，中国和印度将因此而改善双边关系；相信 BASIC 群体已经成为气候变化谈判中的一股强劲力量，印度完全有理由尽力推动这一四国集体的形成；四国间的联合是工具性的，彼此相互借助与利用，是为实现巴厘岛路线图和京都机制的有关安排而协调一致，并不妨碍印度与美国的接触，且《哥本哈根协议》将仍搁置新兴大国的强制减排问题。[1]

当然，由于印度对曾经的殖民地国家身份记忆犹新，G77 对印度而言仍是重要的国际身份基础，同时印度也担心其站队选择（BASIC）会陷入尴尬的双重困局：在 BASIC 和 BRICS 前景不明确的同时，又被原有发展中国家阵营孤立。例如，2009 年，拉梅什建议印度脱离 G77 并偏离京都机制的做法招致了广泛批评，国内反对派（印度人民党）和发展中国家盟友甚至警告印度将可能为发达国家的历史责任买单。[2] 2010 年的坎昆会议上，印度延续着这种纠结的路

---

[1] "Suo Moto Statement of Shri Jairam Ramesh, Minister of State (Independent Charge) Environment and Forests in Rajya Sabha on 22nd December, 2009", http://moef. nic. in/downloads/public - information/COP%2015_ meet. pdf.

[2] Namrata Patodia Rastogi, "Winds of Change: India's Emerging Climate Strategy", *The International Spectator*, Vol. 46, No. 2, June 2011, p. 135.

径选择——既主张某种法律形式上有约束力的减排承诺（这在很大程度上倒是符合发达国家的意愿），又表示现阶段印度不会接受强制减排。这种"灵活"立场一度为印度的气候外交赢得了国际赞誉，"印度成了拉近美国和基础四国间关系的重要谈判号召者"。[①] 2011 年德班会议和 2012 年多哈会议上，印度依托 BASIC 的气候政治参与，使自身气候政治实践得以延续，重申非强制减排及有关后京都机制安排的立场，与中国、巴西、南非等国协调一致，使 BASIC 成为发展中国家阵营参与全球气候政治进程的典型代表者。值得一提的是，由于印度自身的气候变化脆弱性极高，且跻身于 BASIC 这样的大国俱乐部，其原有的气候外交战略选择空间反而可能缩小，如 G77、小岛国家联盟（AOSIS）以及一些近邻国家（包括不丹、尼泊尔和马尔代夫）都对印度的气候政治实践进行攻击和指责，使印度惶恐于国际孤立。尽管印度在气候政治实践中以 G77 和 BASIC 间的桥梁架构者自居，然而，其在立场和身份选择的优先次序上还是偏向于后者；尽管贫困和发展问题在国内仍是普遍现象，印度代表团似乎不再将本国定位为贫穷的发展中国家，这在有关气候变化适应资金方面的讨论中也再次被印代表团强调。[②]

四　中国的身份选择

中国作为世界上人口最多的国家、新兴经济体（2010 年中国跃升为世界第二大经济体）之一，以及温室气体的主要排放国之一，其应对气候变化的行动和身份选择必然引人注目。[③] 如前所述，中国长期坚持"G77 + 中国"机制，认同应对气候变化必须首先由发达国家采取实质行动。然而，由于气候变化问题对

① Jayanta Basu, "Cautious Support for Jairam Tightrope Act", The Telegraph, December 7, 2010, http：//www. telegraphindia. com/1101208/jsp/nation/story_ 13273144. jsp.

② Katharina Michaelowa and Axel Michaelowa, "India as an Emerging Power in International Climate Negotiations：From Traditional Nay-Sayer to Dynamic Broker", *Climate Policy*, Vol. 12, No. 5, 2012, pp. 575 – 590.

③ David Prosser, "China Overtakes Japan as World's Second-largest Economic Power", Business News for The Independent, August 17, 2010, http：//www. independent. co. uk/news/business/news/china – overtakes – japan – as – worlds – secondlargest – economic – power – 2054412. html；Louise Murray, "China, World's Biggest GHG Emitter Introduces More Pollution Controls", Earth Times, January 19, 2011, http：//www. earthtimes. org/pollution/china – worlds – biggest – greenhouse – gas – emitter – introduces – pollution – controls/227/.

中国国家利益、国家主权、国家安全与国际形象的影响不断加剧，考虑到减缓成本、生态脆弱性和公平原则等因素，中国参与全球气候政治的立场也逐渐变得主动和积极。[①] 因此，中国的气候政治认知由单维"环境定性"逐渐转向多维，其全球气候政治参与立场也经历了三大变化阶段，即"被动却积极参与"（1990 ~ 1994 年）、"谨慎保守参与"（1995 ~ 2001 年）和"活跃开放参与"（2002 年至今）。[②]

这里我们较为关注的是 2009 年前后，中国在身份选择上最终与印度、巴西和南非形成了 BASIC 群体，原有的"G77 + 中国"相应松动和弱化。谈判初始，中国的身份定位仍坚持传统角色，即在国际气候谈判中为广大发展中国家寻求利益共识，尤其主张将"共同但有区别的责任"原则中的"区别责任"，应照顾到"作为整体的发展中国家"。[③] 关于具体的议程，中国较为重视技术转移，指出发达国家应增加向发展中国家转移应对气候变化所需要的技术支持，以促成相关国际合作机制的形成。技术转移也是中国向低碳经济转型的重要驱动，获取先进技术不仅有利于中国降低其经济的能源依赖与碳强度，而且有助于发展绿色技术，以推动低水平生产向高科技高附加值产品生产的转变。在气候变化适应方面，关于扩大发达国家资金援助的要求，中国与 G77 诉求一致并成为这些议程的领导者，这在哥本哈根大会上表现得尤为明显。然而，哥本哈根峰会也反映出中国与 G77 间的裂痕，以小岛国家联盟为代表的发展中国家指责中国作为温室气体排放大国，理应更多地承担全球气候治理责任，并建议 UNFCCC 各缔约方实行有法律约束力的强制减排，这对中国（和印度）构成直接挑战。中国日益增强的

① Zhang Zhihong, "The Forces behind China's Climate Change Policy: Interests, Sovereignty, and Prestige", in Paul G. Harris, ed., *Global Warming and East Asia: The Domestic and International Politics of Climate Change*, London: Routledge, 2003, p. 66; 张海滨:《中国在国际气候变化谈判中的立场：连续性与变化及其原因探析》，《世界经济与政治》2006 年第 10 期，第 38 ~ 43 页；张海滨:《中国与国际气候变化谈判》，《国际政治研究》2007 年第 1 期，第 26 ~ 34 页；张海滨:《气候变化与中国国家安全》，《国际政治研究》2009 年第 4 期，第 21 ~ 38 页。

② 严双伍、肖兰兰:《中国参与国际气候谈判的立场演变》，《当代亚太》2010 年第 1 期，第 81 ~ 86 页。

③ Joanna I. Lewis, "China's Strategic Priorities in International Climate Change Negotiations", *The Washington Quarterly*, Vol. 31, No. 1, 2007, pp. 155 – 174; Wang Bo, "Understanding China's Climate Change Policy: From Both International and Domestic Perspectives", *American Journal of Chinese Studies*, Vol. 16, No. 2, 2009.

国际地位和温室气体高排放量，使得不少发展中国家在气候政治议题上视中国为“眼中钉”，同时 BASIC 以哥本哈根大会为契机，使巴西、南非、印度和中国从原 G77 中脱颖而出。① 因此，哥本哈根大会成为中国角色身份迷思的分水岭。为避免气候谈判走向完败，同时又纠结于传统气候政治立场（发展中国家阵营的联合一致与团结），中国的路径选择逐步偏向于基础四国平台。② 大会达成的不具有法律约束力的《哥本哈根协议》遭到各方质疑（尤其反映了发展中国家群体如“G77 + 中国”的分化），但由于路径依赖，此后的坎昆、德班、多哈和华沙进程，中国以 BASIC 身份为主导的国际气候政治参与和相关努力仍然延续。

五 南非的身份选择

南非是 G77 的重要成员国之一，2009 年成为 BASIC 的一员，2010 年加入 BRICs（BRICs 由此改写为 BRICS）。巴西、俄罗斯、印度、中国和南非这五国横跨拉美、欧洲、亚洲和非洲，原金砖四国扩容为金砖五国，地缘政治局势得到极大改观。③

南非作为非洲大陆上的发展中大国，长期归属于非洲国家群体和“G77 + 中国”。在非洲国家群体（African Group）中，南非努力协调自身立场与该群体一致，并希望本国成为以实现“非洲复兴”（African Renaissance）为己任的杰出典范，从而提升整个非洲大陆在国际舞台中的话语权；在“G77 + 中国”当中，南非也基本认同须尽量避免向新兴经济体施加（应对气候变化的）强制目标承诺。④ 南非的经济总量居非洲大陆首位，但仍有较高的失业率及相当一部分的贫

① 参见庄贵阳《哥本哈根气候博弈与中国角色的再认识》，《外交评论》2009 年第 6 期，第 13 ~ 21 页。

② Björn Conrad，"China in Copenhagen：Reconciling the 'Beijing Climate Revolution' and the 'Copenhagen Climate Obstinacy'"，*The China Quarterly*，No. 210，2012，pp. 453 – 455.

③ Daniel Abreu Mejia，"The Evolution of the Climate Change Regime：Beyond a North-South Divide？"，International Catalan Institute for Peace，Working Paper No. 6，2010，p. 7；Jack A. Smith，"BRIC Becomes BRICS：Changes on the Geopolitical Chessboard"，*Foreign Policy Journal*，January 21，2011，http：//www. foreignpolicyjournal. com/2011/01/21/bric – becomes – brics – changes – on – the – geopolitical – chessboard/.

④ 参见 Peter J. Schraeder，"South Africa's Foreign Policy：From International Pariah to Leader of the African Renaissance"，*The Round Table*：*The Commonwealth Journal of International Affairs*，Vol. 90，No. 359，2001，pp. 229 – 243；Sjur Kasa *et al.*，"The Group of 77 in the International Climate Negotiations：Recent Developments and Future Directions"，Working Paper，pp. 113 – 127。

困人口。① 主要依靠农业、采矿和制造业在非洲获得比较优势。同时，其参与全球气候政治面临许多国内政治因素限制，主要包括：对于气候变化本身缺乏公众意识和教育；虽然一些公民社会组织也探讨气候政策，但仍局限于提升和强化"贫困/发展和气候议程"之间的联系；媒体对气候问题鲜有报道，所关注的仍是气候科学家及其与气候变化怀疑论者间的争议。② 因此，南非国内对减缓气候变化政策持反对态度，因为减缓行动可能会冲击其国内采矿业和化石燃料经济，特别是能源密集型产业。然而，南非的这种发展中国家和新兴经济体双重身份，影响其对外关系和全球气候政治参与。全球道义、自身与地区经济发展需求、参与"权力结构转移"等规范，催生南非（作为非洲大陆特殊大国）的"结构压力、责任和义务"，使其在全球气候政治互动中经常扮演"搭桥者"角色，推动 G77 群体内部乃至工业化国家与发展中国家间的合作。③

在全球气候政治进程中，非洲大陆其他国家往往仰仗南非的代表性和话语权。然而，2009 年南非加入 BASIC，并在哥本哈根大会及后来的全球气候政治博弈中与中印巴等国联合的基础四国实践，对传统的非洲国家群体身份形成冲击；尤其是 2010 年南非终于加入了其"梦寐以求"的 BRICs，为金砖国家打开了"通往非洲之门"，南非的"基础四国"和"金砖国家"身份选择一度被非洲同胞视为"背叛"。④ 比如，在哥本哈根大会期间，南非与巴西、印度、中国联合形成 BASIC，共同参与并和美国达成了《哥本哈根协议》，这在南非与 BASIC 中其他三国看来，似乎为推动 G77 群体的气候行动而起先导作用，然而事实上

① "Human Development Indices", http: //hdr. undp. org/en/media/HDI_ 2008_ EN_ Tables. pdf; "Sad South Africa", The Economist, Oct 20, 2012, http: //www. economist. com/news/leaders/21564846 – south – africa – sliding – downhill – while – much – rest – continent – clawing – its – way – up.

② Karl Hallding et al. , Together Alone: BASIC Countries and the Climate Change Conundrum, p. 50.

③ Tseliso Thipanyane, "South Africa's Foreign Policy under the Zuma Government", AISA Policy Brief, No. 64, December 2011, http: //www. ai. org. za/wp – content/uploads/downloads/2011/12/No. – 64. South – Africa% E2% 80% 99s – Foreign – Policy – under – the – Zuma – Government – 1. pdf.

④ Sheila Kiratu, "South Africa's Energy Security in the Context of Climate Change Mitigation", Series on Trade and Energy Security-Policy Report, No. 4, 2010, pp. 5 – 6, http: //www. iisd. org/tkn/pdf/south_ africa_ energy_ climate. pdf; Servaas Van den Bosch, "Development: African LDCs Won't Benefit Much from BRICS Arrival", IPS Journalism and Communication for Global Change, Jan 31, 2011, http: //www. ipsnews. net/2011/01/development – african – ldcs – wonrsquot – benefit – much – from – brics – arrival/.

却招来 G77 的批评——质疑《哥本哈根协议》，并拒绝参加接下来的 BASIC 例会。同时，一些非洲国家也批评《哥本哈根协议》是极其令人失望和不满的，如苏丹的发言人尖锐指出，该协议对非洲而言无异于"自杀协议"（suicide pact）。① 南非为非洲国家而代言的国际气候政策立场亦因之受到冲击。不过，有关南非加入 BASIC 群体并与美国进行气候谈判互动，也存在乐观的看法，比如一些分析家认为南非的确扮演了"南北国家间的调停者"（mediator between North and South）角色；从南非外交政策的角度来看，加入 BASIC 群体是一项重要成就，因为南非较为担心自身在日益增多的全球对话和互动中处于边缘化地位，尤其 BRICs（南非加入以前）群体的存在更强化了这种紧迫感，而加入 BASIC 则正好再一次地将南非的国际地位关切提上议程。② 为更好地融入国际社会并提升自身所期待的国际地位，南非需要在 BASIC/BRICs 群体身份选择及自身与群体身份契合方面，付出更多努力。

同时，加入 BASIC 固然与南非自身地缘战略考量紧密相关，其中包含了自 2003 年与印度和巴西组成的 IBSA 论坛（政治磋商与经贸能源合作等）再到 BRICS，但与其他四个新兴大国比起来，南非的综合实力相对要弱得多。而且，有意思的是，南非争取加入金砖国家群体时，还面临诸如土耳其、墨西哥和韩国等的竞争，这些国家的 GDP 甚至都高于南非，所幸南非倚仗 BASIC 成员身份和 IBSA 论坛以寻求良机，且身兼非洲地区主导大国优势，才得以最终胜出。③ 不过，具体到气候变化议题领域，南非的经济总量、人口和碳排放额等都低于 BASIC 中的其他三国，但南非的人均排放量较高。因此，对南非而言，在全球气候政治协商中如何界定"公正"与责任分担（burden sharing）是颇为敏感而特殊的难题。至于南非对 BASIC 和 BRICS 的身份选择，很大程度上源自这两个群体本身具有的国际认可度和广泛影响力，而南非原有的"发展中国家身份"已难以满足其自身的发展需求，如在吸引外资、展示逐渐强大而稳定的经济实力等

---

① Richard Black，"Copenhagen Summit Battles to Save Climate Deal"，2009 - 12 - 19，http：// news. bbc. co. uk/2/hi/sci/tech/8422031. stm.

② Jörg Husar，"South Africa in the Climate Change Negotiations：Global Activism and Domestic Veto Players"，in Susanne Dröge，ed.，*International Climate Policy：Priorities of Key Negotiating Parties*，pp. 105 - 106.

③ Leonard Gentle，"BASICs，BRICs and PIGS：New Acronyms and the New World Order"，2010 - 05 - 12，http：//sacsis. org. za/site/article/479. 1.

方面，深入开展与主要新兴经济体的合作更有助于向外界传达一种"新"的信号，即南非正处于新的大国俱乐部之中。①

小　结

由新兴大国气候政治变化的个案比较，我们不难发现，代表发展中国家的气候政治群体，其主要力量和关注焦点已由"G77＋中国"机制转移到了 BASIC，主要新兴大国在全球气候政治中的身份选择，其群体化亦趋向于 BASIC。这种变化，从谨慎的态度来看，不能不说是发展中国家群体内部的某种分化，未来的国际气候政治博弈亦因之有可能更加复杂和充满不确定性。

通过巴西、印度、中国、南非这四国的个案分析，可见新兴大国在有关气候政治的复合相互依赖议题领域，难免遭遇国际与国内层次"需求"和"支持"的双重压力。国际方面，主要有来自国际非政府环保组织和发达国家群体的施压，以及发展中国家阵营的质疑——同属发展中国家但现已跃升为新兴大国，如中国和印度似理应"反思"自身的发展代价和全球责任，或至少与其他发展中国家在应对全球气候变化方面的立场相协调；国内方面，则有来自社会转型、经济发展，以及政党、利益集团和主要社会团体等的压力。这些压力，致力于解决发展问题（如中国的和平发展、印度的崛起、巴西的经济增长、南非的减贫等问题）的四国都发生一定程度的气候政治变化，参与国际气候建制的步伐也逐渐走向积极主动。气候政治变化的系统"输出"效应在于新兴大国对于国际、国内两个层次的回应上，以求在国际上获取崛起大国合法性认同或建构负责任大国身份，在国内则进一步夯实政治与社会稳定基础。当然，对这种气候政治变化的"动态"理解，则仍需要回到"再造/强化新兴大国身份"上进行一点余论，并为本书下一章节进一步分析"新兴大国气候政治群体化的外部条件"而做简要铺陈。

此外，现实中引起人们较多关注的，往往还在乎反馈（包括正反馈和负反馈）为身份再造过程提供了动力。如本章所述中国和印度的案例，我们大致了解到：政治系统置身的（国际/国内）环境亦会对该系统政治变化进行反馈（比如说，"识时务者为俊杰"即为一种形象的正反馈）。换言之，即对政治系统的

---

① Karl Hallding *et al.*, *Together Alone: BASIC Countries and the Climate Change Conundrum*, p. 55.

政治变化予以"奖惩"评估，而新一轮的新兴大国气候政治双层互动正是在这种反馈中获得了势能，从而维持整个政治系统生活的动态运行。只不过，我们在下文中还将看到，这种通过气候政治变化而进行的自身份认同反射评价并不总是能积聚到正能量（positive energy），比如说新兴大国参与全球气候治理，其伦理价值和道德意义仍可能遭受发达国家甚至发展中国家群体的"质疑"。因而，以系统"输入"和"输出"效应的非对称性而论，我们可能不难发现这种气候政治变化运行中难以避免的"投入产出失衡"，这大致可以解释政治系统的气候政治之渐进变化何以缓慢而艰难。如此一来，新兴大国在全球气候政治中的身份选择与趋于群体化，通过"政治变化→利益→新兴大国身份"的反馈链式联系得以再造（如图3-2曲线所示逻辑）。具体而言，来自群体外如发达国家和其他发展中国家的攻击或质疑，可以称得上一种负反馈，它一定程度上降低了中国和印度等新兴大国积极推动气候政治变化和参与全球气候治理的热度，但也促使这些新兴大国能够及时调整和修正自身的气候谈判立场，使自身的气候政治生态更具柔性，从而为下一轮国际气候建制的努力创造条件。

第四章
新兴大国气候政治群体化的
外部机制分析

　　全球气候政治，围绕其核心议题展开的行为主体（尤其国家）间的互动，实质往往涉及应对气候变化之责任分摊。如本书第二章进程分析部分所述，全球气候政治进程中从一开始即分离出了应对气候变化之两大群体角色，即发达国家和发展中国家。然而，一些发达国家认为，这种简单的二分法不能准确描述现实，更不能适应气候变化风险的挑战。于是，它们将批评的矛头指向了崛起中的新兴大国，并对这些新兴大国的气候治理责任提出要求。也就是说，发达国家将新兴大国视作一个整体来看待和对待，也从外部条件上催生了新兴大国群体化。同样，正如我们在本书第二章进程分析及第三章个案比较中所看到的，发展中国家群体内部亦对新兴大国之快速增长及崛起进程的认知存在差异，甚至也如发达国家一般，对这些其实同属于发展中国家自群体的新兴国家报以"羡慕嫉妒恨"[①] 式消极态度——认为由于新兴大国在发展中国家当中显得"超群绝伦"，作为温室气体排放大国之中印等理应承担起强制减排等责任，即新兴大国不适宜继续享有"共同但有区别的责任"原则。来自共同他者的压力，使巴西、南非、印度和中国终于在 2009 年走在一起。

---

① "羡慕嫉妒恨"，该词出自 2009 年的中国网络流行语，用它来表达"共同他者"对于新兴大国群体化崛起的复杂情感/认知，可谓惟妙惟肖。从学术分析来考证，该词最早应起源于中国哲学家赵汀阳的论述："现代人在还没有得到欢乐时就只有羡慕、嫉妒和恨，然后又在欢乐中失去意义。"参见赵汀阳《没有世界观的世界》，中国人民大学出版社，2003，第 209 页。巧合的是，由 2009 年哥本哈根大会领衔的气候年，BASIC 的突现，也似乎成了新兴大国对于这种群体身份形成之外部反馈的一种联合回应。

就身份的构成而言，"我们是谁"和"他者如何看待我们"，都是难以回避的问题。[①] 因此，分析新兴大国气候政治群体化的外部条件，须至少考虑双重压力，即来自发达国家和新兴大国以外的发展中国家之压力，以及这些国家群体分别与新兴大国（尤其基础四国）之间的互动。从而，将全球气候政治系统中的参与国家群体由两个分离为三个，即发达国家、发展中国家和新兴大国，如此一来，对于全球气候的制度结构与动态变迁本身而言，也具有一定的理论启迪。当然，新兴大国如印度，亦可能对群体化的"三足鼎立"走向持强烈抵制态度。[②]

第一节　伞形国家与新兴大国的气候政治互动：权力之争

一　伞形国家气候政治概况

伞形国家这一群体名称因其所包含的国家所在地理位置如伞状而得名，主要有美国、加拿大、日本、澳大利亚和俄罗斯等。除了前文已经论及的俄罗斯以外，有必要简要概述伞形国家的气候政治变化及立场，从而有助于全面了解伞形国家与基础四国之间的博弈焦点所在。因此，我们首先回顾美国、加拿大、日本、澳大利亚的气候政治概况。

（一）美国[③]

早在 20 世纪 70 年代，环境问题关切悄然兴起于美国国内。或许"美国人比其他国家的国民消耗了更多资源，又排放了更多的污染和废弃物。同时由于美国是在经济与政治上的强大国家，那么让其参与全球环境保护则是理所当然的"。[④]

---

① Juliet Kaarbo, "Foreign Policy Analysis in the Twenty-First Century: Back to Comparison, Forward to Identity and Ideas", *International Studies Review*, Vol. 5, No. 2, 2003, p. 159.

② 诚如本书第三章的印度个案所详细讨论的，印度比较倾向于既维持新兴大国自群体如基础四国的主导性，又不愿自身因此而被原有的发展中国家阵营孤立。另参见 Shangrila Joshi, "Understanding India's Representation of North-South Climate Politics", *Global Environmental Politics*, Vol. 13, No. 2, 2013, pp. 128–147; 赵斌《印度气候政治的变化机制——基于双层互动的系统分析》,《南亚研究》2013 年第 1 期，第 75~76 页。

③ 有关美国气候政治进程及特征分析，详见严双伍、赵斌《美欧气候政治的分歧与合作》,《国际论坛》2013 年第 3 期，第 6~7 页。

④ Gary C. Bryner, *From Promises to Performance: Achieving Global Environment Goals*, New York: W. W. Norton & Co, 1997, p. 9.

对环境政治的认知，一定程度上推动了美国公共环境意识的觉醒，以及 1970 年 4 月 22 日首个国际"地球日"所带来的环境主义影响，迫使当时的尼克松政府成立了国家环境保护署（EPA），从行动上为此后美国参与国际气候政治创造了发展条件。

美国的气候政治参与进程，到里根政府时期，则较为消极，受制于冷战两极美攻苏守之国际政治大势，诸如气候变化这样的全球环境问题因还未上升至"高级政治"议题范畴，为当时美国所漠视。于是，采取的行动较为迟缓，更多地仰仗市场力量，通过私营部门涉足环境领域而减少联邦政府对于环境问题的管制，关于环境议题的对外援助更是少之又少，气候政策方面几无建树。①

20 世纪 80 年代末，自称"环保主义者"的乔治·布什胜选总统，此时美国国内越发普遍地意识到气候变化的问题，尽管如此，老布什政府时期在气候政治方面的投入仍远远不够，未能在国际战略高度上对气候变化给予足够的重视。值得一提的是，1992 年 10 月 15 日，美国批准了《联合国气候变化框架公约》（UNFCCC），且随后制定了能源政策法。然而，有关温室气体减排的国家行动方案并未实际履行。

克林顿政府执政时期，美国开始调整在气候问题上的立场。1993 年 10 月公布《气候变化行动方案》，承认气候变化对环境与农业生产等可能造成巨大冲击。1997 年，美国签署《京都议定书》，推动制定温室气体国际减排政策。此时美国气候政策举措有：国内层次，每年通过 10 亿美元的"专项拨款"以鼓励清洁能源利用和提高能源利用率，减少温室气体排放；国际层次，推动环境保护领域的对外援助，考虑向发展中国家提供相关的技术和资金以促进全球环境改善。

2001 年，美国的气候政治参与进程出现严重倒退。小布什政府宣布退出《京都议定书》，并于次年提出所谓替代方案，即《晴空与气候变化行动》。美国指出《京都议定书》的"根本错误"在于减排目标成本太大会给其造成重大的经济损失，减少大量的就业岗位；指责发展中大国如中国和印度等并未有效参与减排；气候变化科学的不确定性等。因而，小布什政府倾向于其所谓替代方案的

---

① Kraft and Vig, "Environmental Policy from the Seventies to the Nineties", in Vig and Kraft eds., *Environment Policy in the 1990s*, Washington DC: Congressional Quarterly Press, 1994, p. 15.

市场基础导向解决路径：国内层次，为再生能源和工业联合发电提供税收优惠、促进政府和企业有关温室气体减排的自主协定、建立各企业减排量登记制度并允许企业间进行登记量转让、鼓励商业和工业界减排、增加碳吸收拨款并鼓励农业对二氧化碳的自然存储等；国际层次，对保护热带森林的国家给予债务削减等。在小布什政府的第二任期内，美国仍然承认全球变暖，并认为气候变化对国家安全构成严峻挑战，但相信通过技术进步可以妥善应对之，而实质性的减排措施并未与认知层面的意识同步。简言之，这一阶段的美国气候政治以保护其国内经济为名，全球气候政治参与历程重归保守轨道，对于国际气候减排的呼声采取"拖延"和迂回策略。

2008 年，奥巴马胜选总统，美国的全球政治战略仿佛终于迎来"第二次机遇"，以扭转历史、政治、情感向度皆与预期背道而驰的窘境。[①] 全球气候政治领域，美国亦重整旗鼓，尽力扭转小布什政府时期的气候政治"倒退"之势，努力重塑后金融危机时代美国的全球领导者形象。典型的行为表现在于：国内层次，增大资金投入以实施清洁能源战略并鼓励技术创新，减少能耗，通过《清洁能源安全法案》以增强能源安全等；国际层次，重视并重新强化国际环境方面的双边和多边合作。比如双边合作上重视与中国这样的新兴大国的环境合作，与之共同签署《关于中美两国加强气候变化、能源和环境合作的谅解备忘录》，推动中美战略经济对话、中美能源政策对话、可再生能源开发和利用、中美和平利用核技术等双边机制的发展。[②] 同时，在多边合作方面，美国积极参与UNFCCC、G8 峰会，主导"主要经济体能源与气候论坛"，并利用亚太经合组织这样的平台来宣告自身的气候政策，利用北约组织强化其能源安全目标，从而影响国际气候政治走向以尽可能掌控气候政治话语权。值得一提的是，时至 2012年年底，成功连任的奥巴马总统重申在不损害美国经济前提下抑制气候变化（这一点与前任共和党小布什政府的主张倒是如出一辙），并呼吁采取碳减排的

---

①　参见 Zbigniew Brzezinski, *Second Chance*：*Three Presidents and the Crisis of American Superpower*, New York：Basic Books, 2007；Zbigniew Brzezinski, *Strategic Vision*：*America and the Crisis of Global Power*, New York：Basic Books, 2012。

②　"Fact Sheet：U. S. - China Clean Energy Cooperation Announcements", January 19, 2011, http：//energy. gov/sites/prod/files/piprod/documents/FACT_ SHEET_ - _ _ U_ S_ - China_ Clean_ Energy_ Cooperation_ _ 1 - 21 - 11. pdf.

短期努力。于是，在 12 月初的多哈气候谈判中，美国所能给出的国际承诺或让步屈指可数，为达成某种新的气候政治协定所面临的难题仍然在于其长期的保守立场，即不同意带有任何法律约束力的协议。这是此前 1997 年克林顿政府签署《京都议定书》以来的历史残留（克林顿总统似乎明确知道不会被通过因而未把它提交给参议院讨论表决），从而使得美国在国际气候政治中的"成就"始终收效甚微，有关国际气候谈判达成具有法律约束力的协议亦难有实质飞跃。① 可见，与奥巴马总统初上任时期的壮志雄心比较而言，美国在多哈气候政治进程中的表现乏善可陈，正如美国环保协会国际顾问珍妮弗·哈弗坎普（Jennifer Haverkamp）所言，"是时候就应对气候变化的冲击而进一步采取有效行动了"，而缺乏美国这样的主要发达国家排放者实质性参与的后京都机制建构，多哈气候大会（COP18）无异于又一次令人失望的舞台剧。②

通过对美国气候政治进程的历史回溯，我们大致可以初步分析而发现其基本特征：其一，在认知层面，美国历来较为认同对气候变化问题的关注，气候政治的国际战略认知逐步深化，其在美国国家安全考量中的地位也随着"软权力""巧实力"运用而逐步提升；其二，美国的全球气候政治参与经历了一个从消极被动到逐步调整参与立场的渐进演变过程，其间出现反复和"倒退"如强行退出京都机制，也凸显奥巴马政府的气候政治"复兴"迹象，但以反对具有法律约束力的国际气候谈判协议为主要原则，因而负向消极参与仍为美国气候政治进程的主旋律；其三，始终仰仗市场手段来实现温室气体减排，尤其担忧应对气候变化的现有方案会阻碍美国经济发展，这种倾向在后金融危机时期更为强烈，这也成了美国实质性参与国际气候建制的一大重要制约因素。

（二）加拿大

2000 年，加拿大的人均温室气体排放在 186 个国家中高居第 9 位（不考虑土地利用变化），到 2005 年，继续上升到第 8 位，及至 2009 年，加拿大的温室气体排放总量继续增加，位列第 7 位，相比伞形国家而言，紧随美国（第 2 位）、

---

① Fiona Harvey, "China and US Hold the Key to a New Global Climate Deal", December 12, 2012, http://www.guardian.co.uk/environment/2012/dec/12/china-us-global-climate-deal.

② Kate Sheppard, "Another Disappointing Climate Meeting Draws to a Close", December 10, 2012, http://www.motherjones.com/blue-marble/2012/12/cop18-climate-doha-unfccc.

俄罗斯（第3位）和日本（第5位）。① 就加拿大的国情而言，地广人稀，因之交通及所需的燃料能源构成国内经济的很大一部分，大约25%的温室气体排放来源于火车、飞机以及汽车（尤其是汽车运输）。因此，倘若要让加拿大进行温室气体减排，其国内气候政策无非指向交通、发电和化石燃料生产等方面的调整上。

1997年，加拿大参与国际气候谈判，积极推动《京都议定书》的形成，签署了协议，并于2002年获国会批准。加拿大还提出到2012年实现温室气体总排放量减少6%（以1990年为基准年）。然而，加拿大在温室气体减排的实际行动方面仍犹豫不决，导致此后加拿大的温室气体不降反升，及至2008年，加拿大的温室气体相比1990年增加了24.1%左右。② 在这期间，由于存在联邦层次和各省层次之间有关能源政策上的对立（加拿大各省在能源政策方面亦有司法权），因之各届联邦政府都难以在能源计划方面与各省直接达成妥善的、长期的、协调的安排。

2006年，史蒂芬·哈珀（Stephen Harper）担任加拿大总理，作为保守党领袖，极力反对京都协议，政策实施以市场为中心且对气候问题"有意漠视"（deliberate indifference），导致2007年加拿大温室气体排放剧增。③ 而且，哈珀还反对2007年巴厘岛会议有关强制减排目标的建议，并指出除非这些减排目标同样适用于中国和印度等新兴大国，而不是让新兴大国借助《京都议定书》"防火墙"来继续规避减排责任。2008年，由于国际金融危机，加拿大的温室气体排放亦因经济衰退而有所减少，然而随着加拿大经济的恢复，其温室气体排放增量仍继续反弹。④

2009年的哥本哈根大会，达成了并不具有法律约束力的《哥本哈根协议》，

① "Canada and the Environment", http：//www.mcleodgroup.ca/topics - 3/canada - and - the - environment - from - maverick - to - miscreant/.

② UNFCCC, "Report of the Individual Review of the Annual Submission of Canada Submitted in 2010", 2011 - 04 - 21, p.7, http：//unfccc.int/resource/docs/2011/arr/can.pdf.

③ Tim Flannery, "Why Canada Failed on Kyoto and How to Make Amends", 2009 - 11 - 22, http：//www.thestar.com/news/insight/2009/11/22/why_ canada_ failed_ on_ kyoto_ and_ how_ to_ make_ amends.html.

④ "Canada's Emissions Trends", Environment Canada, July 2011, http：//www.ec.gc.ca/doc/publications/cc/COM1374/ec - com1374 - en - es.htm.

因而加拿大爽快签署之，并承诺到2020年实现温室气体减排17%（以2005年为基准年）。不过，由于加拿大在环境政策执行上缺乏可信度，导致加拿大的气候政治立场在国际场合如亚太经合组织（APEC）峰会和哥本哈根大会上遭到各国的批评。[①] 2010年坎昆会议期间，加拿大紧随美国步伐，气候谈判立场与美国保持一致，以保护加拿大本国贸易和规避边境调节税等，并且加拿大还取消了国内气候变化法案，其倒退立场让其获得阻碍气候谈判之"化石奖"。及至2011年的南非德班会议，会议结束后的第二天，加拿大即宣布退出京都协议，这一"负能量"无异于给全球气候政治的未来蒙上阴影。[②] 在伞形国家群体内部，加拿大、美国、日本和俄罗斯都反对有关京都议定书的第二承诺期，不过加拿大是步美国后尘又一个退出京都协议的国家。对此，加拿大的理由在于京都机制缺乏美国和中国这两个最大的温室气体排放国的实质参与（尤其将批评矛头指向中国），因而认为议定书的有效性值得怀疑。当然，加拿大在全球气候政治中的持续倒退立场，遭到中国和法国等其他缔约国的强烈批评。2012年多哈气候大会上，加拿大依然追随美国，从而继续游离于《京都议定书》之外。及至2013年的华沙气候大会，加拿大连同美国、日本、澳大利亚等伞形国家，继续在气候政治议题上"开倒车"，被批评为"肮脏四国"，它们共同强调应由发展中国家和发达国家承担同等责任，就连加拿大国内都意识到，加拿大的气候政策在发达国家世界当中亦属最差。[③]

（三）日本

20世纪80年代后期，不论在日本政界还是大众政治领域，对于气候变化的意识均较为淡漠。一些日本科学家的确开始涉足气候变化研究，但多数也只对有关气候变化机理和影响的研究感兴趣，并非为预防或减缓气候变化之政策而谏言。不过，国际层次上的日本气候政治努力却已经开始起步，科学家和决策者们于1980～1987年频繁会晤于奥地利、意大利，直接推动了1988年加拿大多伦多

---

① "Harper Criticized on Climate Change at APEC Summit", 2009 - 11 - 14, http: //www. citynews. ca/2009/11/14/harper - criticized - on - climate - change - at - apec - summit/.

② 参见严双伍、赵斌《自反性与气候政治：一种批判理论的诠释》，《青海社会科学》2013年第2期，第58页。

③ Bruce Cheadle, "Canada's Climate Policy Worst in Developed World: Report", The Canadian Press, 2014 - 01 - 23, http: //www. huffingtonpost. ca/2013/11/18/canada - climate - policy - worst_ n_ 4296396. html.

世界气候会议的召开，该会议呼吁所有的发达国家到 2005 年实现二氧化碳减排 20%（以 1987 年为基准年）。① 多伦多会议之后仅数月，IPCC 成立。这时，日本科学界开始意识到，不久的将来，气候变化会成为重要的政治议题。类似的，气候变化意识也在日本政界有所反应，1988 年，日本首相竹下登（Noboru Takeshita）参加多伦多首脑会议时，对其他国家讨论全球环境议题表示震惊。② 于是，日本也开始搜集有关气候变化争议的信息。1989 年，有关气候变化的国际会议频繁召开，如该年在荷兰诺德维克召开的气候变化首次部长级会议，不少发达国家（如瑞典和荷兰）建议开启有关严格减排的国际谈判，比如可以争取到 2000 年实现减排 10%（以 1990 年为基准年）。③ 这对日本这样一个能源密集型国家而言，本身二氧化碳排放和人均 GDP 都低于许多发达国家，再实行共同减排的话，对日本较为不利。因而，20 世纪 80 年代末的日本坚持认为有关共同量化减排是不合时宜的。当然，日本反对减排的这种"顽固"立场，遭到其国内环保主义者和环境意识觉醒之公民的共同批评，他们要求日本政府必须在处理全球环境问题上充当领导者，并呼吁日本政府改变气候政策立场。

1990 年，荷兰、德国、英国等相继提出各自的国内碳减排计划，这些为日本的国内气候政策形成提供了国际比较经验。不过，尽管日本国内对气候变化问题已有初步认识，但有关直接的、严格的减排目标设定，日本仍未受到环境非政府组织的压力。因而，日本仅仅是在中央行政机构/内阁下，通过环境厅（隶属总理府）、通商产业省（内阁下属 12 个中央行政省之一）、资源能源厅（隶属通商产业省）这三个部门来进行有关减排目标的讨论。根据预测，1990～2000 年的日本人口和二氧化碳排放比例都将增长 6 个百分点，于是三部门就所谓"两步建议"（two-step proposal）达成共识：其一，到 2000 年，二氧化碳人均排放水平须稳定在 1990 年这一基准年水平线上；其二，为达到这一目标，须通过新能源

① Jill Jäger and Timothy O' Riordan, "The History of Climate Change Science and Politics", in Timothy O' Riordan and Jill Jäger, eds., *Politics of Climate Change*: *A European Perspective*, London: Routledge, 1996, pp. 12 – 21.

② Yasuko Kameyama, "Climate Change as Japanese Foreign Policy: From Reactive to Proactive", in Paul G. Harris, ed., *Global Warming and East Asia*: *The Domestic and International Politics of Climate Change*, p. 137.

③ Tony Brenton, *The Greening of Machiavelli*: *The Evolution of International Environmental Politics*, London: Earthscan, 1994, p. 171.

和创新技术开发来努力实现。1990 年 10 月，日本官方在全球环境保护部长级会议上，宣布"防止全球变暖行动计划"（Action Plan to Arrest Global Warming）。紧接着，日本在瑞士日内瓦举行的第二次世界气候大会（1990 年 10 月 29 日至 11 月 7 日）之中提出了自身的排放目标。一系列的国际会议，促使政府间谈判委员会（Intergovernmental Negotiating Committee，INC）于 1991 年开启，各国仅 1991 年这一年即会晤四次，在有关法律条款的诸多问题上，各国无法达成共识，尤其是为工业化国家设定排放目标这一问题上，这使得 1992 年 2 月的第五次例会被迫延长并在 5 月份重启，联合国气候变化框架公约也最终于 5 月敲定。[①]

随着 UNFCCC 进程的开启，日本利用自身在清洁能源与相关技术方面的优势，开始倾向于选择全球环境议题作为提升国际地位的切入点。同时，日本也相信 UNFCCC 需要美国的参与，因为美国的二氧化碳排放量几乎占全球排放的四分之一，因而在日本看来如果缺乏美国的参与，框架公约的有效性将大打折扣。如果缺少作为最大竞争对手的美国企业参与，日本国内企业则可能因之拒绝接受任何减排承诺。不过，国内层次的日本气候政治倒是有了进展，如在 1967 年《环境污染控制基本法》（Basic Law for Environmental Pollution Control）和 1972 年《自然保护法》（Nature Conservation Law）相整合的基础上，形成了 1993 年《环境基本法》（Basic Environment Law），该新法为全球环境包括气候变化问题设立目标，日本由此缓慢地迈向国际与国内层次之减缓气候变化进程。1995 年，在柏林召开的 UNFCCC 缔约方第一次会议（COP1）上，出于提升环境问题的国内公共意识和国际事务参与影响力考虑（甚至为了获取其他国家对于日本加入联合国安理会常任理事国的支持），日本环境厅厅长宫下创平（Sohei Miyashita）提出，日本政府愿意主办第三次缔约方会议（COP3）。[②] 而且，日本还认为（作为东道国）自身可以为在 COP3 上达成一种协议而充当领导者角色。为了更好地介入国际事务，日本有关减排承诺的立场开始松动，因为如果不提出象征性的减排

---

① Delphine Borione and Jean Ripert, "Exercising Common but Differentiated Responsibility", in Irving M. Mintzer and J. Amber Leonard, eds., *Negotiating Climate Change: The Inside Story of the Rio Convention*, Cambridge: Cambridge University Press, 1994, pp. 77 – 96.

② Yasuko Kameyama, "Climate Change as Japanese Foreign Policy: From Reactive to Proactive", in Paul G. Harris, ed., *Global Warming and East Asia: The Domestic and International Politics of Climate Change*, p. 140.

目标的话，作为东道国自然颜面全无。有关减排的国内层次和国际层次目标须同步以推动日本气候政治的发展。为了实现所谓东道国"领导者"设想及相关气候政治谋划，日本与美国进行协商互动，以争取美国的支持，从而不难想象日本何以赞同美国有关发展中国家也应设立减排目标的提议。①

进入 21 世纪以来，日本的气候政治在国内国际两个层次都有了显著的变化，其环境立场开始走向积极主动，并与政治和经济利益诉求紧密相关。2001 年，同为伞形国家的美国宣布退出《京都议定书》，日本积极争取希望美国能够"回心转意"并批准京都议定书，尽管结果令人失望，但 2005 年《京都议定书》的正式生效，仍然算是为国际社会限排行动迈进了法律形式上的关键一步。2007 年的 G8 峰会，日本政府提出所谓"美丽星球 50 构想"，以到 2050 年实现全世界温室气体总排放量减半的目标，从而需要每个国家都参与减排行动。2008 年，日本提出所谓"凉爽地球推进构想"，并对京都议定书设立的 1990 年这一基准年提出异议；日本作为东道国主持该年的 G8 峰会，其间仍以环境和气候合作作为砝码，谋划日本"大国化"战略构想。同时，面对发展中国家和地区，日本也尝试利用自身的经济优势为这些国家和地区提供气候援助，援助资金流向涵盖亚非拉美等地，从而扩展日本在这些地区的能源和经济利益。② 2010 年 5 月，日本通过了《气候变暖对策基本法案》，提出了中长期减排目标——到 2020 年实现温室气体减排 25%（以 1990 年为基准年），这实际是 2009 年日本政府在哥本哈根大会所做承诺的延续，也是日本政府对《京都议定书》第二承诺期的态度，且中长计划提出到 2050 年实现温室气体减排 80%（以 1990 年为基准年）。此外，基本法案还提出建立国内碳交易机制和开征环境税。

值得关注的是，2010 年坎昆气候大会，日本代表团对《京都议定书》的态度发生逆转，公开否定议定书，且开始拒绝《京都议定书》第二承诺期。发生态度逆转的直接原因在于日本产业界给政府施压，认为哥本哈根大会上日本的 25% 减排承诺是不可能完成的任务（理由在于社会各界认为平时已经比较注意

---

① Jacob Park，"Governing Climate Change Policy：From Scientific Obscurity to Foreign Policy Prominence"，in Paul G. Harris，ed.，*Climate Change and American Foreign Policy*，New York：St Martin's Press，2000，pp. 83 - 84.

② 参见吕耀东《洞爷湖八国峰会与日本外交战略意图》，《日本学刊》2008 年第 6 期，第 23 ~ 24 页。

节能环保，因之 1990 年为基准年再减排 25% 似会对日本经济造成严重冲击）。于是，日本政府开始试图将国际气候博弈的矛盾焦点指向中国（和美国），指出缺乏中美两国实质减排和参与的京都机制是毫无意义的。2011 年 3 月 11 日，日本发生东北大地震，福岛第一核电站发生核泄漏，日本改为火力发电，导致温室气体排放剧增。于是，日本似为拒绝议定书第二承诺期找到了"合适"借口，并在后续的 2011 年南非德班大会、2012 年卡塔尔多哈大会、2013 年波兰华沙大会上与美国、澳大利亚等其他伞形国家一同扮演"麻烦制造者"角色，且日本出尔反尔的立场一再延续，因之一度被获评阻碍气候谈判"化石奖"。[1]

（四）澳大利亚

澳大利亚是世界主要煤炭出口国，人均碳排放量也位居前列，国内发电主要源自燃煤，且在可见的将来，煤炭这一高碳排放能源仍构成澳大利亚的主要能源之一。同时，澳大利亚的人口增长较快，产业结构偏向能源密集和温室气体高排放类型，严重依赖化石燃料，相比其他发达国家而言，结构调整任务更重，且伴随内陆干旱，气候变化势必给澳大利亚造成更大负面影响。

澳大利亚自 20 世纪 80 年代末开始，积极推动气候政治的发展，国内层次的政策努力可见于《保卫未来一揽子措施》（*Safeguarding the Future Package*）（1997）、《国家温室气体战略》（*National Greenhouse Strategy*）（1998）、《更优环境一揽子措施》（*Measure for a Better Environment Package*）（2000）、《保卫澳大利亚能源未来》（*Securing Australia's Energy Future*）白皮书（2004），发起成立《亚太清洁发展和气候伙伴计划》（*Asia-Pacific Partnership on Clean Development and Climate*）（2007）、《2007 国家温室气体和能源报告法案》等。2007 年 7 月，澳大利亚政府发布了《澳大利亚的气候变化政策——我们的经济、环境、未来》，12 月，澳大利亚新任总理陆克文（Kevin Michael Rudd）签署《京都议定书》，使美国孤立成了唯一没有签署议定书的发达国家。[2]

2008 年 2 月，澳大利亚气候变化问题政府顾问罗斯·加诺特（Ross Garnaut）的《加诺特气候变化评估》报告，对以"人均排放"为考量的国际气

---

① 《气候谈判顽固派获"化石奖"》，新华网，2012 年 11 月 27 日，http://news.xinhuanet.com/world/2012 - 11/27/c_ 113817292. htm。

② 李伟、何建坤：《澳大利亚气候变化政策的解读与评价》，《当代亚太》2008 年第 1 期，第 108 ~ 110 页。

候合作进行了可行性分析，指出澳大利亚容易遭受气候变化的影响，并建议政府以人均排放权作为减排目标制定的基础。3 月，澳大利亚批准《京都议定书》生效，政府开始在议定书之下着手减排行动。7 月，《减少碳污染计划绿皮书》（*Green paper on the Carbon Pollution Reduction Scheme*）发布，为政府勾勒碳排放交易计划（Emission Trading Scheme，ETS）的实施方案。12 月，澳大利亚发布《减少碳污染计划：澳大利亚的低污染未来》（*Carbon Pollution Reduction Scheme：Australia's Low Pollution Future*）白皮书，使有关澳大利亚碳排放交易计划的设计得以最终敲定，并指出新的 2020 减排目标：无条件减排 5%（以 2000 年为基准年），但如果达成了包含所有主要经济体实质减排的全球协议以及所有发达国家承担相应的减排，那么澳大利亚愿意减排 15%（以 2000 年为基准年）。① 2009年 5 月，澳大利亚又宣布将 2020 减排目标提升到 25%（以 2000 年为基准年），且仍以可能的全球协议和行动背景为前提。可见，作为备受极端天气和干旱困扰的澳大利亚而言，减排承诺以 2000 年为基准年而非其他发达国家的 1990 年基准，的确显得比较保守。这些承诺在 2009 年哥本哈根大会和 2010 年坎昆会议上一再为澳大利亚所重申，并无新的突破。2011 年，南非德班会议前夕，澳大利亚和挪威政府共同提出建议，对发达国家在《京都议定书》和长期合作行动中的减排目标进行有法律约束力的规定，同时要求新兴大国也要作出具有强制力的减排承诺，目的旨在重启一个新的全球气候变化协议。

值得注意的是 2012 年多哈大会前夕，澳大利亚的气候政治立场发生变化，宣布加入《京都议定书》第二承诺期，发生这种转变的原因很大程度上在于2009 年以来澳大利亚遭受极端天气危害的次数增多，其气候变化脆弱性明显加大，澳大利亚气候变化和能源效率部部长格雷格·康贝特（Greg Combet）表示，

---

① "Garnaut Climate Change Review：Interim Report to the Commonwealth，State and Territory Governments of Australia"，Garnaut Climate Change Review，February 2008，pp. 21 – 25，http：//www. garnautreview. org. au/CA25734E0016A131/WebObj/GarnautClimateChangeReviewInterimReport – Feb08/% 24File/Garnaut% 20Climate% 20Change% 20Review% 20Interim% 20Report% 20 – % 20Feb2008. pdf；"Carbon Pollution Reduction Scheme Green Paper"，July 2008，pp. 169 – 189，http：//pandora. nla. gov. au/pan/86984/20080718 – 1535/www. greenhouse. gov. au/greenpaper/report/pubs/greenpaper. pdf；"National Emissions Trajectory and Target"，2008 – 12 – 15，http：//pandora. nla. gov. au/pan/99543/20090515 – 1610/www. climatechange. gov. au/whitepaper/report/pubs/pdf/V1004Chapter. pdf.

如果不采取行动减少温室气体排放,澳大利亚经济将在 2020 年面临严峻震荡,因之迫切需要进行转变,以有效应对气候风险,并尽可能地在全球气候议题上充当先导。[①] 然而,及至 2013 年年底的华沙大会,澳大利亚的气候政治立场又重新出现倒退,拒绝作出履行出资义务的新承诺,并表示"要求发达国家作新的出资承诺不现实、不可接受",从而招致广大发展中国家和一些非政府组织的集体反对和抗议,全球气候政治谈判再次陷入尴尬僵局。[②] 可见,美国、加拿大、日本和澳大利亚等伞形国家的气候政治变化大同小异,最终都退回到阻碍全球气候政治发展的顽固立场。

二 伞形国家与新兴大国之间的气候政治权力之争

有关发达国家和发展中国家间气候变化责任二元对立之起源,其实早于正式的 UNFCCC 进程。早在 1991 年,即 UNFCCC 开启之前一年,中国主持召开了发展中国家环境与发展部长级会议,该次会议发表的《北京宣言》指出,发达国家应承担全球环境恶化的主要责任,且必须率先采取行动保护全球环境,并帮助发展中国家解决所面临的问题。随后 1992 年里约地球峰会,签署联合国气候变化框架公约,其中的条款 3 更是将发达国家和发展中国家间的责任差别以公约形式确立下来。有关公平的原则和"共同但有区别的责任",则涵盖甚广且往往可以解读成不同的意义,比如"立场相近的发展中国家群体"(LMDC)(包括新兴大国中国和印度)[③] 可能认为"共同但有区别的责任"其实是将科学与环境事实进行具体条约化,从而明确缔约方有关气候变化的历史责任与义务是有差异的。

早在 1998 年 5 月 13 日,美国众议院国际关系委员会主席本杰明·吉尔曼

---

① 《多哈会议五大焦点方面面观》,中国气候变化信息网,2012 年 11 月 28 日,http://www.ccchina.gov.cn/Detail.aspx? newsId=27625&TId=58。

② 《华沙气候大会达成协议,日澳减排严重倒退》,《人民日报》2013 年 11 月 25 日,http://www.cenews.com.cn/xwzx2013/hjyw/201311/t20131125_751532.html。

③ 又称"志同道合的发展中国家群体"(Group of Like Minded Developing Countries),该群体突现于 2012 年 10 月,被视作"G77 + 中国"的坚强堡垒,由 133 个发展中国家组成。值得注意的是,尽管该群体中不包括巴西、俄罗斯、南非,但 LMDC 国家经常与中国、印度一道,并与 BASIC 或 BRICS 共同参与气候政治互动。参见 "New Bloc of 'Like Minded Developing Countries' Meet in Advance of Doha Climate Talks", 2012 - 10 - 25, http://hsu.me/2012/10/new - bloc - of - like - minded - developing - countries - meet - in - advance - of - doha - climate - talks/。

（Benjamin Gilman）在主题为"京都议定书：缺少发展中国家及对美国主权的挑战"的讨论中，指出中国在京都大会上的立场具有"三不"（Three Nos）政策特征："不言中国义务、不谈中国自愿承诺、不说未来谈判对中国的约束"，显然其弦外之音在于将批评矛头指向以中国为代表的发展中大国。[①]

美国与其他伞形发达国家一道，就有关减排承诺方面向基础四国频频施压，且这种减排承诺是建立在与发达国家同等的责任分摊水平上。2011 年南非德班气候大会上，美国气候变化事务特使托德·斯特恩强调，"达成新的协议的关键在于主要成员均被囊括于同一法律体系下"，显然这其中所谓主要成员，包含了巴西、印度、中国、南非等新兴大国。[②] BASIC 的气候外交，其主要目标在于捍卫 UNFCCC 下有关发达国家与发展中国家（包括新兴大国）间的分立，BASIC各成员国坚持延续京都议定书第二承诺期，则反映了这种努力，"京都机制明白无误地诠释了 BASIC 群体之于有区别的责任原则"。[③] 进而，BASIC 还致力于充当 UNFCCC 及其原则的重要支柱，以尽力使发达国家为应对气候变化而相应作出更大贡献。比如 2012 年卡塔尔多哈气候大会前夕，巴西气候变化事务特使安德烈·科雷亚·多拉戈（Andre Correa do Lago）指出，"气候变化框架公约谈判的初始观念就是发达国家将带头减排，并为发展中国家应对气候变化而提供必要的支援"；多哈大会之前在北京召开的基础四国部长级会议也指出，"发展中国家承担的减排贡献甚至比发达国家还要大，（因而我们）反对任何将发达国家责任和义务转嫁到发展中国家的企图"。[④]

有关发达国家与发展中国家间的二元对立，直接影响到后续气候政治博弈的结果。不过，值得注意的是，以"吸收汇"和"海外减排"替代国内实质性减

---

① Zhang Zhihong, "The Forces behind China's Climate Change Policy: Interests, Sovereignty, and Prestige", in Paul G. Harris, ed., *Global Warming and East Asia: The Domestic and International Politics of Climate Change*, pp. 66 –67.

② Alex Morales, "China Rules Out New Climate 'Regime', Setting up U. S. Conflict", 2012 – 11 – 21, http://www. independent. co. uk/news/world/americas/china – rules – out – new – climate – regime – setting – up – us – conflict – 8339504. html.

③ Karl Hallding *et al.*, *Together Alone: BASIC Countries and the Climate Change Conundrum*, p. 96.

④ Alex Morales, "China Rules Out New Climate 'Regime', Setting up U. S. Conflict"; "Joint Statement Issued at the Conclusion of the 13th BASIC Ministerial Meeting on Climate Change Beijing, China 19 – 20 November 2012", 2012 – 11 – 21, http://www. indianembassy. org. cn/newsDetails. aspx? NewsId = 381.

排行动是伞形国家群体内部的共同利益基础，且随着日本、加拿大、俄罗斯和澳大利亚先后批准《京都议定书》，使得伞形国家群体有所松动，力量大为减弱。只不过，随着全球气候政治谈判互动的推进，该群体内部的国家又有了重新群体化的趋势，且与美国的气候政治"倒退"立场惯性似有了更多共同语言。面对中印等新兴大国，伞形国家在与这些新兴经济体进行气候政治博弈过程中，也较为相似和一致，比如就有关后京都气候机制安排的法律地位问题、发达国家的减排承诺问题、资金和技术援助等方面，共同对新兴大国施压和抬价。具体而言，伞形国家一致认为以新兴大国为代表的发展中国家需要履行具有强制力的减排义务。对于"共同但有区别的责任"原则，伞形国家也一致认为这个"防火墙"至少不应再为新兴大国的责任规避而提供保护，从而要求对发展中国家进行重新划分，尤其应使中国和印度等经济发展迅猛的大国承担起更有力的减排责任。

就非附件一国家的重新划分①，美国建议将其划分为以中国、印度为代表的新兴市场国家和最不发达国家；日本建议应进一步细分为须承担减排承诺的国家、易受气候变化冲击且温室气体排放量并不高的国家、其他发展中国家，这三类发展中国家相应承担起不同的应对气候变化责任；澳大利亚认为 2005 年联合国开发计划署公布的人类发展指数和 2007 年的人均 GDP 可以作为参照，从而将非附件一国家划分为"葡萄牙小组"、"土耳其小组"和"乌克兰小组"，以相应承担起 UNFCCC 下附件一和附件二国家的责任；俄罗斯方面也认为，需要更新当前的国家分类，主张用 GDP 等参数来衡量国家分类标准；加拿大方面，基本也追随美国态度，并以中国等新兴大国须率先采取气候行动为由，为自己的气候政治"倒退"进行开脱。

由此我们不难发现，伞形国家在原有的"发达国家 vs. 发展中国家"这一全球气候政治"南北两极"格局中，从战略与策略两方面试图减轻自身的谈判压力，以捍卫其作为发达国家的能源消费模式和经济社会发展利益。战略上看，由于气候变化本身的全球公共问题属性和长期性，伞形国家的顽固立场使气候政治难题愈发难解，尽管伞形国家如澳大利亚和日本自身亦存在明显的气候变化脆弱性，但从长期来看，气候政治议题久拖未决，势必给发展中国家世界尤其最不发

---

① 参见高小升《伞形集团国家在后京都气候谈判中的立场评析》，《国际论坛》2010 年第 4 期，第 25 页。

达国家和小岛国家等带来更严峻挑战，因之伞形国家的气候政治消极参与乃至倒退不妨称之为战略上的"以时间换空间"；策略上看，围绕着减缓、适应、资金、技术和能力建设等气候政治具体议题导向，伞形国家采取分化的策略，共同主张 UNFCCC 框架下公认的附件国家划分及"共同但有区别的责任"原则须重组或重新解读，这对原有的发展中国家阵营而言，不能不说形成了一种"负能量"式外部反馈，一定程度上诱发了"G77＋中国"分化，因之伞形国家之于重构发展中国家间权责划分的气候政治主张，无异于策略上的"以空间换时间"。换言之，伞形国家为避免因在气候问题上开历史倒车而成为全世界公敌，利用发展中国家群体内部的既有分歧（如本书第二章所述 G77 和 BASIC 之间，以及 G77 内部子群体间的分歧，见表 2–1），将自身与整个发展中国家世界的二元对立集中化为与 BASIC 群体的"少数国"之间的对立。从对伞形国家的有利影响来看，一方面可能使伞形国家得以赢得更多的博弈筹码并尽可能抢占全球气候政治道德制高点——为人类共同的未来，任何国家不能置身事外，最不发达国家除外，所有工业国（无论传统或新兴大国）都理应承担起应对气候变化的全球责任，这种呼声在发达国家阵营内部甚至发展中国家当中都有一定市场；另一方面，将矛盾对立面聚焦为少数新兴大国，也有助于伞形国家转移国际视线，从而缓解自身在全球气候政治博弈中承受的国际压力等。

　　反而观之，中国、印度等新兴大国遭遇来自伞形国家针锋相对的"气候政治权力"之争，从国际政治基本常识来看，这种现象似乎有些反常。因为在历史上，尤其当我们回顾国际关系史，均势的被打破往往在于崛起国挑战霸权国的权力，而这其中还同时存在着"重构均势"和"制衡的困境"等争议。[1] 然而，在气候政治这一非传统安全议题上，显然以均势理论来理解伞形国家和新兴大国之间的权力之争是难以实现逻辑自洽的，比如说新兴大国的快速发展或曰崛起本身挑战了伞形国家在世界体系中的主导地位，从而伞形国家须从各个方面（包括气候议题领域）来对新兴大国进行制衡，这种解读显然十分牵强。当然，这并不意味着我们要以该理论本不打算解释的气候政治议题来对理论本身进行"莫须有"的攻击和指责。从伞形国家与新兴大国气候政治互动来看，尤其伞形国家尝试分化发展中国家群体并将斗争矛头指向新兴大国的做法，对新兴大国而

---

① 参见赵斌《均势理论与构建和谐世界》，硕士学位论文，南昌大学，2008 年 6 月。

言同样具有双重影响：一方面，作为外部反馈机制，伞形国家企图对 UNFCCC
附件国家重新进行分组的提议，并在减排、资金援助方面对新兴大国进行要价，
这一定程度上使新兴大国在原属发展中国家阵营如 G77 当中更显得"另类"甚
至"离群"，为了平衡这种压力，新兴大国在与伞形国家博弈的同时，还须尽力
维系发展中国家群体的内部团结；另一方面，围绕具体议题的讨价还价和已经具
有的相对优势（如巴西的森林碳汇），新兴大国不得不直面挑战，并努力将其转
化为机遇，2009 年哥本哈根大会即为明证，尽管最终基础四国与美国等伞形国
家之间通过的只是一份并不具有法律效力的协议，然而某种程度上，"进一步退
半步"对全球气候政治发展而言或许也算得上是一种不得已而为之的路径。简
而言之，伞形国家与新兴大国之间的气候政治权力之争，围绕着减缓、适应、资
金、技术等具体议题展开，这种权力之争使基础四国这一新兴大国自群体身份得
以建构和再造/强化。

第二节　欧盟与新兴大国的气候政治互动：利益共容

一　欧盟气候政治概况[①]

时间上大体与美国相似，欧洲有关气候问题的思考至少也可追溯至 20 世纪
70 年代。1972 年，罗马俱乐部的首份研究报告——《增长的极限》，第一次提
出了经济增长与环境承载能力之间的关系问题，呼唤环保意识和"可持续"的
理念思考。[②] 而且，由经济合作与发展组织（OECD）首次提出的所谓"污染者
付费"（Polluter Pays）原则也是诞生于 1972 年，直接影响到后来蜚声于世的
（且为欧盟所一贯强调和坚持的）"共同但有区别的责任"（CBDR）原则确立。[③]

---

① 有关欧盟气候政治进程及特征分析，详见严双伍、赵斌《美欧气候政治的分歧与合作》，《国
　际论坛》2013 年第 3 期，第 7～8 页。
② Donella Meadows, Jorgen Randers and Dennis Meadows, "A Synopsis of Limits to Growth: The 30 -
　Year Update", pp. 22 - 24, http://www.sustainer.org/pubs/limitstogrowth.pdf; Jorgen Stig
　Norgard, John Peet and Kristin Vala Ragnarsdottir, "The History of The Limits to Growth", *Solutions
　Journal*, Vol. 1, No. 2, 2010, pp. 59 - 63.
③ Furio Cerutti and Sonia Lucarelli, eds., *The Search of a European Identity: Values, Policies and
　Legitimacy of the European Union*, London: Routledge, 2008, p. 82.

1973 年，欧共体开始实施环境行动计划，规定一定时期内的环保任务并拟出相关时间表，为环保制定所需的行动纲领和中长期目标。时至 1987 年，《单一欧洲法令》对《罗马条约》进行了重要修订，其中即提及了环境问题，首次为欧共体环境政策奠定了法律基础，并通过后来的《马斯特里赫特条约》（1992）和《阿姆斯特丹条约》（1997）进一步强化了环境议题关切和对环保的重视。[①] 通过这些条约，为后来欧盟参与和领导全球气候政治创造了初步条件。

1992 年 5 月 9 日，联合国主导的政府间谈判达成了《联合国气候变化框架公约》（UNFCCC），欧盟积极参与公约谈判，并通过实际努力实施减排，及至 2000 年其温室气体排放量比 1990 年下降了 4%。值得注意的是，欧盟环境委员会曾在 1997 年京都会议前夕明确提出减排的量化指标，即到 2010 年，所有工业化国家的温室气体排放应比 1990 年水平减少 15%，直接尝试挑战和修正 UNFCCC 所谓"自愿减排"原则以达到"将大气中温室气体浓度稳定到防止气候系统受到危险的人为干扰的水平"。[②] 在联合国气候变化框架公约第三次缔约方会议（COP3）谈判敲定《京都议定书》后，随即 1998 年欧盟各成员国一致同意议定书有关欧盟的减排承诺，即 2008 ~ 2010 年实现在 1990 年为基准年上温室气体减排 8%。

2000 年，欧盟开始启动气候变化计划（ECCP），应对重点涉及能源、交通、工业和农业等，以具体落实《京都议定书》的减排目标。2001 年，在应对气候变化一揽子措施中草拟一个欧盟内部温室气体排放体系法令，以建立欧盟温室气体减排贸易市场。同年，还通过促进可再生能源法令，鼓励各成员国使用可再生能源。2002 年，欧盟批准《京都议定书》，表现出了与大西洋彼岸（美国）极为不同的气候政治立场。进而，欧盟开始尝试在国际气候政治进程中发挥领导者作用，如以入世谈判为筹码，使俄罗斯这一全球气候政治中的重要大国不得不考虑认同和参与京都机制。[③] 2005 年，《京都议定书》正式生效，这一年欧盟建立起温室气体限排制度，明确从该年起限制能源、钢铁等产业的温室气体排放，为履行议定书承

① 参见陈新伟、赵怀普《欧盟气候变化政策的演变》，《国际展望》2011 年第 1 期，第 64 页。

② Michael Grubb and Duncan Brack，*The Kyoto Protocol: A Guide and Assessment*，London：Royal Institute of International Affairs Earthscan Ltd，1999，p. 58.

③ Andrzej Turkowski，"Russia's International Climate Policy"，Polski Insiytut Spraw Miedzynarodowych（PISM）Policy Paper，No. 27，April 2012，p. 3，http：//www. pism. pl/Publications/PISM - Policy - Paper/No - 27 - Russias - International - Climate - Policy.

诺打下坚实基础。换言之，欧盟在这一段时期（2001～2005年）的气候政治进程很好地把握了美国退出京都机制而敞开的"机会之窗"，尽管对可能获得成就并非拥有"先见之明"，然而欧盟还是抓住机遇并"拯救"了《京都议定书》。①

2007年，欧盟提出了颇具雄心的"20-20-20"目标，即要求到2020年温室气体排放比1990年减少20%、可再生能源比重增加到20%、能源利用率提高20%。此外，欧盟还通过10%的生物燃料掺混政策。据此，认为气候变化"在可预见的未来是最大的投资主题"，因而能源效率、低碳燃料、清洁能源、可持续交通运输和环境资源这五个主要领域的投入将大有可为。② 于是，在该年年底的巴厘岛气候谈判大会中，欧盟积极提出了巴厘岛路线图草案，承诺减排30%，并以此向脱离京都机制的美国施压，同时亦不反对美国要发展中国家也承担减排责任的要求。进而，2008年欧盟提出"气候行动和可再生能源一揽子计划"，鼓励发展可再生能源，完善欧盟整体节能减排能力，为构建后京都国际气候制度稳步开拓政策空间和成长环境。

2009年12月，COP15在丹麦的哥本哈根召开。欧盟满怀期望地参与并试图主导此次气候谈判大会，但由于谈判暴露出的国际政治分歧较为明显，各方存在较大分歧，会议最终只是通过了一纸不具法律约束力的《哥本哈根协议》。欧盟委员会主席巴罗佐直言"哥本哈根气候峰会未能达到欧盟的目标，对协议表示失望，但有协议总比没有的好"。③ 尽管如此，欧盟仍于2010年发布题为"后哥本哈根国际气候政策：重振全球气候变化行动刻不容缓"的政策文件，以明确气候谈判战略，重新激活多边气候外交，重拾欧盟在气候政治中的领导者身份。④ 为此，尽管在该年年底的墨西哥坎昆会议中仍然收效甚微，欧盟仍极力充当谈判"搭桥者"并努力提升其自身地位，以期通过减排的相对指标来提高欧

① Sebastian Oberthür, "The European Union's Performance in the International Climate Change Regime", *Journal of European Integration*, Vol. 33, No. 6, 2011, p. 678.

② "EU Targets Helping to Drive Growth and Development", Financial Times, 2008 - 02 - 04, p. 21, http://media.ft.com/cms/f870413a - da5d - 11dc - 9bb9 - 0000779fd2ac.pdf.

③ "Copenhagen Climate Summit Fails to Meet EU Goals", 2009 - 12 - 21, http://ec.europa.eu/news/environment/091221_en.htm.

④ German Advisory Council on Global Change, "Climate Policy Post-Copenhagen: A Three-Level Strategy for Success", Policy Paper, No. 6, April 2010, pp. 7, 13 - 15, http://www.wbgu.de/fileadmin/templates/dateien/veroeffentlichungen/politikpapiere/pp2010 - pp6/wbgu_pp2010_en.pdf.

洲的经济竞争力等。[1] 欧盟基于使社会经济可持续发展和提高全球竞争力的需要，通过一系列多边协商，制定能源和气候新政策，形成了领先世界、带头发展低碳经济的战略措施；通过成功实现节能减排的实践，积极在全球范围内输出低碳经济价值观并践行节能减排的规则标准，以推动有关气候变化问题的国际共识形成和国际制度构建。[2]

及至 2011 年底的南非德班会议，欧盟的持久努力似乎终于迎来"甘霖"。经过两个星期的艰苦谈判，195 个缔约国达成了一个此前由欧盟所提议的路线图，即到 2015 年为所有国家制定一个法律框架。德班会议还认可《京都议定书》的第二承诺期，为发展中国家提供新的绿色气候基金，并认同坎昆会议所建立的一系列措施等。欧盟因此而肯定德班大会为"抗击气候变化的历史性突破"。[3] 进而，在德班平台的基础上，2012 年底的多哈气候大会同样为欧盟所重视并积极参与，大会博弈的最终平衡结果也使得欧盟更加坚定地参与《京都议定书》第二承诺期（2013 年 1 月 1 日启动）。欧盟认为多哈气候会议为在 2015 年达成全球气候协议而迈出了稳健的步伐。[4]

由此，我们通过对欧盟气候政治进程的梳理与回顾，大致也可初步总结其基本特征：其一，欧盟的气候政治参与行动"敢为人先"，经由联盟内部各成员国协调后的"一个声音"立场往往使得欧盟的气候政策更具影响力和示范效应，其不断"创新"且具有一定先导性的目标/承诺一方面是欧盟软权力使然，另一方面也反映了欧盟在气候问题研究与决策方面的领先势头；其二，欧盟对气候政治始终抱以积极参与的姿态，并努力捍卫自身在这一领域的领导者地位，即使在哥本哈根峰会遇挫乃至自身陷入主权债务危机之窘境，欧盟仍不放弃气候政治领域的既定目标追求，其气候政治进程因之表现出连贯性和稳定性；其三，作为超国家主义的成功典范，欧盟的气候政治也因之具有功能"外溢"性，某种程度上带动欧盟的经济力和国际政治影响力提升。

---

[1]　"Post-Cancun Analysis", Policy Briefing, Jan. 17, 2011, p. 11, http：//www.theclimategroup. org/_ assets/files/post – cancun – analysis_ 1. pdf.

[2]　吴志成、张奕：《欧盟排放交易机制的政治分析》,《南京大学学报》（哲学・人文科学・社会科学版）2012 年第 4 期，第 41 页。

[3]　"Durban Conference Delivers Breakthrough for Climate", 2011 – 12 – 11, http：//ec. europa. eu/ clima/news/articles/news_ 2011121101_ en. htm.

[4]　"Doha Climate Conference Takes Modest Step towards a Global Climate Deal in 2015", 2012 – 12 – 08, http：//europa. eu/rapid/press – release_ IP – 12 – 1342_ en. htm.

二 欧盟与新兴大国之间的气候政治利益共容

如上所述，20 世纪 90 年代以来，欧盟致力于成为国际气候谈判的领导者，并极力捍卫这种自身份认同。1990 年，欧盟通过《都柏林宣言》，这是欧盟立志成为国际环境与气候政治领导者的一次标志性的官方表态。1994 年《联合国气候变化框架公约》生效，1995 年的 IPCC 第二次评估报告强调附件一国家未能达到 1990 年期待的自愿减排指标，而欧盟为敦促发达国家采取行动迈出了关键一步。1997 年 3 月，欧洲的环境部部长会议提议，到 2010 年工业化国家减少温室气体排放 15%（以 1990 年为基准年）。尽管欧盟各成员国之间的国家利益和制度约束均有所分歧，但欧盟努力与其他发达国家同步采取应对气候变化之行动。同时，美国开始强调将根据主要发展中国家是否采取有意义的行动，来决定自己对待《京都议定书》的态度，并最终于 2001 年 3 月放弃议定书。相反，新兴大国拒绝承担相应的减排责任，除非发达国家履行《京都议定书》第一承诺期内的减缓和资金承诺。美国与主要新兴大国的"不作为"，为欧盟按照自己设想充当起气候变化政治领导者提供了机遇。[①]

然而，就缺乏美国参与的京都机制这一现实而论，欧盟很快意识到，《京都议定书》既缺乏美国的参与，又没有主要发展中国家的有效融入，单凭欧盟自身较为有限的市场规模，恐难以推动 UNFCCC 目标实现。为此，以国际气候政治领导者自居的欧盟，为努力推进和完善国际气候建制，率先与新兴大国进行气候政治协调，寻求与新兴大国间的利益共容，并为与新兴大国互动而筹划新的联合气候议程。2005～2007 年，欧洲委员会资助名为"BASIC 项目"的应用研究，由来自基础四国的专家共同组成，这是首次公开地将巴西、南非、印度和中国指涉为一个共同群体即"BASIC"，该项目旨在"支持这四个主要发展中国家的制度能力建设……以及明确符合它们当前和长远利益的气候变化应对策略"。[②] 通过"BASIC 项目"研究，巴西、南非、印度和中国均认为四国联合为一个群体

---

① Anthony Giddens, *The Politics of Climate Change*, p. 195.

② Farhana Yamin, "Strengthening the Capacity of Developing Countries to Prepare for and Participate in Negotiations on Future Actions under the UNFCCC and Its Kyoto Protocol", BASIC Project Final Report, September 2007, p. 4, http://www.basic-project.net/data/final/BASIC%20Final%20Report%20September%2020071.pdf.

对各方都有利，并能以 BASIC 这一群体身份而"用一个声音说话"。而且，"BASIC 项目"通过一系列的研究论文、简报、工作组和会议等方式最终得出了"有关未来气候政策协议的圣保罗计划"（The Sao Paulo Proposal for an Agreement on Future Climate Policy），该计划以修正《京都议定书》的形式，为 2007 年 12 月在巴厘岛召开的 COP13 勾勒出了气候谈判中的初期议程，主要包括双轨谈判、中长期减排目标、附件一和附件二国家承诺、非附件一国家承诺、适应、技术转移等。[①]

2007 年，欧洲议会气候变化临时委员会发布《与发展中国家进行气候变化谈判》的报告，该报告将巴西、印度、中国和南非单列为"快速增长的发展中国家"，声称这四个国家是重要的地区大国，认为它们作为主要的温室气体排放者，若缺乏参与 UNFCCC 和京都机制的协商能力，可能削弱这些国家的政府威望，因此，这些国家需要加强与欧盟间的多边气候政治互动。[②] 可见，除了成长为新兴大国的相似动因之外，BASIC 的形成还有赖于"共同他者"的反馈，促使基础四国"自群体"身份得以建构。在 2007 年的巴厘岛会议上，为抵制美国、加拿大和其他发达国家对发展中国家强制减排的要求，基础四国在欧盟的支持下将美国孤立成了达成最终协议的最后障碍（美国迫于压力逐渐与 BASIC 就国家适当减排行动等方面达成共识），这场博弈实际上使 BASIC 在原 G77 阵营中"脱颖而出"。

需要指出的是，随着气候变化谈判互动的深入，欧盟与基础四国之间并不总是能够实现"利益共容"。换言之，诸如有关全球气候政治协议的未来走向，欧盟与基础四国亦存在分歧。2012 年多哈气候大会，欧盟气候事务专员、丹麦环境大臣康妮·赫泽高（Connie Hedegaard）指出，后德班谈判是"新旧气候体制交替的过程"。[③] 然而，2013 年在印度金奈召开的基础四国部长级会议，其联合

①　Erik Haites, Farhana Yamin and Niklas Höhne, "The Sao Paulo Proposal for an Agreement on Future International Climate Policy", BASIC Project Working Paper, No. 17, September 2007, pp. 4 – 7, http：//www. basic – project. net/data/final/Paper17Sao% 20Paulo% 20Agreement% 20on% 20Future% 20International% 20Climate% 85. pdf.

②　Joyeeta Gupta, "Engaging Developing Countries in Climate Change Negotiations", Study for the European Parliament's Temporary Committee on Climate Change（CLIM）, March 2008, pp. 4 – 5, http：//www. europarl. europa. eu/RegData/etudes/note/join/2008/401007/IPOL － CLIM ＿ NT （2008）401007＿ EN. pdf.

③　IISD, "Summary of the Doha Climate Change Conference：26 November – 8 December 2012", Earth Negotiations Bulletin, Vol. 12, No. 567, 2012 – 12 – 11, p. 28, http：//www. iisd. ca/download/pdf/enb12567e. pdf.

声明却指出，"德班平台并不意味着通往一个新的机制，也并非对公约及其原则条款的改写或再诠释。德班平台的进程和结果应是得到各缔约方承认的，且仍在框架公约下运行，并与其原则条款尤其是公平原则、'共同但有区别的责任'和相对能力等相一致"。[1] 当然，基础四国已经就自愿减排作出承诺，这可以视作包括欧盟在内的国际体系共同他者对 BASIC 成员国大国地位的含蓄接受，因为这些新兴大国的温室气体排放增长、相对能力增强，因之也相应带来了更强的责任感。[2] 只不过，"共同但有区别的责任"原则在新兴大国群体这里是以自愿承诺来实现。

第三节　其他发展中国家与新兴大国的气候
政治互动：南南合作

一　小岛国家气候政治概况

1991 年，小岛国家联盟（AOSIS）成立，其成员涵盖亚洲、非洲、北美、中美、南美、大洋洲和欧洲。这些国家均为发展中国家（其中有 10 个国家为联合国所认定的"最不发达国家"），这些国家的总面积约为 77 万平方公里，人口总和约 4000 万人，面积最大的是巴布亚新几内亚，人口最多的是古巴。既为小岛国家，顾名思义，这些国家的人口总数不多且国土面积不大，但是领海面积占地球表面五分之一。因此，不难想象，人为气候变化尤其全球变暖（导致海平面上升）可能给这些国家带来灭顶之灾。历史上，因战火征伐而亡的国家恐怕并不鲜见，但因海平面上升使整个国家消失，无异于现代化和工业化进程对人之生存带来的非预期后果——走向毁灭。

鉴于气候变化极度风险及对这种风险的危机意识反应，小岛国家联盟自成立之初，就因共同命运感之强烈，而始终在全球气候政治中怀抱"同舟共济"的

---

[1] "Joint Statement Issued at the Conclusion of the 14th BASIC Ministerial Meeting on Climate Change, Chennai, India, 16 February 2013", http://envfor. nic. in/assets/XIV _ BASIC _ Joint _ _ Statement_ FINAL. pdf.

[2] Andrew Hurrell and Sandeep Sengupta, "Emerging Powers, North-South Relations and Global Climate Politics", *International Affairs*, Vol. 88, No. 3, 2012, p. 474.

共同立场。从同质性和共同命运这两个变量来看，小岛国家的确如其 AOSIS（Alliance of Small Island States）中的"Alliance"所表示的那样，可以称之为准联盟的。在历次的气候谈判中，这些国家都强烈要求并希望全世界关照自身的生存权。因而，小岛国家联盟基于自身生存的强烈需要，所提出的有关温室气体减排的指标往往较高，而其自身由于经济发展规模有限等原因导致排放量又较小。可以想见，在小岛国家联盟与其共同他者在全球气候政治中的互动中，可能在小岛国家联盟看来天经地义的"无可谈判的生存权"及其衍生的全球限排目标，在其他国家看来则显得难以承受。具体而言，如在小岛国家联盟看来，为使全球升温得以控制——应将大气中的温室气体浓度稳定在 350ppm 二氧化碳当量；全球平均升温控制在前工业化水平的 1.5℃之下；到 2015 年全球温室气体排放应到达顶峰而后下降，到 2050 年全球温室气体排放总量减少 85% 以上（以 1990 年为基准年）；UNFCCC 附件一缔约方到 2020 年应减排 45%（以 1990 年为基准年）且到 2050 年减排 95% 以上（考虑到这些国家的历史责任）；发展中国家也应通过可测量、可报告和可核实方式，在可持续发展和获得有关技术、融资和能力建设支持的背景下采取相应的减缓行动。[1] 可见，由于小岛国家自身极强的气候变化脆弱性，所提出的应对气候变化目标似大大超出其他国家的"期许"，尤其表现在温控 1.5℃与 2℃之分歧，乃至具体温室气体浓度当量和中长期减排指标上的差异。

由于小岛国家联盟的特殊地理位置和其团结一致抗击气候变化的呼声，在全球气候政治当中，自然是一股不容忽视的力量。如前所述伞形国家与新兴大国的气候政治权力之争，乃至对整个发达国家和发展中国家之间的气候政治两极博弈而言，小岛国家联盟都是可供拉拢的第三方力量。事实上，考虑小岛国家和最不发达国家的利益诉求，往往可以为伞形国家或新兴大国争取气候治理上的道德制高点而增加谈判砝码。换言之，无论伞形国家抑或新兴大国，在群体化的气候政治进程中，声称考虑小岛国家联盟和最不发达国家等群体的利益特殊性，似可能为各自的具体谈判主张争取更广泛的支持。

---

[1] "Alliance of Small Island States（AOSIS）Declaration on Climate Change 2009", http://sustainabledevelopment. un. org/content/documents/1566AOSISSummitDeclarationSept21FINAL. pdf.

二 最不发达国家气候政治概况

1967 年 10 月，G77 通过《阿尔及尔宪章》（*Charter of Algiers*），论及 "Least Developed Country"，"最不发达国家" 由此而得名。① 其后，最不发达国家这一概念表述最早正式出现于 1971 年 11 月 18 日的联合国第 2768 号决议案。② 因而，"最不发达国家" 常用来指称经联合国认定的社会、经济发展水平和人类发展指数最低的一些国家。而且，当前联合国经济与社会理事会每三年都会对 "最不发达国家名单" 进行一次审查，以将相关国家从 "最不发达国家" 行列中剔除，称其为 "毕业"，每年联合国贸易和发展会议都会发布《最不发达国家报告》。

尽管联合国对 "最不发达国家" 的标准作了几次修改和调整，但总起来看，全球共有约 50 个最不发达国家，其中非洲国家占了绝大多数（33 个），其余分布在亚太、拉美和加勒比地区。这些国家的总人口占世界的 12% 左右，经济和社会发展处于极其脆弱的地位，半数以上人口处于赤贫状态。可以想见，由于经济社会发展水平极低，人们生活水平较为低下，最不发达国家面对气候变化这一风险，自然也具有较强的脆弱性。换言之，气候变化极有可能对最不发达国家带来较大冲击，体现为直接和间接的消极影响：一方面，由于全球气候变化，所带来的全球变暖、极端天气和气象灾害，会对最不发达国家的生态环境构成直接危害，进而影响到这些国家居民的生存与生活境况；另一方面，由于最不发达国家本身经济和社会的脆弱性较强，因之面对气候变化风险和可能的气候治理需求，这些国家无力承担诸如减缓和适应议题等所需的物力和财力。更何况，发达国家在全球气候政治谈判中所做的有关承诺，如对包括最不发达国家在内的发展中国家进行资金和技术援助，也往往口惠而实不至，这对最不发达国家应对气候变化而言，无异于雪上加霜。因此，全球气候政治中的 "最不发达国家"，往往是以弱者姿态出现，并需要全球气候政治议程本身对其给予足够的关照。而且，最不

① "First Ministerial Meeting of the Group of 77: Charter of Algiers", Algiers, 10 – 25 October 1967, http：//www. g77. org/doc/algier ~ 1. htm.

② "2768. Identification of the Least Developed among the Developing Countries", 1971 – 11 – 18, http：//www. unitar. org/resource/sites/unitar. org. resource/files/document – pdf/GA – 2767 – XXVI. pdf.

发达国家群体往往与上述小岛国家联盟一道，作为全球气候博弈中的特殊一方而同时呈现在气候政治话语当中。

如此一来，不难想见最不发达国家在全球气候政治议题上的利益一致性，即与小岛国家联盟类似，面对气候变化风险和现实困境，须首要考虑生存权。因此在历届全球气候政治谈判博弈当中，最不发达国家尽可能地利用 G77 和联合国谈判等多边平台发出呼声，以期自身的利益诉求得到国际社会的关注，尤其希望工业化国家在限制温室气体排放的同时，通过融资、技术转移和能力建设支持等方式来对其进行援助。比如，2013 年 11 月 14 日，最不发达国家在 UNFCCC 和全球环境基金等联合国机构的协助下，敲定了一套应对气候变化的全面计划，由 48 个最不发达国家同时向公约秘书处提交了"国家适应行动计划"，以使最不发达国家更好地评估气候变化的直接影响，并提出所需的支持需求，根据这些国家当前的适应需求，制定了具体的项目（这些项目的实施需要至少 14 亿美元的额外资金支持）。①

三　其他发展中国家与新兴大国的气候政治南南合作

UNFCCC 下的发展中国家间合作一度成为国际气候谈判进程的主要特征之一。可以说，自公约谈判开启至今，南南合作持续 22 年之久。在有关"发达国家应承担气候变化的主要历史责任"这一认知上，广大发展中国家早已达成共识，并一贯呼吁发达国家应采取最有效的实际行动以管控气候变化风险。比如前文谈到的 G77，则往往强调坚持"共同但有区别的责任"，并以此明确全球气候政治中的南北分立。

然而，随着历史的发展，发展中国家内部就有关"共同但有区别的责任"原则的理解与诠释，也逐渐产生分歧，尤其对"各自能力"（respective capabilities）一说产生怀疑。② 鉴于此，尤其是新兴大国综合实力和温室气体排放量的同步增长，它们不仅遭到来自发达国家的压力，还被原属发展中国家要求承担起更大的气候变化治理责任。换言之，与 BASIC 容易产生分歧的，还在于 G77 中的

---

① 《华沙回声：最不发达国家敲定应对气候变化影响计划》，中国气象报社，2013 年 11 月 19 日，http：//www.cma.gov.cn/2011xwzx/2011xqxxw/2011xqxyw/201311/t20131119_231930.html。

② 参见 UNFCCC，"Article 3.1 of the UNFCCC"，p.4，http：//unfccc.int/resource/docs/convkp/conveng.pdf。

发展中国家群体分化，这些群体就如何与发达国家进行沟通方面亦存在不同意见。比如，南非德班会议时，最不发达国家群体与小岛国家联盟支持欧盟有关京都议定书第二承诺期和2015年达成新的全球协议之"路线图"，而新兴大国方面如印度则持保留意见直到最后该议程草率收场。① 而且，在2011年德班大会上，小岛国家联盟的发言人甚至直截了当地将低地国家的窘况与新兴大国的发展联系起来，指出"小岛是我们的尊严所在，我们不会迁徙到任何地方而迁就他人虚妄的幻想。他们发展起来了，我们就灭亡了。凭什么？"② 2012年8月30日至9月5日，联合国气候变化框架公约谈判特设工作组长期合作行动（AWG-LCA）、京都议定书附件一缔约方长期承诺特设工作组（AWG-KP）及德班增强平台特设工作组（ADP）会议在泰国曼谷召开，智利代表强调，"共同但有区别的责任"原则之诠释，不能以阻碍气候行动雄心或规避责任为代价，国家发展与气候保护应该是互补的，而非割裂的目标；同时，智利方面还认为采取雄心勃勃的气候行动须靠强有力的激励，且必须建立在对公正与公平的共同理解基础上。③ 2013年4月29日至5月3日，联合国2013年首轮气候变化谈判在德国波恩举行，各国就有关2020年生效的气候变化新协议及2020年之前应对气候变化的行动力度等议题交换了意见，但未达成具体成果。其中，智利谈判代表安德烈斯·皮拉佐利（Andres Pirazzoli）提到，"我们很乐意看到中国作出承诺，这实际上是中美之间的博弈，二者都等着对方采取行动……希望这两个国家在气候问题上更有抱负一些，这样才能使整个世界应对气候变化的成果更上一层楼"。④

可见，当其他发展中国家要求新兴大国为全球气候治理承担起更大责任时，

---

① IISD, "Summary of the Duban Climate Change Conference", Earth Negotiations Bulletin, Vol. 12, No. 534, 2011 - 12 - 13, p. 30, http：//www. iisd. ca/download/pdf/enb12534e. pdf.

② Subhabrata Bobby Banerjee, "A Climate for Change? Critical Reflections on the Durban United Nations Climate Change Conference", Organization Studies, Vol. 33, No. 12, 2012, pp. 1779 - 1780.

③ IISD, "Summary of the Bangkok Climate Talks: 30 August - 5 September 2012", Earth Negotiations Bulletin, Vol. 12, No. 555, 2012 - 09 - 08, p. 5, http：//www. iisd. ca/download/pdf/enb12555e. pdf.

④ Stephen Minas, "BASIC positions-Major Emerging Economies in the UN Climate Change Negotiations", The Foreign Policy Centre Briefing, June 2013, p. 5, http：//fpc. org. uk/fsblob/1560. pdf.

新兴大国与传统发达国家间的界限似乎变得模糊起来。尽管如此，新兴大国与其他发展中国家在气候变化上的南南合作仍被以 BASIC 为主导的群体视为优先议程，即基础四国对更为宽广的 G77 阵营团结十分看重。比如 2005 年，中国外交部部长李肇星在毛里求斯访问期间，就应对共同威胁、突出重点、加强能力建设、深化伙伴关系等方面为小岛国家的发展提出倡议，以尽可能地为小岛国家动员更多的资金、技术、智力和人力支持。① 反观其他发展中国家方面，即使我们搁置身份/准集体身份等带有理念主义色彩的界定，就纯粹的工具理性而言，那些较为弱小贫困的 G77 成员国在更为宽广的政治经济关系中也十分需要与主要大国行为体进行互动（尤其需要大国的援助或支持）。比如在发展中国家与中国的互动中，中国长期坚持尊重主权、不干涉他国内政等原则，并经常控诉北方国家的干涉主义（interventionism），对于发展中国家世界所提供的支持和援助，不附加任何政治条件，受到发展中国家的普遍欢迎；同时，对于不少南方国家群体而言，尤其是拉丁美洲国家，似乎将自身的全球气候政治立场基于左右摇摆的利益纠结之中，也就是说既部分地仰仗 G77，又难以脱离与美国之间的传统联系——这使得拉美国家既向外界/第三方释放出反美情绪，又自然无法脱离美国影响，这在哥本哈根大会上亦有所表现。②

此外，G77 的成员国还被邀请参与 BASIC 的例会，如本书第二章所述，基础四国部长级会议声明也一而再再而三地强调发展中国家团结一致的重要性。例如，2012 年 12 月，基础四国部长在北京发表联合声明，指出维持"G77 + 中国"团结的极大重要性，并重申 BASIC 成员国有关强化"G77 + 中国"和继续共同努力协调，四国就应对气候变化的紧迫性，特别是对小岛国家、最不发达国家、非洲（国家和地区）表示深刻关切，四国重申将因此而进一步加强南南合作。③ 具

---

① 《中国为小岛屿发展中国家的发展提出四点倡议》，新华网，2005 年 1 月 13 日，http：// news. xinhuanet. com/world/2005 - 01/13/content_ 2456679. htm。

② Ian Taylor, "Governance in Africa and Sino-African Relations: Contradictions or Confluence?", Politics, Vol. 27, No. 3, 2007, p. 140; Antto Vihma, Yacob Mulugetta and Sylvia Karlsson-Vinkhuuyzen, "Negotiating Solidarity? The G77 through the Prism of Climate Change Negotiations", Global Change, Peace and Security, Vol. 23, No. 3, 2011, p. 331.

③ "Joint Statement Issued at the Conclusion of the 13th BASIC Ministerial Meeting on Climate Change Beijing, China 19 - 20 November 2012", Environmental Affairs, https: //www. environment. gov. za/ content/jointstatemen_ issuedconclusion_ 13thbasicministerialmeetingclimatechange.

体议题导向而言，气候融资可以说是 BASIC 与 G77 群体间切实可行的一个合作领域。比如 BASIC 群体曾共同强调 2009 年哥本哈根大会时发达国家承诺的"快速启动资金"须分配给非洲国家、小岛国家和最不发达国家，哪怕 BASIC 各成员国自身被排除在享有该资金援助的范畴之外；2011 年南非德班会议上，BASIC 群体也曾再次要求发达国家履行承诺，向发展中国家提供用以应对气候变化所必需的资金援助等。[①]

小　结

新兴大国气候政治群体化的外部机制，在于共同他者的反馈及新兴大国对于这种反馈的联合回应。因而，本章之于伞形国家、欧盟、其他发展中国家等"共同他者"与新兴大国间的气候政治互动，分别界定为"权力之争""利益共容""南南合作"，实则偏向于诠释新兴大国对来自这些共同他者反馈的联合回应。换言之，本章是从新兴大国的立场出发而界说"权力之争"、"利益共容"和"南南合作"。诚然，可能存在的问题在于这三种界定是否稍显主观/武断/随意，比如欧盟和新兴大国之间是否也存在"权力之争"？

笔者以为，正是由于全球气候政治呈现"群体化"和"碎片化"现象并存的特点，在发达国家与发展中国家间二元对立的气候政治两极博弈主导格局之下，还同时存在着发达国家群体内部、发展中国家群体内部所各自存在的矛盾分歧。因而，囿于篇幅和主题，单从新兴大国立意来讨论，穿行于不同的群体间互动，诸如全球气候政治中的美欧分歧、发展中国家的南南合作等都是新兴大国可资利用的生存空间。比如伞形国家与欧盟之间可能存在的气候领导权之争，新兴大国似可利用发达国家群体在气候政治议题上的现有矛盾，以寻获自身在未来"碳实力"崛起方面的发展机遇；同样的，面对发展中国家群体在全球气候政治进程中日益分化的事实，新兴大国至少在主观上始终坚持维系发展中国家世界的"南南合作"进程，或尽可能争取来自发展中国家群体的

---

① "Australia Offers $599m to Protect Poor Countries from Climate Impacts", 2010 – 12 – 10, http://www.abc.net.au/pm/content/2010/s3090567.htm; Karl Hallding *et al.*, *Together Alone: BASIC Countries and the Climate Change Conundrum*, p. 94.

广泛支持，以集中应对来自发达国家这一气候政治博弈对立方的主要挑战。简言之，不论是从复杂多变的全球气候政治互动格局，还是从新兴大国自群体之于全球气候政治中的身份视角，共同他者反馈（及新兴大国对这种反馈的联合回应），即所谓外部机制，强化/再造了新兴大国的准集体身份，使 BASIC 得以延续。

第五章
新兴大国气候政治群体化的
意义和前景

第一节　新兴大国气候政治群体化的国际政治意义

一　探寻集体行动难题的化解之道

早在古希腊时期，亚里士多德（Aristotle）在其名著《政治学》当中就曾犀利指出："凡是属于最大多数人的公地（commons），往往是最少受人照顾的，人们关心自己的东西，而忽视公共的东西。"① 随后，霍布斯描述的自然状态中的人其实也是这种公共问题的原型：人们寻求自己的利益，最后彼此相互厮杀。② 1833 年，威廉·福斯特·劳埃德（William Forster Lloyd）提出，公共财产会被不计后果地使用。③ 1954 年，H. 斯科特·戈登（H. Scott Gordon）则在其经济理论研究当中描绘了一幅有关公共财产的生动画面："属于所有人的财产是不属于任何人的，这句保守格言在一定程度上却是真实的。所有人都可以自由得到的财富将不会被任何人珍惜。如果有人傻傻等待合适时候再来享用这些财富，那么他们将会发现，这些财富早被人拿走了……海洋中的鱼对渔民而言是没有价值的，因为假如他们今天不打渔，那么就不能保证这些鱼是不是明

---

① Aristotle, *Politics*, Oxford: Clarendon Press, 1946, p. 1261b.
② Thomas Hobbes, *Leviathan*, p. 77.
③ William Forster Lloyd, "William Forster Lloyd on the Checks to Population", *Population and Development Review*, Vol. 6, No. 3, 1980, pp. 473–496.

天还在。"①

1965 年，曼瑟尔·奥尔森（Mancur Olson）的《集体行动的逻辑》一书对乐观的群体理论提出了强有力挑战。群体理论认为，如果某一群体的成员有共同的利益或目标，并且这一目标的实现会使所有群体成员获利，那么只要在这个群体中的个人是理性的和自利的，他们就将为实现这一共同目标而采取行动。但在奥尔森看来，"除非一个群体中人数相当少，或者除非存在着强制或其他某种特别手段，促使个人为他们的共同利益行动，否则理性的、寻求自身利益的个人将不会为实现他们共同的或群体的利益而采取行动"。② 换言之，如果行为体不会被排除在获取某一公共产品的收益之外，就不会有动机为这个公共产品的供给而自愿奉献。1968 年，加勒特·哈丁（Garrett Hardin）在自然科学顶级期刊《科学》上发表了题为《公地悲剧》（"The Tragedy of the Commons"）的著名文章，认为："这是一个悲剧。（因为）每个人都被锁定到一个系统，这个系统迫使他在一个有限的世界中无节制地增加牲畜。在信奉公地自由使用的社会，每个人趋之若鹜地追求自己的最佳利益；（到头来）所有人的目的地就是毁灭。"③ 自此，"公地悲剧"一词成了一种象征，用以指代任何时候只要多人共同使用某种稀缺资源，环境退化就会发生。显然，公地悲剧是一个隐喻，它可以用来说明一些带有普遍性的公共问题，如环境问题与国际合作等，涉及公共资源都可能产生公地悲剧。④ 由此，我们不难发现，全球气候政治叙事情境描绘的也是这样一种典型的集体行动难题/公地悲剧。

那么，如何应对包括环境议题在内的集体行动难题/公地悲剧？当前大概有三种主要的解决方案：政府路径、市场路径和自主治理。

其一，政府路径。这种方案认为，由于存在公地悲剧，环境问题难以通过合

① H. Scott Gordon, "The Economic Theory of a Common-Property Resource: The Fishery", *Journal of Political Economy*, Vol. 62, No. 2, 1954, p. 124.

② Mancur Olson, *The Logic of Collective Action: Public Goods and the Theory of Groups*, Cambridge, Mass.: Harvard University Press, 1965, p. 2.

③ Garrett Hardin, "The Tragedy of the Commons", *Science*, Vol. 162, No. 3859, 1968, p. 1244.

④ Duncan Snidal, "Public Goods, Property Rights, and Political Organizations", *International Studies Quarterly*, Vol. 23, No. 4, 1979, pp. 532 – 566; Duncan Snidal, "Coordination Versus Prisoner's Dilemma: Implications for International Cooperation and Regimes", *American Political Science Review*, Vol. 79, No. 4, 1985, pp. 923 – 942; Rick Wilson, "Constrains on Social Dilemmas: An Institutional Approach", *Annuals of Operations Research*, Vol. 2, No. 1, 1985, pp. 183 – 200.

作来解决，因而必须有较大强制力的政府，甚至可以说"即使我们避免了公地悲剧，也只有在同样悲剧地将利维坦作为唯一手段时才可能"。① 换言之，"如果想要避免走向毁灭，就必须对外在于人们心灵之上的强制力表示臣服，这种强制力就是霍布斯的'利维坦'"。② 进而，有学者认为强有力的政府对实现生态控制而言是必要的，因为假如无法期待私人对维护公地的兴趣，那么就需要公共机构、政府或国际权威的外部管制；同样，倘若经济效率来自自然资源等公共财产资源的开发，也要求对这类资源进行集中控制和管理。③

其二，市场路径。这种方案要求在有公共资源的地方强制实行私有财产权制度，因为"无论是对公共财产资源的经济分析还是哈丁的公地悲剧论"，都说明避免悲剧的出路其实在于终结公共财产，并建立起一种私有财产权制度取而代之，否则"资源还是公共财产的话，我们就会被囚禁于无法改变的毁灭之中"。④ 不过这里需要指出的是，一个竞争性的市场作为私有制度的象征，它本身就是一种公共产品；一旦形成了这样的竞争性市场，个体不管是否为市场的建立和维系而付出，都可以自由利用该市场；如果没有各种公共制度作为根基，那么显然任何市场都不可能持久，也就是说，在现实中公共的与私有的制度往往是相互依赖的，而并非如理论分析时这般二元对立甚或相互隔绝。⑤

其三，自主治理。无论是政府路径还是市场路径，都讨论了新的制度安排何以产生以及监管的意义，但仍无法有效应对新制度的供给、可信承诺、相互监督等过程中的关键问题。比如，这其中制度的供给，各行为体可能希望有一个新的

① William Ophuls, "Leviathan or Oblivion", in Herman E. Daly, ed., *Toward a Steady-State Economy*, San Francisco: Freeman, 1973, pp. 228 - 229.

② Garrett Hardin, "Political Requirements for Preserving Our Common Heritage", in H. P. Bokaw, ed., *Wildlife and America*, Washington, D. C.: Council on Environmental Quality, 1978, p. 314.

③ David W. Ehrenfeld, *Conserving Life on Earth*, New York: Oxford University Press, 1972, p. 322; Ian Carruthers and Roy Stoner, "Economic Aspects and Policy Issues in Groundwater Development", World Bank Staff Working Paper, No. 496, 1981, p. 29.

④ Harold Demsetz, "Toward a Theory of Property Rights", *American Economic Review*, Vol. 57, No. 2, 1976, pp. 347 - 359; O. E. G. Johnson, "Economic Analysis, the Legal Framework and Land Tenure Systems", *Journal of Law and Economics*, Vol. 15, No. 1, 1972, pp. 259 - 276; Robert J. Smith, "Resolving the Tragedy of Commons by Creating Private Property Rights in Wildlife", *CATO Journal*, Vol. 1, No. 2, 1981, pp. 465 - 467.

⑤ Elinor Ostrom, *Governing the Commons: The Evolution of Institutions for Collective Action*, Cambridge: Cambridge University Press, 1990, p. 15.

制度产生并协调它们的行为以达到均衡的回报，但涉及对制度的选择，行为体间可能会发生根本的分歧。因而，所谓的协调乃至合作，博弈的结果本身也包含着一个集体困境——"即使制度的回报是对等的，引进新制度也可以让所有参与者都同等程度地获利，但既然制度提供的是一个集体物品，理性人追求的是免费确保自己的利益，就仍然会有制度供给的失败。搭便车的动机会逐渐削弱解决集体困境的动机"。① 鉴于此，埃莉诺·奥斯特罗姆（Elinor Ostrom）提出了自主组织和自主治理的分析框架，即通过清晰界定边界、占用和供应规则与当地条件相一致、集体选择的安排（绝大多数参与者能参与规则修改）、监督、分级制裁、冲突解决机制、对组织权的最低限度的认可、嵌套式企业治理等八项具体设计原则，激励公共资源占有者自愿遵守相关的操作规则，并相互监督，从而使这一集体行动的制度安排得以延续和演进。② 这里我们不妨对位于新兴大国群体化参与全球气候治理的实践，不难联想到巴西、南非、印度、中国，甚至俄罗斯的群体化参与气候政治议程都迥异于传统大国的气候治理模式。与盲目强调"共性""强制力约束"的气候协定相较，新兴大国群体化议程中更为彰显"个性""差异性"，这种自组织治理的个性和差异不仅表现在与传统大国的温室气体排放历史责任甄别上（表现为气候政治权力之争和可能的"南北对话"），而且还表现为对各国发展道路和基本国情的尊重（反映在 CDM 和气候政治"南南合作"进程中）。

　　一般从全球公共问题的理论逻辑上来看，对气候变化的参与属于公共问题的范畴，难免遭遇"集体行动的难题"。那么，如本书的各个案例所揭示的，一国对气候政治的参与在很大程度上受到选择性激励的影响，而不仅仅是道德伦理上的约束。比如，国际形象一定程度上也属于选择性激励，显然它是一种国际社会意义上的激励。因而，对于群体化的新兴大国而言，从国际形象的护持来看，中国和印度等新兴大国的气候政治总体上转为正向参与，但对于自身参与国际气候政治的积极行动而最终反馈于国际形象的再塑造而言，却不容盲目乐观。

---

① Robert H. Bates, "Contra Contractarianism: Some Reflections on the New Institutionalism", *Politics & Society*, Vol. 16, No. 2 – 3, 1988, pp. 394 – 395.

② Elinor Ostrom, *Governing the Commons: The Evolution of Institutions for Collective Action*, pp. 91 – 101.

二 重塑全球气候治理

全球气候变化呼唤全球气候治理，以期有效应对和规避全球气候风险，并尽可能地使经济、社会和环境之间形成良性互动，实现可持续发展。然而，诚如本书第一章所分析的，新兴大国气候政治群体化现象所依附的全球气候政治结构，其主要是一种松散耦合的全球气候制度结构或曰机制复合体。对这种有待发展的制度结构，存在争议。从深层次来看，全球气候政治及其制度结构，其实反映了当前一种全球气候治理（模式）的失灵。这种全球气候治理失灵，主要表现在如下几个方面。

其一，全球化和现代性危机反衬出市场和政府失灵，加剧了气候变化的全球风险。如上文所言，为化解全球气候公共问题这一集体行动难题困境，市场和政府路径是两种典型的治理方案。但是，这些治理路径在资本主义危机（如2008年国际金融经济大危机）和全球化之下却难以避免走向治理失灵。客观上，气候变化的公共问题属性使得气候政治议题更显全球性（globality），而我们时代容易产生共鸣的一种理念（notion）似乎正在于全球化（globalization），它正将我们带向某个新的时代，但全球化本质上仍是个盲目的运动，因为至少人们并未准备好应对未来的有效新理念。全球化因之表现为经济运动与政治理念的失调、文化运动与价值观之间的失调、全方位的经济发展"数字"游戏，却以环境毁灭为代价；全球化的同时伴随着全球分化（global-breaking），如此一来，世界成了一个失效的/失败的（failed）世界，而世界的失效/失败则可能最后毁掉整个世界。① 而且，气候政治议题需倚仗跨越传统国家中心主义樊篱的全球合作，这本身亦使得后现代性逐步浸入现代性的传统认知领地，形成现代性与后现代性之间的相互角力；如果说现代性昭示着从"传统"向"现代"社会的无情历史转变，并产生将旧有生活方式加以消灭的资本和技术型权力的话，那么后现代性则意味着一些革新性的转折和颠倒（包括一些社会控制和抵抗的新形式）引入社会的扩张过程，如生产和消费的本质和模式变迁、大众文化的重建、资本和文化的重构、心理认同的再建构等。②

---

① 赵汀阳：《天下体系：世界制度哲学导论》，中国人民大学出版社，2011，第78~79页。

② Robert G. Dunn, *Identity Crisis: A Social Critique of Postmodernity*, Minneapolis: University of Minnesota Press, 1998, p. 109；严双伍、赵斌：《自反性与气候政治：一种批判理论的诠释》，《青海社会科学》2013年第2期，第54~55页。

其二，全球气候机制协调与制度建构的失灵。全球气候政治是一个错综复杂的领域，它与民族国家/国族之国内机制、双边及多边协定、跨国的国际的以及超国家的治理制度、非政府组织与跨国公司，以及公民社会等等相协调。尽管国际组织与跨国机制飞速发展，然而应对全球气候公共问题所面临的窘况仍然此伏彼起。如气候谈判的艰难进程，从里约热内卢到京都到巴厘岛，再到哥本哈根、墨西哥坎昆、南非德班、卡塔尔多哈、波兰华沙，其中政治系统输出的"渐进"缓慢可见一斑。相关的成就可能出现在国家层次，如国内民主制度建设、清洁能源自主研发、低碳生活方式的倡导、消费与大众文化的转向等。我们不妨反思，如《联合国气候变化框架公约》等国际公约与国际协议是否真能如愿推动全球气候政治治理，或有效地管理由工业资本主义"全球胜利"所带来的这种风险与危机？答案仅能是未知的。按照社会学家乌尔里希·贝克（Ulrich Beck）的风险社会理论来理解，这里形成了现代性与后现代性之间的相互角力。换言之，即那些曾经根植于19世纪工业资本主义与民族国家权威的观念、制度、结构，如今却遭遇21世纪激进现代化的挑战——这种后现代性中充斥着超越主权民族国家边界的风险、机遇、冲突动力。① 再如《京都议定书》，虽起源于1992年里约热内卢可持续发展峰会，该议定书的诞生，却无异于一个完全失败。因为它无法阻止温室气体排放的持续增多（当然期间也多少受到苏联解体这一国际政治大事件的冲击，即传统高级政治议题重新遮蔽人们的视域），所以说京都议定书相比其雄心而言，是完全失败的。②

其三，全球气候治理的合法性危机。从（对资本主义进行剖析的）社会生态学视角来看，这种危机反映了全球环境正义问题，资本主义式的全球治理，以社会生态议题来掩盖其对社会经济和环境的破坏性。也就是说，所谓的"专家知识"（expert-knowledge）是颇令人怀疑的，需要寻找不同的理性（rationalities），专注于保护自然，将人类社会视为自然的一部分，而不是反过来。因此，需要重新动员环境议题关切，授权给以往的无权者（empowers the disempowered），将应对社会生态不均等置于环境议程之首要。比如碳市场（特别是其中的碳补偿机制）

---

① 严双伍、赵斌：《自反性与气候政治：一种批判理论的诠释》，《青海社会科学》2013年第2期，第55~56页。

② 参见 Pete Dickenson, *Planning for the Planet：How Socialism Could Save the Environment*, London：Socialist Publications Ltd. ，2012。

等具体方案的合法性被广泛质疑，因为所从事的碳交易很可能纵容了发达国家的温室气体排放。[①]

其四，治理规则和理念滞后于全球气候政治变化。治理规则和理念的滞后，无法有效应对气候变化，从而只能导致全球气候治理赤字的出现。具体而言，治理规则滞后于权力结构、安全性质和相互依存态势的变化；治理理念的滞后则在于和现代性紧密相关的一元主义治理观、工具理性和二元对立思维，这些思维定式使传统大国和新兴大国间很容易产生对立认知，从而难以就诸如气候问题达成真正公平合理有效的全球协议。[②] 如此一来，在现有的治理规则和认知框架下，我们不难理解当前的全球气候治理还可能等同于某种程度上的新殖民主义，因为当前的治理为诸如高消耗产品出口进行辩护，这些产品往往由中心国家或地区流向边缘国家或地区；如上提到的碳补偿市场也强化了这种新殖民主义逻辑，使得北方国家很大程度上规避碳减排（措施），并给南方国家强加了补偿成本，而且也侵蚀了南方国家的主权。

按照新中世纪主义（Neomedievalism）的看法，全球化时代的主权国家仍是主要的国际行为体，其在政治、文化上的组织能力仍无可替代，而同时全球化的力量又侵蚀着主权国家的边界，对主权国家的治理构成了挑战，全球政治因之呈现出了主权国家和市场经济两种力量相互需要而又相互竞争的特点，国际体系孕育着又一次的历史转型，这种初露端倪的新秩序很像欧洲中世纪历史时期。[③] 全球化的进程特别是冷战的终结带来了国家间关系的调整，也导致了国家、市场和公民社会之间权力的再分配。[④] 如此一来，世界政治成为政治/国家、市场和社会这三种力量的竞技场。[⑤] 不过，正如本书第一章讨论全球气候政治的参与主体时提到的，主权民族国家在全球治理中的地位仍无可替代，即便涉及非国家行为体的

[①] 参见 Andrea Baranzini, Jose Goldemberg and Stefan Speck, "A Future for Carbon Taxes", *Ecological Economics*, Vol. 32, No. 3, 2000, pp. 395 – 412; David Pearce, "The Social Cost of Carbon and Its Policy Implications", *Oxford Review of Economic Policy*, Vol. 19, No. 3, 2003, pp. 362 – 384。

[②] 参见秦亚青《全球治理失灵与秩序理念的重建》，《世界经济与政治》2013 年第 4 期，第 7 ~ 12 页。

[③] 俞正樑、陈玉刚、苏长和：《21 世纪全球政治范式》，复旦大学出版社，2005，第 130 页。

[④] Jessica T. Mathews, "Power Shift", *Foreign Affairs*, Vol. 76, No. 1, 1997, p. 50.

[⑤] Jörg Friedrichs, "The Meaning of New Medievalism", *European Journal of International Relations*, Vol. 7, No. 4, 2001, pp. 491 – 492.

重要性上升，也并不必然意味着国家力量的式微。好比我们在印度个案当中所看到的那样，为应对气候变化等环境问题，通过一种跨政府秩序（transgovernmental order）（这种秩序由国家的立法行政司法等相关部门主导），形成跨政府网络，进而实现一种特定环境议题上的国际（international）治理，这并非完全意义上的跨国（transnational）或全球（global）治理。① 更何况，当今世界令人担忧的问题恐怕不是国家作为世界体系主要行为体的衰落（尽管某些跨国行为体的作用日益显著），而是国家能否认识到它们必须齐心协力，共同管理好这个相互依存的多样性的世界。②

因此，新兴大国气候政治群体化，可以说是一种重塑全球气候治理的路径选择和可贵尝试。从本书前述章节研究来看，如新兴大国巴西、南非、印度和中国所形成的 BASIC 机制，乃至这些成员国的气候政治变化及对 BASIC 这一准集体身份的选择过程中，我们不难发现，不论是这些新兴大国的国别气候政治变化还是群体化路径，都没有放弃架构发达国家群体与发展中国家群体间良性互动桥梁的制度化努力。尽管这一进程可能还不成熟，仍无法逃离国家中心主义的羁绊或工具理性治理观念的束缚，然而至少在全球气候治理宏大叙事中开启了一种多元治理与实践参与的新形式，以呼应新兴大国群体崛起之现实。

三　争取全球气候政治公平正义

所谓公平正义（equity and justice），常合称为公正，意味着不对其他国家和其他人附加额外的伤害，并尽可能将对脆弱个体的影响控制在最低限度。③ 在气候变化议题上，有关国际公平和正义，至少存在六种解读：权利（rights）、因果（causality）与责任（responsibility）、功利主义（utilitarianism）、康德伦理学

---

① 参见 Anne-Marie Slaughter，"The Real New World Order"，*Foreign Affairs*，Vol. 76，No. 5，1997，p. 184。

② 〔英〕马克·W. 赞奇：《威斯特伐利亚神殿的支柱正在朽化：国际秩序及治理的意蕴》，〔美〕詹姆斯 N. 罗西瑙（James N. Rosenau）主编《没有政府的治理》，张胜军、刘小林等译，江西人民出版社，2001，第 71 页。

③ Henry Shue，"Equity in an International Agreement on Climate Change"，in R. Odingo *et al.*，eds.，*Equity and Social Considerations Related to Climate Change*，Nairobi：ICIPE Science Press，1995，pp. 385 – 392.

（Kantian ethics）、罗尔斯正义论（Rawlsian justice）、无偏颇（impartiality）。① 其中，权利指的是面对气候变化风险，每个人都有生存的权利，如果任何有关气候变化责任之所谓"科学"预测和权责分摊忽略了这种生存权，则显然有违公正（just）公平（equitable）；因果与责任，是公平正义的构成基础，即人为气候变化风险是由谁造成的，那么最终也应由谁来承担；② 功利主义，则认为有关气候问题的利益和责任分摊，应使行动结果最优化，比如美国和其他发达国家加入UNFCCC 谈判进程，并承认气候变化责任，且援助那些可能遭受气候变化风险的其他国家（换言之，气候变化权责分摊应使作为整体的人类幸福最大化）；③ 康德伦理学视角，则坚持"人是目的，而非手段"④，如此一来，倘若气候变化的一些责任分配以有违自由意愿的方式强加于一些国家，那么这种责任分配显然是有失公正的；罗尔斯正义论视角，认为所谓的权责分摊可能来源于"无知之幕"（veil of ignorance）之下的利己主义"原初立场"（original position）⑤，具体到全球气候政治当中，则表现为发达国家与发展中国家间的严重失衡，比如小岛国家面临的气候变化严峻风险虽说得到承认，但发达国家（出于利己主义考虑）所采取的气候行动仍十分有限，因之小岛国家等弱势群体仍处于"自然状态"；无偏颇，则要求对公平公正进行合理的评估，诸如美国为巴布亚新几内亚提供气候援助，不在于这属于美国利益范畴，而在于就公正而言，美国不应拒绝。⑥

全球气候变化中的公平正义问题，正越来越为世界各国各地区所珍视，且这种趋势也影响到各级政府应对气候变化难题时的态度和立场。甚至可以说，

---

① Matthew Paterson, "International Justice and Global Warming", in Barry Holden, ed., *The Ethical Dimensions of Global Change*, New York: St. Martin's Press, 1996, pp. 181–201.

② Henry Shue, "Equity in an International Agreement on Climate Change", in R. Odingo *et al.*, eds., *Equity and Social Considerations Related to Climate Change*, Nairobi: ICIPE Science Press, 1995, p. 386.

③ Paul G. Harris, "Climate Change Priorities for East Asia: Socio-economic Impacts and International Justice", in Paul G. Harris, ed., *Global Warming and East Asia: The Domestic and International Politics of Climate Change*, p. 28.

④ 参见 Immanuel Kant, *The Moral Law*, London: Hutchinson, 1948。

⑤ 参见 J. Rawls, *A Theory of Justice*, Cambridge, MA: Harvard University Press, 1971。

⑥ Chris Brown, *International Relations Theory: New Normative Approaches*, New York: Columbia University Press, 1992, p. 181.

国际公平正义的最大争论，存在于所有国家有关国际环境尤其是气候变化问题的国际合作之中。[①] 对于发展中国家而言，倘若未能体现公平正义，那么全球气候机制的价值意义则令人怀疑，并可能削弱发展中国家群体应对全球气候变化的信心和动力，尽管气候变化风险本身可能对发展中国家构成更大的威胁。更何况，自工业革命以来，从经济学角度看全球北方工业化国家正是温室气体排放的最大受益者，如其领先的经济发展正是得益于工业革命以来的全球产业转移，因而如今再让发展中国家与其"共享"应对气候变化的全球责任，显然也是有失公正的。[②] 鉴于此，我们也就不难理解在 UNFCCC 谈判进程中，发展中国家群体何以统一强调应由发达国家承担气候变化的历史责任，因之对于发展中国家自身而言，可以参与气候谈判，但拒绝作出与发达国家同等或更多的实质减排承诺。[③] 对于所有发展中国家而言，这种信念近乎神圣不可侵犯（sacrosanct）。[④]

在全球气候政治中，公正（equity）对于国际谈判协议的达成和履行来说，始终都是一个至关重要的问题，因为这直接关系到主权民族国家对气候政治的参与度，如以公正与否来决定本国是否签约和履约。[⑤] 如第一章所述，在 UNFCCC 当中，有关公正问题的特殊条款，显然将公正视作保卫气候系统和人类后代的基础，发达国家和发展中国家有区别的（减排）责任原则，亦为典型例证。不过，这里涉及的公正基础，仍然存在一定的解读空间，尤其具体政策实施与公正原则之间还有不小的距离，这在有关京都机制的发展与存续争论中表现得尤为明显。从京都议定书有关减排目标的设定来看，主要强调发达国家间的"责任分担"（burden sharing）、"支付能力"（ability to pay）、主权、经济环境等，

① Paul G. Harris, "Considerations of Equity and International Environmental Institutions", *Environmental Politics*, Vol. 5, No. 2, 1996, pp. 274 – 301.

② Clive Ponting, *A Green History of the World*, New York: St Martin's Press, 1991, pp. 387 – 392, 405 – 406.

③ Delphine Borione and Jean Ripert, "Exercising Common but Differentiated Responsibility", in Irving M. Mintzer and J. Amber Leonard, eds., *Negotiating Climate Change: The Inside Story of the Rio Convention*, Cambridge: Cambridge University Press, 1994, pp. 83 – 84.

④ Ambuj D. Sagar and Tariq Banuri, "In Fairness to Current Generations: Lost Voices in the Climate Debate", *Energy Policy*, Vol. 27, No. 9, 1999, pp. 509 – 514.

⑤ Marvin S. Soroos, *The Endangered Atmosphere: Preserving a Global Commons*, South Carolina: University of South Carolina Press, 1997, p. 232.

这些都出自一种经济理性考量；从政治环境学意义上看，似应为人类后代的环境可持续而设定更有力的减排总目标，且公正性应关照到所有的国家。[1] 鉴于此，发展中国家，尤其前文所讨论的巴西这一新兴大国在 UNFCCC 谈判初期就曾提出国家温室气体量化减排须考虑人均水平，只不过这样的建议没有被接受。

几乎与 UNFCCC 进程的开启相同步，对于气候变化等环境问题的看法（尤其是经济货币化式的处理）开始遭到质疑，比如政治环境学研究即认为现有处理环境问题的办法注定走向失败，因为它们都未能触及最重要和最根本的——伦理价值问题。[2] 发达国家的政策偏好，使 UNFCCC 呈现出较强的经济理性色彩，比如对气候变化影响的评估，尤其是有关减排成本的争论，在气候制度建构的反馈中始终处于核心地位。在发达国家世界所谓的自由民主观念里，经济理性使得减排成本可测量化，进而所导向的政策决策也可能减少温室气体排放。因而，主要的政治行为体如传统大国相信只有适量减排是符合经济理性的，由此则不难理解 UNFCCC 和京都议定书有关温室气体减排目标和时间表安排设定，具有明显的计量经济考虑。[3] 相反，新兴大国为了争取全球气候公平正义，不惜有所牺牲，如宁愿将自身排除在气候资金享有范围之外。在诸如减缓、适应等具体议题导向上，新兴大国也勇于承担起自愿减排责任，作为崛起的新兴国家，同时还面临着各自仍较为严重的贫困和发展难题，却仍努力为全球气候治理贡献力量。在技术转移和能力建设支持上，始终坚持要求和敦促发达国家履行（对发展中国家的援助支持）义务，这本身就是为南方世界而争取全球气候公平正义的可贵努力。

四　推动全球气候制度变迁

通过对新兴大国气候政治群体化的结构分析，我们初步了解到该群体化形成所依附的宏观结构背景，即全球气候制度结构，是一种松散耦合的机制复合体，对行为体缺乏强有效的规约，变革成本较高，存在多层治理和复杂决策上的困境

---

[1] Leigh Glover, *Postmodern Climate Change*, London & New York: Routledge, 2006, p. 205.

[2] Dale Jamieson, "Ethics, Public Policy, and Global Warming", *Science, Technology, & Human Values*, Vol. 17, No. 2, 1992, p. 146.

[3] Leigh Glover, *Postmodern Climate Change*, p. 194.

等。新兴大国气候政治群体化，生发于这种具有明显不足的制度之中，甚至很大程度上仍仰仗这种制度结构，如对于 UNFCCC 和 Kyoto Protocol 进程，新兴大国可以说是坚强捍卫者。不过，随着气候变化认知的深化和风险的加剧，以及气候政治实践上的进展（包括国内和国际层次），新兴大国气候政治群体化的国际政治意义，还在于其可能推动全球气候制度的变迁。

所谓制度变迁，按照其广义理论的理解[1]，应至少包含五个阶段：第一，有关特定制度安排的观念生成；第二，政治动员；第三，为享有制度设计权而进行斗争；第四，规则的创设；第五，使规则合法化和稳定化。这五个阶段契合了社会演化范式核心机制的三个阶段：变异（mutation）、选择（selection）和遗传（inheritance），即观念的生成相当于变异，政治动员和权力斗争相当于选择，规则创设及其合法化和稳定化相当于遗传。

因此，借助"制度变迁的广义理论"视角来观察，新兴大国气候政治群体化，其进程并非演化机制，而至多算作形成/变化机制。其中，"变异"，即"新的观念"生成（如 CDM）；"选择"，则意味着群体化进程中始终存在国家间冲突，抑或合作困境；"遗传"，则代表着新的机制的形成，如《联合国气候变化框架公约》《京都议定书》《巴黎协定》，以及未来可能的、新的全球气候政治协议。

然而，现实窘境却是全球气候治理失灵。单从国际气候政治进程来看，可以想见气候政治子系统的变化、国家间气候外交与博弈的反复。从整个全球气候政治体系来看，系统却仍未演化！这里，如果我们硬要借助"标签"来理解的话，即仍处于"洛克－杰维斯世界"，全球气候变化应对这一集体行动难题的根本解决，则仍须寄望于该复杂系统本身的演化，即在相关议题领域实现某种集体身份的再造/强化，并增强和维系良性互动进程。新兴大国气候政治群体化是催生全球气候制度变迁与推进全球气候治理的可期路径，而非传统的国家间政治（模式）。

---

① "制度变迁的广义理论"由我国学者唐世平教授提出，该理论有效融合了"制度变迁"的和谐学派和冲突学派，为制度变迁的基本事实提供了更有力的解释，并适用于解释人类社会进步的元事实，而且"制度变迁的广义理论"还有助于我们理解人类社会的正义等根本问题。参见 Shiping Tang，*A General Theory of Institutional Change*，London：Routledge，2011，pp. 34 - 41。

第二节　新兴大国气候政治群体化的上升困境

一　有效参与不足

就当前的新兴大国气候政治群体化发展而言，存在着有效参与不足的困境。新兴大国对于全球气候政治中的多边舞台，广泛参与，这可以为新兴大国在 IBSA、G20、BRICS 等平台下讨论气候议题而提供多种渠道，似较为灵活多变。

然而，除了 BASIC 这一群体化机制，新兴大国气候政治，表现出了有效参与不足。即使就 BASIC 本身而言，由于 G77 内部的分歧与分化，以及中国、印度、巴西、南非、俄罗斯等各国气候变化脆弱性的差异，使得目前新兴大国气候政治群体化"抱团打拼"态势仍较多局限于低水平参与。较为显著的成就，也仅多见诸"联合声明"和例会（如基础四国部长级会议），以及对联合国层次 CBDR 原则的一再重申等。换言之，有关减缓、适应、资金、技术和能力建设等具体议题领域上的有效参与仍有待提高，从而提升新兴大国气候政治群体化发展的制度化水平，使其并不仅仅局限于"清谈俱乐部"层次。同时，群体化"俱乐部式"多边合作的不足，其实也部分地反映了国际合作治理的困境，尤其当部分地区化在经济、政治联盟力量之间产生冲突时，某种新权力的产生分裂了其他力量，从而使民族国家与全球力量的发展更不平衡，全球治理的实现变得更为困难，并可能引发新的世界性分裂，这值得各国警惕。①

简言之，对于新兴大国而言，宏观上，应努力参与全球气候建制，以形成和完善一种全球气候制度；中观上，提升新兴大国群体化参与全球气候政治的水平，加强群体内良性互动，使之机制化、稳定化，以弥合群体内部成员间可能存在的分歧；微观上，就单个的新兴大国，仍须加大气候政治参与，以在国内（和国际）气候政策与行动上作出积极回应。

---

① 参见吴志成、何睿《国家有限权力与全球有效治理》，《世界经济与政治》2013 年第 12 期，第 17 页。

二　国家发展与气候变化应对之间两难

对于全球气候政治中的新兴大国群体化及其发展趋势，我们仍不能盲目乐观。作为新兴大国自身而言，仍面临着双重难题——"发展"和"气候变化应对"。对这两大难题我们不妨稍做反事实推理，即设想让已成功实现工业化的传统大国来解决其中的任何一个，恐怕也绝非易事。更何况，传统大国的工业化迷思，正是建立在19世纪末以来全球产业转移的基础之上；新兴大国的崛起/突现，亦仍生发于西方世界所主导的现当代国际体系，并在一定时期内仍受既有国际秩序和国际规范的制约。

作为近年来快速增长的新兴经济体，其实仍然面临着相当艰巨的发展任务。如通过本书第三章的个案比较，尤其参照五大国各自的国情，不难发现，这些新兴大国在较长时期内还将继续致力于解决经济社会发展难题。中国和印度同为亚洲新兴大国，同样面临着人口基数大、生产发展不平衡、贫困问题未根治等困难；俄罗斯作为转型经济体，其在苏联解体以后，一直处于"重新崛起"的探索期，其"复兴"很大程度上仍仰仗于丰富的自然资源禀赋（相比基础四国，不得不说俄在气候变化脆弱性上的中度风险算得上一种"比较优势"）；巴西和南非在各自所处的拉美和非洲大陆，也都面临着不同程度的发展问题，如（巴西）热带雨林资源的保护问题、（南非）多数人口贫困及失业问题等。

同时，遭遇气候变化这一全球风险，可以说加重了新兴大国原有的发展负担，因之使得新兴大国面临气候变化应对和国家发展之间的两难。较为理想的出路是，我们不难联想到"可持续发展"。然而，所谓新兴大国说到底仍是发展中国家，对于在核心技术、能力建设乃至资金来源等方面仍须借助发达国家这一事实，同步应对和（可能"过早地"）承担全球气候治理责任，或许有些超前。换言之，对于新兴大国而言，其气候政治群体化，本身就印证了面对气候变化应对与国家发展两难而不得不"抱团打拼"，以期在全球气候政治博弈中，尽可能实现国家发展与气候变化应对之间"双赢"。当然，反而观之，新兴大国气候政治群体化的发展和上升与否，很大程度上也受到这种新兴大国的国家发展与气候变化应对之间关系的影响，即"双赢"效果明显，则群体化"抱团打拼"态势可能进一步延续。反之，则可能陷入分化窘境或停滞不前。这里，尽管气候变化风险本身对新兴大国的国家发展构成了冲击（因之如中国直接将应对气候变化纳入国家战略规划），但可见的将来较为优先的战略考虑恐怕仍是发展，这也再次证实了"吉登斯悖论"。

三　大国合作有待深化

全球气候政治中的新兴大国群体化上升困境，还在于其中的大国合作有待深化。而且，大国合作至少涉及两大方面：新兴大国群体内的大国合作，以及新兴大国与传统大国间的合作。

其一，新兴大国群体内的大国合作。当前新兴大国气候政治群体化突出表现为基础四国的作用提升。但是，就减缓、适应、资金和技术等具体议题导向下的气候政治合作，还须进一步深化。2010 年坎昆大会期间，BASIC 群体中的巴西和南非建议可以考虑实现公约谈判特设工作组长期合作行动（AWG-LCA）谈判中的有法律约束力的成果，这一提议自然遭到了群体内其他两国即中印的共同反对，而同时印度又单方面提出"国际咨询和分析"（ICA）理念，这等于将中国置于一个十分尴尬和"孤立"的被动境地。① 可见，如果新兴大国群体化参与全球气候政治想要达到更高水平，以在全球气候治理上发挥更有效的作用的话，那么首先新兴大国群体内的大国合作须进一步深化，这不仅仅在于基础四国内部的同一立场与相互合作，还在于四国同俄罗斯之间就低碳经济领域乃至京都机制谈判协调，都有扩展和深化合作的必要。进而，为新兴大国与主要对手如伞形国家群体间进行气候谈判博弈时增加砝码（并可能因此而分化瓦解共同他者联合），具有直接的现实意义。

其二，新兴大国与传统大国间的合作。受制于自身的国家发展与气候变化应对之间两难，以及既有国际制度和国际规范的影响，新兴大国仍不得不与传统大国进行全球气候合作。事实上，尽管 UNFCCC 进程主要呈现"南北两极"，南北国家阵营却仍须合作以求应对气候风险这一非传统安全威胁。作为温室气体排放的主要历史责任方，发达国家若一再逃避历史累积排放责任和对发展中国家的气候援助（这种援助承诺在 2013 年华沙谈判上更是严重缩水），显然无益于气候政治难题的根本解决。同样，发达国家即使出于工具理性和议题联系考虑（如

---

① Karl Hallding *et al.*，"Rising Powers: The Evolving Role of BASIC Countries"，*Climate Policy*，Vol. 13，No. 5，2013，p. 622.

通过气候问题来寻求贸易优势，欧盟航空碳税是为明证），也需要进一步深化与新兴大国间的合作，从而为在 2015～2020 年的未来气候政治较量中抢占先机。

第三节　新兴大国气候政治群体化的前景展望

一　群体小众化或扩容

2012 年，"立场相近的发展中国家"（Like Minded Developing Countries，LMDC）这一群体突现，成员包括中国、印度、玻利维亚、厄瓜多尔、埃及、马来西亚、尼加拉瓜、巴基斯坦、菲律宾、沙特阿拉伯、泰国、委内瑞拉。可见，该群体横跨亚非美三大洲，标志着发展中国家内部的分化进一步扩大。[①] BASIC 在面对 LMDC 时，中国和印度出于工具理性考虑而希望促进 LMDC 内部的联合，但巴西和南非毕竟并不在 LMDC 成员国之列，因之巴西、南非对于 LMDC 的态度和看法亦难免与中国、印度发生分歧。[②] 当然，就 2013 年印度金奈召开的第十四次"基础四国"气候变化部长级会议联合声明，乃至同年的 UNFCCC 谈判来看，无论 BASIC 还是 LMDC，其所代表的新兴大国群体和发展中国家阵营之基本立场并无重大分歧。可以说，两大群体其实在气候变化基本议题上的立场相似，比如在对于"G77 + 中国"的维持、以 UNFCCC 为唯一正式的谈判平台、附件一国家的科技和历史责任承担、CBDR 和公平原则的坚持等，都具有深刻共识。因此，即使中国和印度身处 LMDC，巴西和南非游离在外，也仍不会对 BASIC 的联合一致与团结构成根本挑战，甚至还恰好反映了 BASIC 本身及其成员国在全球气候政治群体化中的灵活优势。

我们知道，尽管新兴大国参与全球气候治理趋向于群体化，尤其以 BASIC 为主导，为构筑彼此间的气候合作付出持续努力并联合一致，然而 BASIC 各成员国正如我们在本书第三章个案比较分析乃至第四章外部"共同他者"评价/反馈中所发现的，其实往往还在于其各自的区域大国身份和独立性。换言之，各个

---

① IISD，"Bangkok Climate Talks Highlights"，Earth Negotiations Bulletin，Vol. 12，No. 549，2012 – 08 – 31，http：//www. iisd. ca/download/pdf/enb12549e. pdf.

② Karl Hallding *et al.*，"Rising Powers：The Evolving Role of BASIC Countries"，*Climate Policy*，Vol. 13，No. 5，2013，pp. 621 –622.

新兴大国都有自己独特的国家战略与外交政策，及各自战略与政策之于大国气候政治参与中的优先性考虑。事实上，BASIC 合作，也同样是建立在成员国各自不同的制度、社会认知、关系过程的基础之上，这些复杂系统要素的耦合以 BASIC 在全球气候政治互动中的联合而突现。如此一来，BASIC 各成员国既有联合的理论可能与现实需要，也有可能因为议题导向的不同而产生内部分歧。当然，基础四国更多时候还是努力强化 BASIC 作为一个带有准集体身份的群体之重要作用，比如以部长级会议、专家工作组的制度化、共同参与全球气候研究等方面，加强合作。

那么，对于新兴大国群体化，尤其对于 BASIC 群体而言，其实存在两条不同的前行路径：群体小众化 vs. 扩容，即坚持如 BASIC 这一占主导的新兴大国群体化形式以维护其完整性和相对一致性，还是说尽可能实现扩容以使该群体呈现一定程度的开放性和包容性？从现有的 BASIC 实践来看，显然就 BASIC 各成员国而言，无论出于工具理性还是大国责任，其都不愿意主动"抛弃"原有发展中国家"小伙伴"，最理想的抉择似乎在于（尽可能地）"左右逢源"（该行为动机如中国和印度个案所示）。然而，现实政治的发展却可能事与愿违，由于"G77 + 中国"群体自身的裂痕随历史发展而逐步显现，乃至新兴大国自身快速发展而令其他发展中国家望尘莫及，使得 BASIC 群体的扩容（如"BASIC plus"形式）效果不那么明显。甚至这几个新兴大国的自身温室气体排放大户形象被进一步放大，如中国和印度一度成为"众矢之的"，也成了发达国家如伞形国家群体借以舒缓全球压力（来自发展中国家/世界的批判和指责）的挡箭牌。本书通过历史（纵向）和现实互动（横向）比较，认为至少在可见的将来，新兴大国气候政治群体小众化与扩容这两种路径仍可能共存并行：一方面，小众化如BASIC 和 BRICS 气候合作，可以相对提高议事效率，推动气候行动实践的发展；另一方面，扩容则尽可能关照广大发展中国家的利益诉求，从而努力在全球气候政治博弈中占领道德制高点，以有效应对主要来自发达国家的挑战。当然，这两种路径或曰两大趋势的并行，仍须围绕具体的气候政治议题进行，如 2013 年华沙谈判，在减缓和适应这两大核心议程上，伞形国家群体出现集体"大倒退"，新兴大国群体 BASIC 与 G77 发展中国家阵营则相应有了重新融合的可能。

二 大国政治的回归

不论是"G77 + 中国"的分化，还是 BASIC 的突现，抑或 BRICS 平台下的气候合作。从互动进程来看，较为集中于巴西、中国、印度、南非和俄罗斯这五大国。只不过，俄罗斯这一特例属于伞形国家，其立场较为飘忽，但其批准《京都议定书》的行为亦极大削弱了伞形国家群体。从低碳经济合作等具体议题导向来看，俄罗斯是 BASIC 群体在扩容路径上可以争取的一支重要力量。这在现象上来看，新兴大国间协调及其深化发展，似乎反映了某种现实主义的逻辑——"大国政治的回归"。

用均势理论或制衡的逻辑来理解新兴大国气候政治群体化，难以理解这一国际关系中的经验困惑。或者说，借助主要用于探讨传统安全议题的联盟与均势理论来理解气候政治，难免有点"张冠李戴"。然而，换个角度看待这里对均势理论的"莫须有"诘难，至少可以说明我们不能简单化理解全球气候政治中的新兴大国群体化现象。所谓"大国政治的回归"，这一逻辑如可能成立，也仅在于惯性思考巴西、俄罗斯、印度、中国、南非这五个新兴大国本身的综合实力增长，并将这种实力增长视作"群体化"的核心变量？显然，这种简单化导致的"简洁代价"，会使我们陷入某种循环论证——究竟是新兴大国的实力增长而导致"群体化"，还是"群体化"本身象征着新兴大国的实力增长？

可见，就新兴大国气候政治群体化的前景而言，当前形似传统大国均势"大国政治的回归"迹象可能仅仅只是"昙花一现"。譬如说本书的对象国考察了俄罗斯这个"反例"，就直接挑战了对大国协调可能寄予的过高期望。俄罗斯个案证明了新兴大国群体的松散联合，其在低碳经济合作领域与基础四国也存在利益共容的可能性，但这种 BRICS 平台下的气候合作仍十分有限。换言之，带有系统效应式乱象的新兴大国群体化，只能说为迈向一个新的国际气候机制，带来了一种全球气候治理的谨慎希望。

三　全球气候治理的谨慎希望

全球气候治理，根本上是参与度甚广的（即全球政治的全球维度）对气候政治难题的一种解题过程，可能需要几代人的持续努力方可能取得显著成效。如此一来，有关全球气候治理的乐观主义观念情境，则与康德思想多少存在着隐性联系，因为气候政治题解的确离不开这样一种决定性的步伐，即至少部分地通往"永久和平"以有效应对气候变化。也就是说，隐匿在科学与经济语言中的气候变化是某种规范的、巨大的、难以设想的世界风险，这种风险与生态启示紧密相关。伞形国家群体中的美国，一度在超级大国迷梦当中继续幻想"技术神话"，一贯坚持所谓的"普罗米修斯主义"，即无限信任人类及其技术克服包括环境在内一切难题的能力。① 这其实只不过是一种典型的"帝国迷思/傲慢"！为此，坚持一种世界主义的，马克斯·韦伯所谓的"信念伦理"（Gesinnungsethik/ ethics of conviction）是不够的，"责任伦理"（Verantwortungsethik/ ethics of responsibility）同样重要。② 换句话讲，气候政治的自反性一度表现在与"信念伦理"的契合上，如从启蒙运动、工业革命历史发展到当代社会的工具理性泛滥，"科学意识"掣肘人类，造成人在自然与社会世界的双重迷失，气候变化则成了无法完全化约为技术问题处理的世界风险。因而"责任伦理"须占据更大的考量空间，且人性在气候变化政治中作为政治主题的重要组成部分被重新发现。这样一种新的规范有望形成，即包含一般个体、新自由主义者、新国家主义者、企业、社群、世界的强势与弱势地区都能够参与到谈判桌上来为全球公共问题（气候谈判）达成某种公正公平的共识。简言之，使之趋近于某种康德式世界的部分实现。这里意味着一种近乎残酷的生存法则，新的规范在文明内实现，同时也能构成对文明自身的威胁，即要么（通往）康德式世界，要么毁灭。③

有关全球气候治理中的现实主义观念情境，则描绘了气候风险制造者与受众之间的对抗，这二者又同时建构和阻滞气候变化的世界主义政治进程。这种悖论似乎无以消解。此外，有关全球气候治理的悲观主义观念情境，并不排除乐观主义和现实主义立场，而反倒可能成为它们的某种后果。人，作为一种自觉的存在物，知道自身的局限。同时，人类克服这些局限的欲望也是天生的。人的存在有限而欲望无边，像个侏儒却又自以为是巨人；人生长在不安全之中，并力求使自己有绝对的安全，邪恶的基础就是自我，邪恶的特性可以说是傲慢，因此，那些认为人"能始终在理性的明确指导下去生活的人，一定是在梦想着诗一般的金

---

① 赵斌：《全球气候政治中的美欧分歧及其动因分析》，《华中科技大学学报》（社会科学版）2013 年第 4 期，第 90 页。
② Ulrich Beck and Edgar Grande, "Varieties of Second Modernity: The Cosmopolitan Turn in Social and Political Theory and Research", *The British Journal of Sociology*, Vol. 61, No. 3, 2010, p. 433.
③ 严双伍、赵斌：《自反性与气候政治：一种批判理论的诠释》，《青海社会科学》2013 年第 2 期，第 56 页。

色岁月或一出舞台剧"。①

因此，对于新兴大国的发展和气候变化应对而言，理应主宰自己的命运，无奈面对（世界主义的）社会建制时往往不免感到陌生和无力，而只能以自反性批判来审视当下现状或曰"存在"的不完整，并期待某种乌托邦愿景，或绘制反乌托邦情境以警示规避全球风险。从批判理论的意义上究其根源，在于国际社会建制的浩大工程中似乎总有某些难以更改的"存在"（如亘古不变的权力政治），从而在可见的将来仍不得已而继续维系着现存的社会建制。试想，气候政治进程虽为国际社会建制浩大工程的冰山一角，可所涉及的正义之争和权力/权利分配，取得成效的渐进性和艰难度可见一斑，如发达国家与新兴国家、附件一与非附件一国家间的利益分歧。说到底，要克服气候政治中的主体异化和"存在"局限，就必须消除其中的人群关系分裂，在平等的基础上达成共识，以引导和规范社会性。② 可见，对于新兴大国在全球气候政治中的群体化进程及其可能的制度化努力，只能说是迈向一个形成中的、既批判现下存在又展望未知未来的世界政治愿景，并为此表达出了一种谨慎希望。

第四节　新兴大国气候合作与中国气候外交：
进一步的研究方向

自 1992 年里约热内卢环境发展大会开启 UNFCCC 进程以来，国际社会就应对全球气候变化而进行广泛协商和谈判互动，以寻求气候风险治理难题上的全球合作。主权民族国家在具有自反性特征和后现代色彩的气候变化议题上，仍然是最为重要的国际行为体主体，即使诸如环境 NGOs、跨国公司和公民社会团体等非政府组织积极参与应对气候变化，也难以替代民族国家在全球气候治理中的中心地位。与全球环境治理的历史进程几近同步，巴西、俄罗斯、印度、中国、南非等逐步成长为新兴大国，其参与全球气候政治的立场也逐步转向积极，成了全球气候伦理和国际规范建构的坚定捍卫者。全球气候政治中的新兴大国群体化进

---

① 〔美〕肯尼思·N. 华尔兹：《人、国家与战争——一种理论分析》，倪世雄、林至敏、王建伟译，上海译文出版社，1991，第 18～19、21 页。

② 严双伍、赵斌：《自反性与气候政治：一种批判理论的诠释》，《青海社会科学》2013 年第 2期，第 58 页。

程，大致可分为"G77＋中国"、基础四国、非正式国际机制下的气候政治互动等发展历程，而且这三大历程之间并非"泾渭分明"，相互间仍有交叉和重叠。其中，占居主导地位的是由巴西、南非、印度和中国组成的基础四国（BASIC）。通过个案比较，新兴大国气候政治群体化的内生机制在于这些新兴大国的气候政治参与，具体表现为双层互动与身份选择，二者共同作用，形成新兴大国气候政治群体化的内生动因。新兴大国气候政治群体化的外部机制，在于形成中的新兴大国群体与共同他者间的互动，伞形国家、欧盟、其他发展中国家等群体与新兴大国之间的互动，强化/再造了新兴大国自群体身份认同，尤其表现为对 BASIC 本身的形塑。

最后，新兴大国气候政治群体化本身具有较为深远的国际政治意义，也仍有进一步上升的空间。此外，有必要就中国国家战略与外交政策的启示，提出一些仅供批评的余论。事实上，新兴大国气候政治群体化，其中不论"G77＋中国"、BASIC，还是 BRICS 平台下的气候合作，中国始终都是举足轻重的参与者。那么，对于中国而言，在群体化进程中的"站队"问题，无疑值得我们深思，主要体现在以下三个方面。

其一，发展中国家阵营团结的维持。作为发展中国家，同时作为负责任的新兴大国，中国在参与全球气候治理进程中，始终坚持维护发展中国家阵营的整体利益。从历史发展进程来看，不论"G77＋中国"还是 BASIC，中国始终坚持维护广大发展中国家群体的团结。在全球气候谈判中，一再重申和坚持"共同但有区别的责任"和"各自能力"原则，以最大限度地将发展中世界的减贫、社会进步和生态可持续，同中国自身的国家战略与外交政策立场相契合。然而，这种主观愿望的客观效果，仍有待气候政治现实和历史发展中进一步观察，至少就全球气候政治的"群体化"和"碎片化"而言，发展中国家阵营的团结似还有很长的路要走。

其二，崛起中的中国与全球治理。[①] 崛起中的中国在多方面具有双重的矛盾的身份和利益。从身份的角度来讲，崛起中的中国既是发展中国家（人均增长水平较低），也是"发达"国家（生产总量较乐观）；既是穷国，也是富国；既

---

① 有关"崛起中的中国与全球治理"的讨论，参见贾庆国主编《相互建构：崛起中的中国与世界》，新华出版社，2013，"前言"，第2~3页；另参见赵斌《大国国际形象与气候政治参与：一项研究议程》，《天津行政学院学报》2013年第4期，第50~57页。

是弱国，也是强国；既是普通国家，也是"超级大国"。身份在很大程度上决定利益，因此在气候变化议题上，中国既有发展中国家的利益（强调发展权），又有发达国家的利益（节能减排）。崛起中的中国身份和利益的这种两重性和矛盾性对中国处理对外关系和参与全球治理均构成严峻挑战。因为中国判断和权衡自己在气候问题上的国家利益的难度加大，他国判断中国气候政治发展的难度也相应加大，这使得中国与外部世界互动中的不确定性增强，因之可能出现相互猜疑和关系恶性循环局面。显然，恶性循环对中国和全球治理发展都不利，外部世界可能时而惊喜于中国的气候政策变化，并盼望中国承担更大的全球责任，同时也可能对中国的"利益扩张"加以防范；中国方面则也可能时而产生"朋友遍天下"的认知，对和平崛起充满乐观，时而感觉国际环境险恶，对未来忧心忡忡。可见，崛起中的中国与全球治理，反映的是中国与外部世界之间的复杂互动，这种互动关系不同于过往，只有充分认识这种关系的复杂性和动态性，方可能在处理气候变化和中国自身发展等相关问题时处变不惊、合理应对，从而使中国的崛起真正成为中国和世界和平发展的一个历史性机遇。

其三，战略空间拓展上的选择困境。随着中国自身国力的增长，尤其跃升为世界第二大经济体以来，在各种多边舞台发出自己的声音，一定程度上有助于提升中国的国际话语权。然而，战略空间的拓展，本身亦可能带来选择的困境，好比一个人面临的选择多了，反而陷入难以分清主次之纠结。这里，当然最理想的结果是实现中国国家利益的最大化，即作出的选择可以让中国游刃有余，极大拓展战略空间并留有余地。然而，现实的窘况却是，我们不仅可能因为"纠结"／患得患失而错失机遇，且还可能因为错误认知而使自身反为掣肘，2009 年哥本哈根大会的失败及中国成为"众矢之的"则是一个深刻教训。这表明至少在气候政治议题上，中国国家战略与外交政策选择仍处于探索阶段。

言而总之，如果说要在新兴大国气候政治群体化进程中，为中国提供一点国家战略与外交政策建议，则须根据具体议题导向来选择队友进行"抱团打拼"，必要时可尝试承担起相关议题领域的大国责任，勇于提供全球气候治理"公共产品"。一味地兼顾所有"伙伴"，反倒可能导致最后自己被孤立。① 因而必要时

① 这里受到现实主义思想的启发，参见《阎学通对话米尔斯海默：中国能否和平崛起?》，观察者，2013 年 12 月 3 日，http：//www. guancha. cn/YanXueTong/2013_ 12_ 03_ 189543_ s. shtml。

须有所侧重，如以 BASIC 为主导，并尽可能关照"G77 + 中国"。国家战略层面，应对气候变化自党的十八大以来已上升到中国国家战略的高度，因而须在国内政治层面如国内气候政策与行动实践方面进一步深化发展，通过低碳城市建设和生态环保，大力整治国内近年来已颇为严重的气候环境问题（如雾霾），推动可持续发展与生态文明建设；外交政策层面，继续坚持维护联合国 UNFCCC 和京都机制的国际谈判框架，并通过 BASIC 群体"小众化"／"精英化"式气候政治协商而提高效率，以促进大国间良性互动和气候合作，架构发达国家与发展中国家间气候对话桥梁，并尽可能通过准集体身份扩容，如以"BASIC plus"形式加强和 G77 之间的联系，以减缓和适应等具体议题为导向，有效推动全球气候治理的发展和新的全球气候制度形成。

参考文献

一　中文著作（含译著）

〔法〕埃米尔·涂尔干：《社会分工论》，渠东译，生活·读书·新知三联书店，2000。

〔美〕埃里克·波斯纳、戴维·韦斯巴赫：《气候变化的正义》，李智、张键译，社会科学文献出版社，2011。

〔美〕安德鲁·德斯勒、爱德华·A. 帕尔森：《气候变化：科学还是政治?》，李淑琴等译，中国环境科学出版社，2012。

〔英〕安东尼·吉登斯：《气候变化的政治》，曹荣湘译，社会科学文献出版社，2009。

〔美〕奥兰·扬：《世界事务中的治理》，陈玉刚、薄燕译，上海人民出版社，2007。

〔南非〕保罗·西利亚斯：《复杂性与后现代主义——理解复杂系统》，曾国屏译，上海科技教育出版社，2006。

蔡拓：《全球问题与新兴政治》，天津人民出版社，2011。

曹荣湘主编《全球大变暖：气候经济、政治与伦理》，社会科学文献出版社，2010。

陈玉刚主编《知识社群与主体意识》，上海人民出版社，2011。

〔澳〕大卫·希尔曼、约瑟夫·韦恩·史密斯：《气候变化的挑战与民主的失灵》，武锡申、李楠译，社会科学文献出版社，2009。

〔美〕戴维·伊斯顿：《政治生活的系统分析》，王浦劬译，人民出版社，2012。

〔英〕戴维·赫尔德、安格斯·赫维、玛丽卡·西罗斯主编《气候变化的治理：科学、经济学、政治学与伦理学》，谢来辉等译，社会科学文献出版社，2012。

〔澳〕德赖泽克：《地球政治学：环境话语》，蔺雪春、郭晨星译，山东大学出版社，2008。

黄瑞祺：《社会理论与社会世界》，北京大学出版社，2005。

〔美〕加布里埃尔·A. 阿尔蒙德、小 G. 宾厄姆·鲍威尔：《比较政治学——体系、过程和政策》，曹沛霖等译，东方出版社，2007。

〔美〕加布里埃尔·A. 阿尔蒙德等：《当代比较政治学：世界视野》，杨红伟等译，上海人民出版社，2010。

〔美〕加布里埃尔·A. 阿尔蒙德等：《发展中地区的政治》，任晓晋、储建国、宋腊梅译，上海人民出版社，2012。

贾庆国主编《相互建构：崛起中的中国与世界》，新华出版社，2013。

〔瑞典〕克里斯蒂安·阿扎：《气候挑战解决方案》，杜珩、杜珂译，社会科学文献出版社，2012。

〔美〕肯尼思·华尔兹：《国际政治理论》，信强译，上海人民出版社，2008。

〔美〕肯尼思·沃尔兹：《现实主义与国际政治》，张睿壮、刘丰译，北京大学出版社，2012。

〔加拿大〕劳伦斯·所罗门：《全球变暖否定者》，丁一译，中国环境科学出版社，2011。

〔美〕理查德·海因伯格：《煤炭、气候与下一轮危机》，王玲译，社会科学文献出版社，2012。

林跃勤、周文、刘文革主编《金砖国家发展报告（2013）：转型与崛起》，社会科学文献出版社，2013。

〔美〕罗伯特·基欧汉：《霸权之后：世界政治经济中的合作与纷争》，苏长和、信强、何曜译，上海人民出版社，2006。

〔美〕罗伯特·基欧汉:《局部全球化世界中的自由主义、权力与治理》,门洪华译,北京大学出版社,2004。

〔美〕罗伯特·基欧汉、约瑟夫·奈:《权力与相互依赖》,门洪华译,北京大学出版社,2012。

〔美〕罗伯特·杰维斯:《系统效应:政治与社会生活中的复杂性》,李少军、杨少华、官志雄译,上海人民出版社,2008。

〔德〕马克斯·霍克海默、西奥多·阿道尔诺:《启蒙辩证法》,渠敬东、曹卫东译,上海人民出版社,2006。

《马克思恩格斯文集》第1卷,人民出版社,2009。

〔英〕迈克尔·S.诺斯科特:《气候伦理》,左高山、唐艳枚、龙运杰译,社会科学文献出版社,2010。

〔英〕奈杰尔·劳森:《呼唤理性:全球变暖的冷思考》,戴黍、李振亮译,社会科学文献出版社,2011。

〔英〕尼古拉斯·斯特恩:《地区安全愿景:治理气候变化,创造繁荣进步新时代》,武锡申译,社会科学文献出版社,2011。

〔日〕鸟越皓之:《环境社会学——站在生活者的角度思考》,宋金文译,中国环境科学出版社,2009。

庞中英:《全球治理与世界秩序》,北京大学出版社,2012。

秦亚青:《关系与过程——中国国际关系理论的文化建构》,上海人民出版社,2012。

秦亚青:《国际关系理论:反思与重构》,北京大学出版社,2012。

秦亚青主编《文化与国际社会:建构主义国际关系理论研究》,世界知识出版社,2006。

苏长和:《全球公共问题与国际合作:一种制度的分析》,上海人民出版社,2009。

王逸舟:《探寻全球主义国际关系》,北京大学出版社,2005。

〔美〕威廉·诺德豪斯:《均衡问题:全球变暖的政策选择》,王少国译,社会科学文献出版社,2011。

〔德〕沃尔夫刚·贝林格:《气候的文明史:从冰川时代到全球变暖》,史军译,社会科学文献出版社,2012。

〔美〕亚历山大·温特:《国际政治的社会理论》,秦亚青译,上海人民出版社,2008。

杨洁勉主编《世界气候外交和中国的应对》,时事出版社,2009。

俞正樑、陈玉刚、苏长和:《21 世纪全球政治范式》,复旦大学出版社,2005。

〔美〕詹姆斯·N. 罗西瑙(James N. Rosenau)主编《没有政府的治理》,张胜军、刘小林等译,江西人民出版社,2001。

赵汀阳:《没有世界观的世界》,中国人民大学出版社,2003。

赵汀阳:《天下体系:世界制度哲学导论》,中国人民大学出版社,2011。

二 中文论文（含译作）

曹慧:《碳关税:以"气候变化"之名》,《世界知识》2012 年第 5 期。

陈新伟、赵怀普:《欧盟气候变化政策的演变》,《国际展望》2011 年第 1 期。

程晓勇:《国际气候治理规范的演进与传播:以印度为案例》,《南亚研究季刊》2012 年第 2 期。

范菊华:《全球气候治理的地缘政治博弈》,《欧洲研究》2010 年第 6 期。

甘钧先、余潇枫:《全球气候外交论析》,《当代亚太》2010 年第 5 期。

高小升:《伞形集团国家在后京都气候谈判中的立场评析》,《国际论坛》2010 年第 4 期。

高小升:《试论基础四国在后哥本哈根气候谈判中的立场和作用》,《当代亚太》2011 年第 2 期。

何一鸣:《俄罗斯气候政策转型的驱动因素及国际影响分析》,《东北亚论坛》2011 年第 3 期。

花勇:《论新兴大国集体身份及建构路径》,《国际论坛》2012 年第 5 期。

黄云松、黄敏:《浅析印度应对气候变化的政策》,《南亚研究》2010 年第 1 期。

季玲:《重新思考体系建构主义身份理论的概念与逻辑》,《世界经济与政治》2012 年第 6 期。

李盛:《国际气候治理的制度分析》,《辽宁大学学报》(哲学社会科学版)

2011 年第 5 期。

李盛：《全球气候治理与中国的战略选择》，博士学位论文，吉林大学，2012 年 6 月。

李伟、何建坤：《澳大利亚气候变化政策的解读与评价》，《当代亚太》2008 年第 1 期。

李昕蕾、任向荣：《全球气候治理中的跨国城市气候网络——以 C40 为例》，《社会科学》2011 年第 6 期。

刘培林：《全球气候治理政策工具的比较分析——基于国别间关系的考察角度》，《世界经济与政治》2011 年第 5 期。

吕耀东：《洞爷湖八国峰会与日本外交战略意图》，《日本学刊》2008 年第 6 期。

罗志刚：《全球化视域下的国际关系民主化》，《武汉大学学报》（哲学社会科学版）2012 年第 1 期。

马建英：《国际气候制度在中国的内化》，《世界经济与政治》2011 年第 6 期。

马建英：《全球气候外交的兴起》，《外交评论》2009 年第 6 期。

聂文娟：《群体情感与集体身份认同的建构》，《外交评论》2011 年第 4 期。

秦亚青：《层次分析法与国际关系研究》，《欧洲》1998 年第 3 期。

秦亚青：《全球治理失灵与秩序理念的重建》，《世界经济与政治》2013 年第 4 期。

秦亚青：《主体间认知差异与中国的外交决策》，《外交评论》2010 年第 4 期。

秦亚青：《作为关系过程的国际社会——制度、身份与中国和平崛起》，《国际政治科学》2010 年第 4 期。

邵雪婷、韦宗友：《全球气候治理中"搭便车"行为的经济学分析》，《环境经济》2012 年第 1 期。

石斌：《秩序转型、国际分配正义与新兴大国的历史责任》，《世界经济与政治》2010 年第 12 期。

时宏远：《印度应对气候变化的政策》，《南亚研究季刊》2012 年第 3 期。

苏若林、唐世平：《相互制约：联盟管理的核心机制》，《当代亚太》2012 年第 3 期。

谭再文：《国际无政府状态的空洞及其无意义》，《世界经济与政治》2009 年第 11 期。

檀跃宇：《全球气候治理中的南北关系》，《当代世界》2010 年第 6 期。

唐世平：《国际政治的社会进化：从米尔斯海默到杰维斯》，《当代亚太》2009 年第 1 期。

唐世平、王明国、毛维准：《国际制度研究需要准确的翻译》，《中国社会科学报》2012 年 9 月 13 日。

〔瑞士〕托马斯·伯诺儿、莉娜·谢弗：《气候变化治理》，刘丰译，《南开学报》（哲学社会科学版）2011 年第 3 期。

韦宗友：《新兴大国群体性崛起与全球治理改革》，《国际论坛》2011 年第 2 期。

吴志成：《全球治理的价值向度与气候变化治理》，《南京大学学报》（哲学·人文科学·社会科学版）2011 年第 4 期。

吴志成、狄英娜：《欧盟的绿色外交及其决策》，《国外社会科学》2011 年第 6 期。

吴志成、何睿：《国家有限权力与全球有效治理》，《世界经济与政治》2013 年第 12 期。

吴志成、张奕：《欧盟排放交易机制的政治分析》，《南京大学学报》（哲学·人文科学·社会科学版）2012 年第 4 期。

肖洋：《在碳时代中崛起：新兴大国赶超的可持续动力探析》，《太平洋学报》2012 年第 7 期。

肖瑛：《从"理性 VS 非（反）理性"到"反思 VS 自反"：社会理论中现代性诊断范式的流变》，《社会》2005 年第 2 期。

谢来辉：《领导者作用与全球气候治理的发展》，《太平洋学报》2012 年第 1 期。

严双伍、高小升：《后哥本哈根气候谈判中的基础四国》，《社会科学》2011 年第 2 期。

严双伍、肖兰兰：《中国参与国际气候谈判的立场演变》，《当代亚太》2010 年第 1 期。

严双伍、肖兰兰:《中国与 G77 在国际气候谈判中的分歧》,《现代国际关系》2010 年第 4 期。

杨洁勉:《新兴大国群体在国际体系转型中的战略选择》,《世界经济与政治》2008 年第 6 期。

于宏源:《试析全球气候变化谈判格局的新变化》,《现代国际关系》2012 年第 6 期。

曾贤刚、朱留财、吴雅玲:《气候谈判国际阵营变化的经济学分析》,《环境经济》2011 年第 1 期。

张海滨:《气候变化与中国国家安全》,《国际政治研究》2009 年第 4 期。

张海滨:《中国在国际气候变化谈判中的立场:连续性与变化及其原因探析》,《世界经济与政治》2006 年第 10 期。

张海滨、李滨兵:《印度在国际气候谈判中的立场》,《绿叶》2008 年第 8 期。

张海冰:《二十国集团机制化的趋势及影响》,《世界经济研究》2010 年第 9 期。

张胜军:《全球气候政治的变革与中国面临的三角难题》,《世界经济与政治》2010 年第 10 期。

张胜军:《全球深度治理的目标与前景》,《世界经济与政治》2013 年第 4 期。

章前明:《从国际合法性视角看新兴大国群体崛起对国际秩序转型的影响》,《浙江大学学报》(人文社会科学版)2012 年第 12 期。

赵宏图:《气候变化"怀疑论"分析及启示》,《现代国际关系》2010 年第 4 期。

周方银、王子昌:《三大主义式论文可以休矣——论国际关系理论的运用与综合》,《国际政治科学》2009 年第 1 期。

周鑫宇:《"新兴国家"研究相关概念辨析及其理论启示》,《国际论坛》2013 年第 2 期。

庄贵阳:《哥本哈根气候博弈与中国角色的再认识》,《外交评论》2009 年第 6 期。

庄贵阳:《后京都时代国际气候治理与中国的战略选择》,《世界经济与政治》2008 年第 8 期。

左希迎、唐世平：《理解战略行为：一个初步的分析框架》，《中国社会科学》2012 年第 11 期。

三 英文著作

Alan Alexandroff and Andrew Cooper, eds. , *Rising States*, *Rising Institutions*: *Challenges for Global Governance*, Washington, D. C. : Brookings Institution Press, 2010.

Alexander Wendt, *Social Theory of International Politics*, Cambridge: Cambridge University Press, 1999.

Alistair Mees, *Dynamics of Feedback Systems*, New York: John Wiley, 1981.

Andrew F. Cooper and Agata Antkiewicz, eds. , *Emerging Powers in Global Governance*: *Lessons from the Heiligendamm Process*, Waterloo: Wilfrid Laurier University Press, 2008.

Anna Korpoo *et al.* , eds. , *Russia and the Kyoto Protocol*: *Opportunities and Challenges*, London: The Royal Institute for International Affairs, 2006.

Anthony Giddens, *The Consequences of Modernity*, Stanford: Stanford University Press, 1990.

Anthony Giddens, *The Politics of Climate Change*, Cambridge: Polity Press, 2009.

Arild Moe and Kristian Tangen, *The Kyoto Mechanisms and Russian Climate Politics*, London: The Royal Institute for International Affairs, 2000.

A. Lawrence Chickering *et al.* , *Strategic Foreign Assistance*: *Civil Society in International Security*, Stanford: Hoover Institution Press, 2006.

Bert Bolin, *A History of the Science and Politics of Climate Change*, Cambridge: Cambridge University Press, 2007.

Chris Brown, *International Relations Theory*: *New Normative Approaches*, New York: Columbia University Press, 1992.

Clive Ponting, *A Green History of the World*, New York: St Martin's Press, 1991.

David G. Victor, *Global Warming Gridlock: Creating More Effective Strategies for Protecting the Planet*, Cambridge: Cambridge University Press, 2011.

David G. Victor, *The Collapse of the Kyoto Protocol and the Struggle to Slow Global Warming*, Princeton, New Jersey: Princeton University Press, 2001.

David W. Ehrenfeld, *Conserving Life on Earth*, New York: Oxford University Press, 1972.

Dieter Helm and Cameron Hepburn, eds., *The Economics and Politics of Climate Change*, Oxford: Oxford University Press, 2011.

Elinor Ostrom, *Governing the Commons: The Evolution of Institutions for Collective Action*, Cambridge: Cambridge University Press, 1990.

Frank Biermann, Philipp Pattberg and Fariborz Zelli, eds., *Global Climate Governance beyond 2012: Architecture, Agency and Adaptation*, Cambridge: Cambridge University Press, 2010.

Gordon J. MacDonald, Daniel L. Nielson and Marc A. Stern, eds., *Latin American Environmental Policy in International Perspective*, Boulder, CO: Westview Press, 1997.

Gunnar Fermann, ed., *International Politics of Climate Change: Key Issues and Critical Actors*, Oslo: Scandinavian University Press, 1997.

Harald Winkler, *Clean Energy, Cooler Climate: Developing Sustainable Energy Solutions for South Africa*, Cape Town: HSRC Press, 2009.

Harriet Bulkeley and Peter Newell, *Governing Climate Change*, New York: Routledge, 2010.

He Weidong and Peng Feng, eds., *Climate Change Law: International and National Approaches*, Shanghai: Shanghai Academy of Social Sciences Press, 2012.

Helmut Breitmeier, Oran Young and Michael Zürn, *Analyzing International Environmental Regimes: From Case Studies to Database*, Cambridge, MA: MIT Press, 2006.

Ian Bailey and Hugh Compston, eds., *Feeling the Heat: The Politics of Climate Policy in Rapidly Industrializing Countries*, Basingstoke: Palgrave Macmillan, 2012.

Irving M. Mintzer and J. Amber Leonard, eds., *Negotiating Climate Change: The*

Inside Story of the Rio Convention, Cambridge: Cambridge University Press, 1994.

James P. Bruce, Hoesung Lee and Erik F. Haites, eds. , *Climate Change 1995: Economic and Social Dimensions of Climate Change*, Cambridge: Cambridge University Press, 1996.

Jerry McBeath and Jonathan Rosenberg, *Comparative Environmental Politics*, Dordrecht: Springer, 2006.

J. Timmons Roberts and Bradley C. Park, *A Climate of Injustice: Global Inequality, North-South Politics, and Climate Policy*, Cambridge, MA: MIT Press, 2007.

Karl Hallding *et al.* , *Together Alone: BASIC Countries and the Climate Change Conundrum*, Copenhagen: Nordic Council Publication, 2011.

Kenneth Waltz, *Theory of International Politics*, New York: McGraw-Hill, 1979.

Leigh Glover, *Postmodern Climate Change*, London & New York: Routledge, 2006.

Mario Telò, ed. , *European Union and New Regionalism: Regional Actors and Global Governance in a Post-Hegemonic Era*, Aldershot: Ashgate, 2001.

Mark Beeson and Nick Bisley, eds. , *Issues in 21st Century World Politics*, Basingstoke: Palgrave Macmillan, 2013.

Martin L. Parry *et al.* , *Climate Change 2007: Impacts, Adaptation and Vulnerability, Contribution of Working Group II to the Fourth Assessment Report of the Intergovernmental Panel on Climate Change*, Cambridge: Cambridge University Press, 2007.

Maxwell Boykoff, ed. , *The Politics of Climate Change: A Survey*, London: Routledge, 2010.

Michael Grubb and Duncan Brack, *The Kyoto Protocol: A Guide and Assessment*, London: Royal Institute of International Affairs, Earthscan Ltd. , 1999.

Norman J. Vig and Michael G. Faure, eds. , *Green Giants? Environmental Policies of the United States and the European Union*, Cambridge, MA: The MIT Press, 2004.

Norman Vig and Michael Kraft, eds. , *Environment Policy in the 1990s*, Washington DC: Congressional Quarterly Press, 1994.

Parag Khanna, *The Second World: How Emerging Powers Are Redefining Global Competition in the 21st Century*, New York: Random House, 2009.

Paul G. Harris, ed. , *Climate Change and American Foreign Policy*, New York: St Martin's Press, 2000.

Paul G. Harris, ed. , *Global Warming and East Asia: The Domestic and International Politics of Climate Change*, London: Routledge, 2003.

Paul G. Harris, *What's Wrong with Climate Politics and How to Fix It*, Cambridge: Polity Press, 2013.

Paul Steinberg and Stacy Van Deveer, eds. , *Comparative Environmental Politics: Theory, Practice, and Prospects*, Cambridge: MIT Press, 2012.

Peter Newell, *Climate for Change: Non-state Actors and Global Politics of the Greenhouse*, Cambridge: Cambridge University Press, 2000.

Regina Axelrod *et al.* , eds. , *The Global Environment: Institutions, Law and Policy*, Washington, D. C. : Congressional Quarterly Press, 2004.

Richard Ned Lebow, *A Cultural Theory of International Relations*, Cambridge: Cambridge University Press, 2008.

Richard Odingo *et al.* , eds. , *Equity and Social Considerations Related to Climate Change*, Nairobi: ICIPE Science Press, 1995.

Robert Jervis, *System Effects: Complexity in Political and Social Life*, New Jersey: Princeton University Press, 1997.

Robert Keohane, *After Hegemony: Cooperation and Discord in the World Political Economy*, New Jersey: Princeton University Press, 1984.

Sebastian Oberthür and Hermann E. Ott, *The Kyoto Protocol: International Climate Policy for the 21st Century*, Berlin: Springer-Verlag, 1999.

Sheila Jasanoff and Marybeth Martello, eds. , *Earthly Politics: Local and Global in Environmental Governance*, Cambridge, MA: MIT Press, 2004.

Shiping Tang, *A General Theory of Institutional Change*, London: Routledge, 2011.

Shiping Tang, *The Social Evolution of International Politics*, Oxford: Oxford University, 2013.

Siegfried Fred Singer and Dennis T. Avery, *Unstoppable Global Warming: Every 1500 Years*, New York: Rowman & Littlefield Publishers, 2007.

Stephen Dovers, Ruth Edgecombe and Bill Guest, eds., *South Africa's Environmental History: Cases and Comparisons*, Ohio: Ohio University Press, 2003.

Susanne Dröge, ed., *International Climate Policy: Priorities of Key Negotiating Parties*, Berlin: Stiftung Wissenschaft and Politik, 2010.

Thomas Renard, *A BRIC in the World: Emerging Powers, Europe, and the Coming Order*, Brussels: Academia Press, 2009.

Timothy O' Riordan and Jill Jäger, eds., *Politics of Climate Change: A European Perspective*, London: Routledge, 1996.

Tony Brenton, *The Greening of Machiavelli: The Evolution of International Environmental Politics*, London: Earthscan, 1994.

Tuula Honkonen, *The Common but Differentiated Responsibility Principle in Multilateral Environmental Agreements: Regulatory and Policy Aspects*, Alphen aan den Rijn: Wolters Kluwer, 2009.

Urs Luterbacher and Detlef F. Sprinz, eds., *International Relations and Global Climate Change*, Cambridge, MA: The MIT Press, 2001.

Van der Linde, *Compendium of South African Environmental Legislation*, Pretoria: Pretoria University Law Press, 2006.

四 英文论文

Adil Najam, "Developing Countries and Global Environmental Governance: From Contestation to Participation to Engagement", *Global Environmental Agreements*, Vol. 5, No. 3, 2005.

Adil Najam, "Dynamics of the Southern Collective: Developing Countries in Desertification Negotiation", *Global Environmental Politics*, Vol. 4, No. 3, 2004.

Alexander Wendt, "Anarchy Is What States Make of It: The Social Construction of Power Politics", *International Organization*, Vol. 46, No. 2, 1992.

Alexander Wendt, "Collective Identity Formation and the International State", *American Political Science Review*, Vol. 88, No. 2, 1994.

Ambuj D. Sagar and Tariq Banuri, "In Fairness to Current Generations: Lost Voices in the Climate Debate", *Energy Policy*, Vol. 27, No. 9, 1999.

Anders Aslund, "Kyoto Could Be Russia's Ticket to Europe: WTO Negotiations", *The International Herald Tribune*, 6 April, 2006.

Andrea Baranzini, Jose Goldemberg and Stefan Speck, "A Future for Carbon Taxes", *Ecological Economics*, Vol. 32, No. 3, 2000.

Andrew Paul Kythreotis, "Progress in Global Climate Change Politics? Reasserting National State Territoriality in a 'Post-political' World", *Progress in Human Geography*, Vol. 36, No. 4, 2012.

Anne-Sophie Tabau and Marion Lemoine, "Willing Power, Fearing Responsibilities: BASIC in the Climate Negotiations", *Carbon & Climate Law Review*, No. 3, 2012.

Ans Kolk, "The Complexities of Environmental Regulation: The Example of the Brazilian Amazon", *International Journal of Environment and Pollution*, Vol. 11, No. 1, 1999.

Antto Vihma, Yacob Mulugetta and Sylvia Karlsson-Vinkhuuyzen, "Negotiating Solidarity? The G77 through the Prism of Climate Change Negotiations", *Global Change, Peace and Security*, Vol. 23, No. 3, 2011.

Antto Vihma, "India and the Global Climate Governance: Between Principles and Pragmatism", *The Journal of Environment and Development*, Vol. 20, No. 1, 2011.

Arthur Mol, "Ecological Modernization and Institutional Reflexivity: Environmental Reform in the Late Modern Age", *Environmental Politics*, Vol. 5, No. 2, 1996.

Arvind Subramanian *et al.*, "India and Climate Change: Some International Dimensions", *Economic and Political Weekly*, Vol. 44, No. 1, 2009.

Ayami Hayashi *et al.*, "Narrative Scenario Development based on Cross-impact Analysis for the Evaluation of Global-warming Mitigation Options", *Applied Energy*, Vol. 83, No. 10, 2006.

Barbara Buchner and Silvia Dall'Olio, "Russia and the Kyoto Protocol: The Long Road to Ratification", *Transition Studies Review*, Vol. 12, No. 2, 2005.

Barry G. Rabe, "Beyond Kyoto: Climate Change Policy in Multilevel Governance Systems", *Governance: An International Journal of Policy, Administration, and Institutions*, Vol. 20, No. 3, 2007.

Björn Conrad, "China in Copenhagen: Reconciling the 'Beijing Climate

Revolution' and the 'Copenhagen Climate Obstinacy'", *The China Quarterly*, No. 210, June 2012.

Bronislaw Szerszynski and John Urry, "Changing Climates: Introduction", *Theory, Culture & Society*, Vol. 27, No. 2 - 3, 2010.

Carsten Vogt, "Russia's Reluctance to Ratify Kyoto: An Economic Analysis", *Intereconomics*, Vol. 38, No. 6, 2003.

Cass R. Sunstein, "Of Montreal and Kyoto: A Tale of Two Protocols", *Harvard Environmental Law Review*, Vol. 31, No. 1, 2007.

Christian Brütsch, "Deconstructing the BRICS: Bargaining Coalition, Imagined Community or Geopolitical Fad?", *The Chinese Journal of International Politics*, Vol. 6, No. 3, 2013.

Clare Breidenich et al., "The Kyoto Protocol to the United Nations Framework Convention on Climate Change", *The American Journal of International Law*, Vol. 92, No. 2, 1998.

Dale Jamieson, "Ethics, Public Policy, and Global Warming", *Science, Technology, & Human Values*, Vol. 17, No. 2, 1992.

Daniel Abreu Mejia, "The Evolution of the Climate Change Regime: Beyond a North-South Divide?", International Catalan Institute for Peace, Working Paper No. 6, 2010.

Daniel Nepstad et al., "The End of Deforestation in the Brazilian Amazon", *Science*, Vol. 326, No. 5958, 2009.

Daniel Zirker and Marvin Henberg, "Amazonia: Democracy, Ecology, and Brazilian Military Prerogatives in the 1990s", *Armed Forces & Society*, Vol. 20, No. 2, 1994.

Detlef Sprinz and Tapani Vaahtoranta, "The Interest-based Explanation of International Environmental Policy", *International Organization*, Vol. 48, No. 1, 1994.

D. Dudek et al., "Economics of the Kyoto Protocol for Russia", *Climate Policy*, Vol. 4, No. 2, 2004.

Eduardo Viola, "Brazil in the Context of Global Governance Politics and Climate

Change, 1989 – 2003", *Ambiente & Sociedade*, Vol. 7, No. 1, 2004.

Emily Tyler, "Aligning South African Energy and Climate Change Mitigation Policy", *Climate Policy*, Vol. 10, No. 5, 2010.

Felix Berenskoetter, "Reclaiming the Vision Thing: Constructivists as Students of the Future", *International Studies Quarterly*, Vol. 55, No. 3, 2011.

Garrett Hardin, "The Tragedy of the Commons", *Science*, Vol. 162, No. 3859, 1968.

Godwell Nhamo, "Dawn of a New Climate Order: Analysis of USA + BASIC Collaborative Frameworks", *Politikon: South African Journal of Political Studies*, Vol. 37, No. 2 – 3, 2010.

Hayley Stevenson, "India and International Norms of Climate Governance: A Constructivist Analysis of Normative Congruence Building", *Review of International Studies*, Vol. 37, No. 03, 2011.

Heather Rogers, "The Greening of Capitalism?", *International Socialist Review*, No. 70, 2010.

Hyung-Kwon Jeon and Seong-Suk Yoon, "From International Linkages to Internal Divisions in China: The Political Response to Climate Change Negotiations", *Asian Survey*, Vol. 46, No. 6, 2006.

Ian H. Rowlands, "South Africa and Global Climate Change", *Journal of Modern African Studies*, Vol. 34, No. 1, 1996.

Ian Taylor, "Governance in Africa and Sino-African Relations: Contradictions or Confluence?", *Politics*, Vol. 27, No. 3, 2007.

Ingrid Christine Koch, Coleen Vogel and Zarina Patel, "Institutional Dynamics and Climate Change Adaptation in South Africa", *Mitigation and Adaptation Strategies for Global Change*, Vol. 12, No. 8, 2006.

Jacqueline Peel, "Climate Chang Law: The Emergence of a New Legal Discipline", *Melbourne University Review*, Vol. 32, No. 3, 2008.

Joanna Depledge, "Striving for No: Saudi Arabia in the Climate Change Regime", *Global Environmental Politics*, Vol. 8, No. 4, 2008.

Joanna Depledge, "The Opposite of Learning: Ossification in the Climate

Change Regime", *Global Environmental Politics*, Vol. 6, No. 1, 2006.

Joanna I. Lewis, "China's Strategic Priorities in International Climate Change Negotiations", *The Washington Quarterly*, Vol. 31, No. 1, 2007.

John Vogler, "The European Contribution to Global Environmental Governance", *International Affairs*, Vol. 81, No. 4, 2005.

Jon Barnett, "The Worst of Friends: OPEC and G - 77 in the Climate Regime", *Global Environmental Politics*, Vol. 8, No. 4, 2008.

Jon Hovi, Detlef F. Sprinz, Arild Underdal, "Implementing Long-Term Climate Policy: Time Inconsistency, Domestic Politics, International Anarchy", *Global Environmental Politics*, Vol. 9, No. 3, 2009.

Jonathan B. Wiener, "Something Borrowed for Something Blue: Legal Transplants and the Evolution of Global Environmental Law", *Ecology Law Quarterly*, Vol. 27, No. 4, 2001.

Karl Hallding *et al.*, "Rising Powers: The Evolving Role of BASIC Countries", *Climate Policy*, Vol. 13, No. 5, 2013.

Katharina Michaelowa and Axel Michaelowa, "India as an Emerging Power in International Climate Negotiations: From Traditional Nay-sayer to Dynamic Broker", *Climate Policy*, Vol. 12, No. 5, 2012.

Kathryn Hochsteller and Eduardo Viola, "Brazil and the Multiscalar Politics of Climate Change", Paper Presented at the 2011 Colorado Conference on Earth Systems Governance, May 17 - 20, 2011.

Ken Johnson, "Brazil and the Politics of the Climate Change Negotiations", *Journal of Environment and Development*, Vol. 10, No. 2, 2001.

Lars Friberg, "Varieties of Carbon Governance: The Clean Development Mechanism in Brazil - A Success Story Challenged", *The Journal of Environment and Development*, Vol. 18, No. 4, 2009.

Laura A. Henry and Lisa McIntosh Sundstrom, "Russia and the Kyoto Protocol: Seeking an Alignment of Interests and Image", *Global Environmental Politics*, Vol. 7, No. 4, 2007.

Lesley Masters, "Policy Brief: What Future for BASIC? The Emerging Powers

Dimension in the International Politics of Climate Change Negotiations", *Global Insight*, No. 95, March 2012.

Leslie Elliott Armijo, "The BRICs Countries (Brazil, Russia, India, and China) as Analytic Category: Mirage or Insight?", *Asian Perspective*, Vol. 31, No. 4, 2007.

Lester Ross, "The Politics of Environmental Policy in the People's Republic of China", *Policy Studies Journal*, Vol. 20, No. 4, 1992.

Liliana Andonova and Ronald Mitchell, "The Rescaling of Global Environmental Politics," *Annual Review of Environment and Resources*, Vol. 35, 2010.

Luiz C. Barbosa, "The 'Greening' of the Ecopolitics of the World-system: Amazonia and Changes in the Ecopolitics of Brazil", *Journal of Political and Military Sociology*, Vol. 21, No. 1, 1993.

Marc Williams, "The Third World and Global Environmental Negotiations: Interests, Institutions, and Ideas", *Global Environmental Politics*, Vol. 5, No. 3, 2005.

Marco A. Vieira, "Brazilian Foreign Policy in the Context of Global Climate Norms", *Foreign Policy Analysis*, Vol. 9, No. 4, 2013.

Marcos A. V. de Freitas and Luiz P. Rosa, "Strategies for Reducing Carbon Emissions on the Tropical Rain Forest: The Case of the Brazilian Amazon", *Energy Conservation Management*, Vol. 37, No. 6, 1996.

María del Pilar Bueno, "Middle Powers in the Frame of Global Climate Architecture: The Hybridization of the North-South Gap", *Brazilian Journal of Strategy & International Relations*, Vol. 2, No. 4, 2013.

Matthew Paterson, "Post-Hegemonic Climate Politics?", *The British Journal of Politics and International Relations*, Vol. 11, No. 1, 2009.

Michael Grubb, "Kyoto and the Future of International Climate Change Responses: From Here to Where?" *International Review for Environmental Strategies*, Vol. 5, No. 1, 2004.

Michael P. Vandenbergh, "Climate Change: The China Problem", *Southern California Law Review*, Vol. 81, No. 5, 2008.

Namrata Patodia Rastogi, "Winds of Change: India's Emerging Climate Strategy", *The International Spectator*, Vol. 46, No. 2, 2011.

Nicholas A., A. Howarth and Andrew Foxall, "The Veil of Kyoto and the Politics of Greenhouse Gas Mitigation in Australia", *Political Geography*, Vol. 29, No. 3, 2010.

Nigel Rossouw and Keith Wiseman, "Learning from the Implementation of Environmental Public Policy Instruments after the First Ten Years of Democracy in South Africa", *Impact Assessment and Project Appraisal*, Vol. 22, No. 2, 2004.

Nives Dolšak, "Climate Change Policy Implementation: A Cross-Sectional Analysis", *Review of Policy Research*, Vol. 26, No. 5, 2009.

Paul G. Harris, "China and Climate Change: From Copenhagen to Cancun", *Environmental Law Reporter*, September 2010.

Philip M. Fearnside, "Forests and Global Warming Mitigation in Brazil: Opportunities in the Brazilian Forest Sector for Responses to Global Warming under the 'Clean Development Mechanism'", *Biomass and Bioenergy*, Vol. 16, No. 3, 1999.

Philip M. Fearnside, "The Potential of Brazil's Forest Sector for Mitigating Global Warming under the Kyoto Protocol", *Mitigation and Adaptation Strategies for Global Change*, Vol. 6, No. 3 - 4, 2001.

Praful Bidwai, "Climate Change, India and the Global Negotiations", *Social Change*, Vol. 42, No. 3, 2012.

Pu Xiaoyu, "Socialisation as a Two-way Process: Emerging Powers and the Diffusion of International Norms", *The Chinese Journal of International Politics*, Vol. 5, No. 4, 2012.

Qin Yaqing, "Relationality and Processual Construction: Bringing Chinese Ideas into International Relations Theory", *Social Sciences in China*, Vol. 30, No. 3, 2009.

Radoslav S. Dimitrov, "Inside Copenhagen: The State of Climate Governance", *Global Environmental Politics*, Vol. 10, No. 2, 2010.

Radoslav S. Dimitrov, "Inside UN Climate Change Negotiations: The Copenhagen Conference", *Review of Policy Research*, Vol. 27, No. 6, 2010.

Ricardo Meléndez-Oritiz, Joachim Monkelbaan and George Riddell, "China's

Global and Domestic Governance of Climate Change, Trade and Sustainable Energy: Exploring China's Interests in a Global Massive Scale-up of Renewable Energies", Indiana University Research Center for Chinese Politics and Business (RCCPB) Working Paper, No. 24, March 2012.

Riley Dunlap and Aaron McCright, "A Widening Gap: Republican and Democratic Views on Climate Change", *Environment*, Vol. 50, No. 5, 2008.

Robert D. Perlack, Milton Russell and Zhongmin Shen, "Reducing Greenhouse Gas Emissions in China: Institutional, Legal and Cultural Constraints and Opportunities", *Global Environmental Change*, Vol. 3, No. 1, 1993.

Robert O. Keohane and David G. Victor, "The Regime Complex for Climate Change", *Perspectives on Politics*, Vol. 9, No. 1, 2011.

Sebastian Oberthür, "The European Union's Performance in the International Climate Change Regime", *Journal of European Integration*, Vol. 33, No. 6, 2011.

Shahzad Ansari, Frank Wijen and Barbara Gray, "Constructing a Climate Change Logic: An Institutional Perspective on the 'Tragedy of the Commons'", *Organization Science*, Vol. 24, No. 4, 2013.

Shangrila Joshi, "Understanding India's Representation of North-South Climate Politics", *Global Environmental Politics*, Vol. 13, No. 2, 2013.

Sheila Jasanoff, "A New Climate for Society", *Theory, Culture & Society*, Vol. 27, No. 2 – 3, 2010.

Shiping Tang, "Social Evolution of International Politics: From Mearsheimer to Jervis", *European Journal of International Relations*, Vol. 16, No. 1, 2010.

Sjur Kasa et al., "The Group of 77 in the International Climate Negotiations: Recent Developments and Future Directions", *International Environmental Agreements: Politics, Law and Economics*, Vol. 8, No. 2, 2008.

Sjur Kasa, "The Second-Image Reversed and Climate Policy: How International Influences Helped Changing Brazil's Positions on Climate Change", *Sustainability*, Vol. 5, No. 3, 2013.

Stavros Afionis and Ioannis Chatzopoulos, "Russia's Role in UNFCCC Negotiations since the Exit of the United States in 2001", *International Environmental*

Agreements: *Politics*, *Law and Economics*, Vol. 10, No. 1, 2010.

Stephen Schneider, "Detecting Climatic Change Signals: Are There Any 'Fingerprints'?", *Science*, Vol. 263, No. 5145, 1994.

Subhabrata Bobby Banerjee, "A Climate for Change? Critical Reflections on the Durban United Nations Climate Change Conference", *Organization Studies*, Vol. 33, No. 12, 2012.

Suraje Dessai and Emma Lisa Schipper, "The Marrakech Accords to the Kyoto Protocol: Analysis and Future Prospects", *Global Environmental Change*, Vol. 13, No. 2, 2003.

S. Neil Macfarlane, "The 'R' in BRICs: Is Russia an Emerging Power", *International Affairs*, Vol. 82, No. 1, 2006.

Ulrich Beck and Edgar Grande, "Varieties of Second Modernity: The Cospolitan Turn in Social and Political Theory and Research", *The British Journal of Sociology*, Vol. 61, No. 3, 2010.

Ulrich Beyerlin, "Bridging the North-South Divide in International Environmental Law", *Zeitschrift für ausländisches öffentliches Recht und Völkerrecht* (*ZaöRV*), Vol. 66, 2006.

Van Den Berghe, "Dialectic and Functionality: Toward a Theoretical Synthesis", *American Sociological Review*, Vol. 28, No. 5, 1963.

Wang Bo, "Understanding China's Climate Change Policy: From Both International and Domestic Perspectives", *American Journal of Chinese Studies*, Vol. 16, No. 2, 2009.

Warwick J. Mckibbin and Peter J. Wilcoxen, "The Role of Economics in Climate Change Policy", *Journal of Economic Perspectives*, Vol. 16, No. 2, 2002.

William D. Nordhaus, "After Kyoto: Alternative Mechanisms to Control Global Warming", *American Economic Review*, Vol. 96, No. 2, 2006.

William Forster Lloyd, "William Forster Lloyd on the Checks to Population", *Population and Development Review*, Vol. 6, No. 3, 1980.

William Wohlforth, "The Stability of a Unipolar World", *International Security*, Vol. 29, No. 1, 1999.

Xinran Qi, "The Rise of BASIC in UN Climate Change Negotiations", *South African Journal of International Affairs*, Vol. 18, No. 3, 2011.

Yufan Hao, "Environmental Protection in Chinese Foreign Policy", *Journal of Northeast Asian Studies*, Vol. 11, No. 3, 1992.

五 电子文献（含政策文件、研究报告和其他）

（一）中文电子文献

《第十四次"基础四国"气候变化部长级会议联合声明》，印度金奈，2013 年 2 月 16 日，http://www.ccchina.gov.cn/archiver/ccchinacn/UpFile/Files/Default/20130222103414654944.pdf。

《多哈会议五大焦点方面面观》，中国气候变化信息网，2012 年 11 月 28 日，http://www.ccchina.gov.cn/Detail.aspx? newsId = 27625&TId = 58。

《二十国集团圣彼得堡峰会领导人声明》，人民网，2013 年 9 月 11 日，http://politics.people.com.cn/n/2013/0911/c99014 - 22889656 - 5. html。

《呼吁设立金砖自贸区》，《南方日报》2013 年 3 月 27 日，http://epaper.nfdaily.cn/html/2013 - 03/27/content_ 7176995. htm。

《华沙回声：最不发达国家敲定应对气候变化影响计划》，中国气象报社，2013 年 11 月 19 日，http://www.cma.gov.cn/2011xwzx/2011xqx xw/2011xqxyw/201311/t20131119_ 231930. html。

《华沙气候大会达成协议，日澳减排严重倒退》，《人民日报》2013 年 11 月 25 日，http://www.cenews.com.cn/xwzx2013/hjyw/201311/t20131125_ 751532. html。

《"金砖四国"领导人第二次正式会晤联合声明》，2010 年 4 月 15 日，http://www.fmprc.gov.cn/mfa_ chn/ziliao_ 611306/1179_ 611310/t688360. shtml。

《"金砖四国"领导人俄罗斯叶卡捷琳娜堡会晤联合声明》，2009 年 6 月 16 日，http://www.fmprc.gov.cn/mfa_ chn/gjhdq_ 603914/gjhdqzz_ 609676/jzgj_ 609846/zywj_ 609858/t568224. shtml。

《金砖国家领导人第三次会晤〈三亚宣言〉》，2011 年 4 月 14 日，http://www.gov.cn/ldhd/2011 - 04/14/content_ 1844034. htm。

《金砖国家领导人第四次会晤〈德里宣言〉》，2012 年 3 月 29 日，http://

www. fmprc. gov. cn/mfa_ chn/ziliao_ 611306/1179_ 611310/t918949. shtml。

《金砖国家领导人第五次会晤〈德班宣言〉》，2013 年 3 月 27 日，http：//www. gov. cn/jrzg/2013 – 03/28/content_ 2364217. htm。

《联合国气候变化框架公约》，http：//unfccc. int/resource/docs/convkp/convchin. pdf。

联合国开发计划署环境与能源集团：《巴厘岛路线图：谈判中的关键问题》，2008 年 10 月，http：//www. undpcc. org/docs/Bali% 20Road% 20Map/Chinese/UNDP_ Bali% 20Road% 20Map_ Key% 20Issues% 20Under% 20Negotiation_ CH_ 1. pdf。

《气候谈判顽固派获“化石奖”》，新华网，2012 年 11 月 27 日，http：//news. xinhuanet. com/world/2012 – 11/27/c_ 113817292. htm。

《阎学通对话米尔斯海默：中国能否和平崛起?》，观察者，2013 年 12 月 3 日，http：//www. guancha. cn/YanXueTong/2013_ 12_ 03_ 189543_ s. shtml。

《中国为小岛屿发展中国家的发展提出四点倡议》，新华网，2005 年 1 月 13 日，http：//news. xinhuanet. com/world/2005 – 01/13/content_ 2456679. htm。

《“应对气候变化”溯源·国际篇（会议·机构·政策）》，http：//www. ditan360. com/qihou/qihou_ guoji. aspx? SpecialsID = 1139。

（二）英文电子文献

Aaron Atteridge, “Multiple Identities: Behind South Africa's Approach to Climate Diplomacy”, SEI Policy Brief, 2011, http://www. sei – international. org/mediamanager/documents/Publications/Climate – mitigation – adaptation/sei_ policy_ brief_ atteridge_ southafrica. pdf.

Agence France-Presse （AFP）, “G8 Emission Cut Target ‘Unacceptable’: Medvedev Aide”, 2009 – 07 – 08, http://www. smh. com. au/business/g 8 – emissions – cut – target – unacceptable – – medvedev – aide – 20090709 – ddm0. html.

Alex Morales, “China Rules Out New Climate ‘Regime’, Setting up U. S. Conflict”, 2012 – 11 – 21, http://www. independent. co. uk/news/world/americas/china – rules – out – new – climate – regime – setting – up – us – conflict – 8339504. html.

Alexander Bedritskiy, “Statement of the Advisor to the President of the Russian

Federation", Special Representative of the President of the Russian Federation on Climate Change, Doha, December 2012, http：//unfccc. int/resource/docs/cop18_ cmp8_ hl_ statements/Statement% 20by% 20Russia% 20（COP% 20）. pdf.

Andrzej Turkowski, "Russia's International Climate Policy", Polski Insiytut Spraw Miedzynarodowych（PISM）Policy Paper, No. 27, April 2012, http：// www. pism. pl/files/? id_ plik＝10025.

Anita Pugliese and Julie Ray, "Top-Emitting Countries Differ on Climate Change Threat," December 7, 2009, http：//www. gallup. com/poll/124595/top－emitting－ countries－differ－climate－change－threat. aspx.

Anna Korppoo, "Russia and the Post－2012 Climate Regime：Foreign Rather than Environmental Policy", UPI Briefing Paper 23, The Finnish Institute of International Affairs, November 24, 2008, www. fiia. fi/fi/publication/61/russia _ and_ the_ post－2012_ climate_ regime.

Antto Vihma, "The Elephant in the Room：The New G77 and China Dynamics in Climate Talks", Briefing Paper No. 62, 2010, www. fiia. fi/assets/publications/ UPI_ Briefing_ Paper_ 62_ 2010. pdf.

Arun G. Mukhopadhyay, "Climate Climax：Power, Development and 'World Peace'", February 18, 2010, http：//papers. ssrn. com/sol3/papers. cfm? abstract_ id＝1554864.

"Alliance of Small Island States（AOSIS）Declaration on Climate Change 2009", http：//sustainabledevelopment. un. org/content/documents/1566AO SISSummitDeclaration Sept21 FINAL. pdf.

"Apartheid South Africa", http：//www. southafrica. to/history/Apartheid/ apartheid. php.

"Appendix I-Quantified Economy-wide Emissions Targets for 2020", http：// unfccc. int/meetings/copenhagen_ dec_ 2009/items/5264. php.

"Asia-Pacific Partnership on Clean Development and Climate", http：// www. asiapacificpartnership. org/english/about. aspx.

"Australia Offers $599m to Protect Poor Countries from Climate Impacts", 2010－ 12－10, http：//www. abc. net. au/pm/content/2010/s3090567. htm.

Babette Never, "Regional Power Shifts and Climate Knowledge Systems: South Africa as a Climate Power?", GIGA Working Paper, No. 125, Hamburg: GIGA, 2010, http://www. giga – hamburg. de/de/system/files/publications/wp125 _ never. pdf.

Boris Groys, "The Weak Universalism", http://www. e – flux. com/journal/ view/130.

Bruce Cheadle, "Canada's Climate Policy Worst In Developed World: Report", The Canadian Press, 2014 – 01 – 23, http://www. huffingtonpost. ca/2013/11/18/ canada – climate – policy – worst_ n_ 4296396. html.

"Bali Action Plan", http://unfccc. int/resource/docs/2007/cop13/eng/06a01. pdf.

Chee Yoke Ling, "BASIC Ministers on Durban Expectation, Caution against Unilateralism", Third World Network (TWN) Info Service on Climate Change, 29 August 2011, http://www. twnside. org. sg/title2/climate/info. service/2011/ climate20110801. htm.

Christopher Allsopp et al. , "Institutions for International Climate Governance", The Harvard Project on Climate Agreements: Policy Brief, November 2010, http://belfercenter. ksg. harvard. edu/files/HPCA – Policy – Brief – 2010 – 01 – Final. pdf.

Council on Foreign Relations, "Berlin Mandate", http://www. cfr. org/climate – change/berlin – mandate/p21276.

"Canada and the Environment", http://www. mcleodgroup. ca/topics – 3/ canada – and – the – environment – from – maverick – to – miscreant/.

"Canada's Emissions Trends", Environment Canada, July 2011, http:// www. ec. gc. ca/doc/publications/cc/COM1374/ec – com1374 – en – es. htm.

"Carbon Pollution Reduction Scheme Green Paper", July 2008, http:// pandora. nla. gov. au/pan/86984/20080718 – 1535/www. greenhouse. gov. au/greenpaper/ report/pubs/greenpaper. pdf.

"Climate Finance", https://unfccc. int/focus/finance/items/7001. php.

"Copenhagen Climate Summit Fails to Meet EU Goals", 2009 – 12 – 21, http：//ec. europa. eu/news/environment/091221_ en. htm.

David Prosser，"China Overtakes Japan as World's Second-largest Economic Power"，Business News for the Independent，August 17，2010，http：//www. independent. co. uk/news/business/news/china－overtakes－japan－as－worlds－secondlargest－economic－power－2054412. html.

Diana Ming，"'Voices' Speaker Talks Climate Change"，August 3，2012，http：//thedartmouth. com/2012/08/03/news/voices－speaker－talks－climate－change.

Donella Meadows，Jorgen Randers and Dennis Meadows，"A Synopsis of Limits to Growth：The 30－Year Update"，http：//www. sustainer. org/pubs/limitstogrowth. pdf.

"Doha Climate Conference Takes Modest Step Towards a Global Climate Deal in 2015"，2012－12－08，http：//europa. eu/rapid/press－release_ IP－12－1342_ en. htm.

"Durban Conference Delivers Breakthrough for Climate"，2011－12－11，http：//ec. europa. eu/clima/news/articles/news_ 2011121101_ en. htm.

Eduardo Viola，"Brazil in the Politics of Climate Change and Global Governance 1989－2003"，Centre for Brazilian Studies Working Paper，No. 56，2004，http：//www. lac. ox. ac. uk/sites/sias/files/documents/Eduardo% 2520Viola% 252056. pdf.

Edward Samuel Miliband，"The Road from Copenhagen"，Guardian，2009－12－20，http：//www. cfr. org/climate－change/guardian－road－copen hagen/p21030.

Erik Haites，Farhana Yamin and Niklas Höhne，"The Sao Paulo Proposal for an Agreement on Future International Climate Policy"，BASIC Project Working Paper，No. 17，September 2007，http：//www. basic－project. net/data/final/Paper17Sao% 20Paulo% 20Agreement% 20on% 20Future% 20International% 20Climate% 85. pdf. .

"EU Targets Helping to Drive Growth and Development"，Financial Times，2008－02－04，http：//media. ft. com/cms/f870413a－da5d－11dc－9bb9－0000779fd2ac. pdf.

Fiona Harvey，"China and US Hold the Key to New Global Climate Deal"，http：//www. guardian. co. uk/environment/2012/dec/12/china－us－global－climate－

deal.

"First Ministerial Meeting of the Group of 77: Charter of Algiers", Algiers, 10 – 25 October 1967, http://www. g77. org/doc/algier ~ 1. htm.

Goldman Sachs, "Dreaming with BRICs: The Path to 2050", Global Economics Paper, No. 99, http://antonioguilherme. web. br. com/artigos/Brics. pdf.

"G20 Members", https://www. g20. org/about_ g20/g20_ members.

"Garnaut Climate Change Review: Interim Report to the Commonwealth, State and Territory Governments of Australia", Garnaut Climate Change Review, February 2008, http://www. garnautreview. org. au/CA25734E 0016A131/WebObj/Garnaut ClimateChangeReviewInterimReport – Feb08/% 24File/Garnaut% 20Climate% 20Change% 20Review% 20Interim% 20Report% 20 – % 20Feb% 2008. pdf.

Hanan Jacoby et al. , "Distributional Implications of Climate Change in India", Policy Research Working Paper, No. 5623, World Bank, 2011, http:// papers. ssrn. com/sol3/papers. cfm? abstract_ id = 1803003.

Harro van Asselt and Fariborz Zelli, "Connect the Dots: Managing the Fragmentation of Global Climate Governance", Earth System Governance Working Paper, No. 25, Lund and Amsterdam: Earth System Governance Project, 2012, http://www. earthsystemgovernance. org/sites/default/files/publications/files/ESG – WorkingPaper – 25_ van% 20Asselt% 20and% 20 Zelli_ 0. pdf.

Harro van Asselt, "Dealing with the Fragmentation of Global Climate Governance: Legal and Political Approaches in Interplay Management", Global Governance Working Paper, No. 30, May 2007, http://www. glogov. org/ images/doc/WP30. pdf.

Huifang Tian et al. , "Trade Sanctions, Financial Transfers and BRIC's Participation in Global Climate Change Negotiations", CESIFO Working Paper, No. 2698, July 2009, http://papers. ssrn. com/sol3/papers. cfm? abstract _ id = 1433670.

"Harper Criticized On Climate Change At APEC Summit", 2009 – 11 – 14, http://www. citynews. ca/2009/11/14/harper – criticized – on – climate – change – at – apec – summit/.

"Human Development Indices", http://hdr. undp. org/en/media/HDI_ 2008_ EN_ Tables. pdf.

IISD, "Bangkok Climate Talks Highlights", Earth Negotiations Bulletin, Vol. 12, No. 549, 2012 – 08 – 31, http://www. iisd. ca/download/pdf/enb12549e. pdf.

IISD, "Summary of the Bangkok Climate Talks: 30 August – 5 September 2012", Earth Negotiations Bulletin, Vol. 12, No. 555, 2012 – 09 – 08, http://www. iisd. ca/download/pdf/enb12555e. pdf.

IISD, "Summary of the Bonn Climate Change Conference: 14 – 25 May 2012", Earth Negotiations Bulletin, Vol. 12, No. 546, 2012 – 05 – 28, http://www. iisd. ca/download/pdf/enb12546e. pdf.

IISD, "Summary of the Bonn Climate Change Talks: 31 May – 11 June 2010", Earth Negotiations Bulletin, Vol. 12, No. 472, 2010 – 06 – 14, http://www. iisd. ca/download/pdf/enb12472e. pdf.

IISD, "Summary of the Doha Climate Change Conference: 26 November – 8 December 2012", Earth Negotiations Bulletin, Vol. 12, No. 567, 2012 – 12 – 11, http://www. iisd. ca/download/pdf/enb12567e. pdf.

IISD, "Summary of the Duban Climate Change Conference", Earth Negotiations Bulletin, Vol. 12, No. 534, 2011 – 12 – 13, http://www. iisd. ca/download/pdf/enb12534e. pdf.

"Implementation of the Berlin Mandate", Bonn, 31 July – 7 August 1997, http://unfccc. int/cop5/resource/docs/1997/agbm/misc01a3. htm.

Jack A. Smith, "BRIC Becomes BRICS: Changes on the Geopolitical Chessboard", Foreign Policy Journal, January 21, 2011, http://www. foreignpolicyjournal. com/2011/01/21/bric – becomes – brics – changes – on – the – geopolitical – chessboard/.

James Meadowcroft, "Climate Change Governance", World Bank Policy Research Working Paper Series, Vol. 4941, 2009, http://elibrary. worldbank. org/docserver/download/4941. pdf? expires = 1379054479&id = id&accname = guest&checksum = 16C907218C2E77C1D2 DE37863F9B2463.

Jayanta Basu, "Cautious Support for Jairam Tightrope Act", The Telegraph, December 7, 2010, http：//www. telegraphindia. com/1101208/jsp/nation/story_ 13273144. jsp.

Joachim Betz, "India's Turn in Climate Policy: Assessing the Interplay of Domestic and International Policy Change", GIGA Working Papers, No. 190, March 2012, http：//papers. ssrn. com/sol3/papers. cfm? abstract_ id = 2134869.

Joyeeta Gupta, "Engaging Developing Countries in Climate Change Negotiations", Study for the European Parliament's Temporary Committee on Climate Change (CLIM), March 2008, http：//www. europarl. europa. eu/RegData/etudes/note/join/2008/ 401007/IPOL – CLIM_ NT (2008) 401007_ EN. pdf.

"Joint Statement Issued at the Conclusion of the 13th BASIC Ministerial Meeting on Climate Change Beijing, China 19 – 20 November 2012", 2012 – 11 – 21, http：//www. indianembassy. org. cn/newsDetails. aspx? NewsId = 381.

"Joint Statement Issued at the Conclusion of the 14th BASIC Ministerial Meeting on Climate Change, Chennai, India, 16 February 2013", http：//envfor. nic. in/ assets/XIV_ BASIC_ Joint_ _ Statement_ FINAL. pdf.

"Joint Statement Issued at the Conclusion of the Fourth Meeting of Ministers of the BASIC Group", Rio de Janeiro, 25 – 26 July 2010, http：//www. moef. nic. in/ downloads/public – information/Joint – Statement – Rio. pdf.

"Joint Statement Issued at the Conclusion of the Second Meeting of Ministers of BASIC Group, New Delhi", January 27, 2010, http：//www. hindu. com/nic/ 2010draft. htm.

Kate Sheppard, "Another Disappointing Climate Meeting Draws to a Close", http：//www. motherjones. com/blue – marble/2012/12/cop18 – climate – doha – unfccc.

"Kyoto Protocol", https：//unfccc. int/kyoto_ protocol/items/2830. php.

Leonard Gentle, "BASICs, BRICs and PIGS: New Acronyms and the New World Order", 2010 – 05 – 12, http：//sacsis. org. za/site/article/479. 1.

Leslie Masters, "The Road to Copenhagen: Climate Change, Energy and South Africa's Foreign Policy", SAIIA Occasional Paper, No. 47, October 2009, http：//

dspace. cigilibrary. org/jspui/bitstream/123456789/29593/1/SAIIA% 20Occasional% 20Paper% 2047. pdf? 1.

Lili Fuhr *et al.*, "A Future for International Climate Politics-Durban and Beyond", November 9, 2011, http：//www. za. boell. org/downloads/A_ Future_ for_ International_ Climate_ Politics_ –_ Durban_ and_ Beyond. pdf.

Louise Murray, "China, World's Biggest GHG Emitter Introduces More Pollution Controls", *Earth Times*, January 19, 2011, http：//www. earthtimes. org/pollution/china – worlds – biggest – greenhouse – gas – emitter – introduces – pollution – controls/227/.

"Liberation Struggle in South Africa：Apartheid and Reactions to It", http：//www. sahistory. org. za/liberation – struggle – south – africa/apartheid – and – limits – non – violent – resistance – 1948 – 1960.

Manjana Milkoreit, "What's the Mind Got to Do with It? A Cognitive Approach to Global Climate Governance", Stockholm Environment Institute Working Paper, No. 4, 2012, http：//www. sei – international. org/mediamanager/documents/ Publications/Climate/SEI – WP – 2012 – 04 – Cognitive – Climate. pdf.

Manmohan Singh, "Release of the National Action Plan on Climate Change", Prime Minister's Speech, June 30, 2008, http：//www. pmindia. nic. in/speech – details. php? nodeid = 667.

Marcus Hedahl, "Moving from the Principle of 'Common but Differentiated Responsibility' to 'Equitable Access to Sustainable Development' Will Aid International Climate Change Negotiations", September 28, 2013, http：// blogs. lse. ac. uk/europpblog/2013/09/28/moving – from – the – principle – of – common – but – differentiated – responsibility – to – equitable – access – to – sustainable – development – will – aid – international – climate – change – negotiati/.

Maša Kovic, "G77 + China：Least Developed Countries vs. Major Developing Economies", December 17, 2009, http：//www. climaticoanalysis. org/post/ g77china – least – developed – countries – vs – major – developing – economies/.

Michael P. Vandenbergh and Mark A. Cohen, "Climate Change Governance：Boundaries and Leakage", Discussion Paper-Resources for the Future（RFF）, No. 09 –

51, November 2009, http: //www. environmentportal. in/files/Climate% 20Change% 20Governance. pdf.

Mikael Mattlin and Matti Nojonen, "Conditionality in Chinese Bilateral Lending", BOFIT Discussion Papers, No. 14, 2011, http: //www. suomenpankki. fi/ bofit/ tutkimus/tutkimusjulkaisut/dp/Documents/DP1411. pdf.

Mukul Sanwal, "Realism in the Climate Negotiations", November 21, 2012, http: //www. indiaenvironmentportal. org. in/blogs/realism – climate – negotiations.

"Medvedev Calls for Green Overhaul of Russian Economy", RIA Novosti, February 18, 2010, http: //en. rian. ru/Environment/20100218/157930576. html.

M. Vonk, C. C. Vos and D. C. J. van der Hoek, "Adaptation Strategy for Climate-proofing Biodiversity", Policy Studies for Netherlands Environmental Assessment Agency, 2010, http: //www. pbl. nl/sites/default/files/cms/publicaties/ 500078005_ adaptation_ strategy_ for_ climate – proofing_ biodiversity. pdf.

Navroz Dubash, "Toward Progressive Indian and Global Climate Politics", CPR Working Paper, Centre for Policy Research, New Delhi, 2009, http: //www. indiaenvironmentportal. org. in/files/climatepolitics. pdf.

Noriko Fujiwara and Christian Egenhofer, "Understanding India's Climate Agenda", CEPS Policy Brief, No. 206, Centre for European Policy Studies, Brüssel, 2010, http: //aei. pitt. edu/14549/1/PB206_ India's_ climate_ agenda_ e – version. pdf.

"Nairobi Declaration on the African Process for Combating Climate Change", http: //www. unep. org/roa/Amcen/Amcen _ Events/3rd _ ss/Docs/nairobi – Decration – 2009. pdf.

"National Emissions Trajectory and Target", 2008 – 12 – 15, http: // pandora. nla. gov. au/pan/99543/20090515 – 1610/www. climatechange. gov. au/ whitepaper/ report/pubs/pdf/V1004Chapter. pdf.

"New Bloc of 'Like Minded Developing Countries' Meet in Advance of Doha Climate Talks", 2012 – 10 – 25, http: //hsu. me/2012/10/new – bloc – of – like – minded – developing – countries – meet – in – advance – of – doha – climate – talks/.

"Outcomes of the Rio Earth Summit 1992 Process", http: //www. world summit2002. org/guide/unced. htm.

Pantelis Sklias, "India's Position at the Copenhagen Climate Change Conference: Towards a New Era in the Political Economy of International Relations?", *Research Journal of International Studies*, No. 15, August 2010, http://www. eurojournals. com/rjis_ 15_ 01. pdf.

Pew Center, "National Action Plan on Climate Change", June 2008, http://www. pewclimate. org/docUploads/India% 20National% 20Action% 20Plan% 20on% 20Climate% 20Change – Summary. pdf.

Praful Bidwai, "Two Decades of Neo-liberalism in India", August 4, 2011, http://www. thedailystar. net/newDesign/news – details. php? nid = 197058.

"Post-Cancun Analysis", Policy Briefing, Jan. 17, 2011, http://www. theclimategroup. org/_ assets/files/post – cancun – analysis_ 1. pdf.

"Q & A: The Kyoto Protocol", BBC News, 2005 – 02 – 16, http://news. bbc. co. uk/2/hi/science/nature/4269921. stm.

Richard Black, "Copenhagen Summit Battles to Save Climate Deal", 2009 – 12 – 19, http://news. bbc. co. uk/2/hi/sci/tech/8422031. stm. .

"Russia Sets Conditions for Considering Emission Cut", RIA Novosti, December 10, 2009, http://en. rian. ru/Environment/20091210/15718 8874. html.

SBSTA, "G77 and China 'Adopts' Brazilian Proposal on Need for Methodology for Historical Responsibility", 2013 – 11 – 14, http://www. twnside. org. sg/title2/climate/news/warsaw01/TWN_ update7. pdf.

Servaas Van den Bosch, "DEVELOPMENT: African LDCs Won't Benefit Much from BRICS Arrival", IPS Journalism and Communication for Global Change, Jan. 31, 2011, http://www. ipsnews. net/2011/01/development – african – ldcs – wonrsquot – benefit – much – from – brics – arrival/.

Sheila Kiratu, "South Africa's Energy Security in the Context of Climate Change Mitigation", Series on Trade and Energy Security-Policy Report, No. 4, 2010, pp. 5 – 6, http://www. iisd. org/tkn/pdf/south_ africa_ energy_ climate. pdf.

Sivan Kartha and Peter Erickson, "Comparison of Annex 1 and Non-Annex 1 pledges under the Cancun Agreements", http://www. oxfam. org. nz/resources/

onlinereports/SEI – Comparison – of – pledges – Jun2011. pdf.

Stephen Minas, "BASIC Positions-Major Emerging Economies in the UN Climate Change Negotiations", The Foreign Policy Centre Briefing, June 2013, http：//fpc. org. uk/fsblob/1560. pdf.

Stewart Patrick and Preeti Bhattacharji, "Rising India：Implications for World Order and International Institutions", October 2010, http：//www. cfr. org/content/ thinktank/IIGG_ DelhiMeetingNote_ 2010_ 11_ 01. pdf.

"Sad South Africa", The Economist, Oct. 20, 2012, http：//www. economist. com/news/leaders/21564846 – south – africa – sliding – downhill – while – much – rest – continent – clawing – its – way – up.

"Social Psychology：Groups", http：//www. sparknotes. com/psychology/ psych101/socialpsychology/section8. rhtml.

"Suo Moto Statement of Shri Jairam Ramesh, Minister of State (Independent Charge) Environment and Forests in Rajya Sabha on 22nd December, 2009", http：//moef. nic. in/downloads/public – information/COP% 2015_ meet. pdf.

Thomas Bernauer and Lena Schaffer, "Climate Change Governance", CIS Working Paper, No. 60, July 2010, http：//www. ied. ethz. ch/pub/pdf/IED _ WP12_ Bernauer_ Schaffer. pdf.

Tim Flannery, "Why Canada Failed on Kyoto and How to Make Amends", 2009 – 11 – 22, http：//www. thestar. com/news/insight/2009/11/22/why_ canada_ failed_ on_ kyoto_ and_ how_ to_ make_ amends. html.

Tseliso Thipanyane, "South Africa's Foreign Policy under the Zuma Government", AISA Policy Brief, No. 64, December 2011, http：//www. ai. org. za/wp – content/uploads/downloads/2011/12/No. – 64. South – Africa% E2% 80% 99s – Foreign – Policy – under – the – Zuma – Government – 1. pdf.

"TWN Info Service on Climate Change", 2007 – 09 – 07, http：// www. twnside. org. sg/title2/climate/info. service/climate. change. 090701. htm.

UN Framework Convention on Climate Change Secretariat, UN, http：// unfccc. int.

UNFCCC, "Parties & Observers", http：//unfccc. int/parties _ and _ observers/items/2704. php.

UNFCCC, "Report of the Individual Review of the Annual Submission of Canada Submitted in 2010", 2011 - 04 - 21, http：//unfccc. int/resource/docs/ 2011/arr/can. pdf.

" UNFCCC FOCUS：Adaptation ", https：//unfccc. int/focus/adaptation/ items/6999. php.

" UNFCCC FOCUS：Mitigation ", https：//unfccc. int/focus/mitigation/ items/7169. php.

"U. S. - China Clean Energy Cooperation", http：//energy. gov/pi/office - policy - and - international - affairs/downloads/us - china - clean - energy - cooperation.

"View from the Top：Nine of the World's Top International Relations Scholars Weigh in on the Ivory Tower Survey", 2013 - 3 - 15, http：//www. foreignpolicy. com/articles/2012/01/03/view_ from_ the_ top? page = 0, 0.

"2768. Identification of the Least Developed among the Developing Countries", 1971 - 11 - 18, http：//www. unitar. org/resource/sites/unitar. org. resource/files/ document - pdf/GA - 2767 - XXVI. pdf.

后　记

本书是在我的博士学位论文基础上修改而成。人生第一部专著，青年学者难免诚惶诚恐、如履薄冰。

即使以 2009 年哥本哈根大会引发学术界"气候热"为起点，气候变化作为国际关系研究与外交实践的热门话题也已持续十年之久。同时，国际问题研究又具有较为明显的"时效性"，这导致某个研究热点的"半衰"周期通常为五年，而本书付梓距 2014 年 6 月我从武大国际关系学系博士毕业，亦五载将近。

所幸的是，博士学位论文的主要观点，如今仍具有解释力，因而本书基本保留了当初的理论框架和案例分析。反而观之，"不幸"也正在于此：一方面，本书"不过时"恰说明全球气候治理进展缓慢、举步维艰；另一方面，近三年来中国国际关系学界的气候政治研究"降温"（尽管其仍是国外学界的研究热点），也属意料之中。

可能由于研究基础"路径依赖"，加上工作与生活压力导致的时间"碎片化"，因而常有学者"自嘲"博士学位论文/首部专著是其学术生涯巅峰。我以为，学术科研写作应当是其乐无穷且充满期待的旅途——作者或许并不总是能够巧妙解答某个经验困惑，但"于无疑处设疑"的研究过程也给可能的研究突破留足了想象空间。

孟子曰："学问之道无他，求其放心而已矣。"因此，我愿将此书当作年少时"国关梦"的一个现实还原，我很庆幸，这个梦想始终在，并仍伴我成长。

一路走来，我想感谢的人不少。永远感谢导师严双伍教授，若非恩师当年将我招入门下并高瞻远瞩、因材施教地指导我的气候政治研究选题，今日之微小学术进步绝无可能。同时感谢罗志刚教授和阮建平教授，学生时代在他们的课堂总能不断启迪智慧火花。此外，特别感谢武大测绘遥感信息工程国家重点实验室的钟燕飞教授和国际关系学系的冯存万副教授，亦师亦如兄长，这些年一直给予我帮助和关心。问道思无涯，感恩成长各阶段结识的师友。

需要指出的是，本书的核心观点和主要案例等内容，已先后发表于《当代亚太》、《南亚研究》、《国际论坛》、《教学与研究》、《当代世界与社会主义》、《华中科技大学学报》（社会科学版）、《西安交通大学学报》（社会科学版）、《中国地质大学学报》（社会科学版）、《国外理论动态》等核心期刊，感谢这些优秀期刊为学界高质量学术成果发表而提供的极佳平台，所约请的匿名评审专家也提出了不少宝贵意见和修改建议；西安交通大学马克思主义学院、近现代历史研究所、国际问题研究中心为我提供了较好的学术平台，学院和西安交通大学社会科学处为本书出版提供了经费支持。在此一并感谢。

最后，感谢家人的爱和无尽的包容。与妻子这些年对我及小家的牺牲付出相比，我的贡献实在微不足道。刚上幼儿园的儿子、远在故乡的父母，已然"习惯"缺少我陪伴。我将此书献给他们，唯愿他们健康、平安。

赵　斌

2019 年农历正月初五于江城

图书在版编目（CIP）数据

全球气候政治中的新兴大国群体化：结构、进程与机制分析/赵斌著. -- 北京：社会科学文献出版社，2019.9

ISBN 978 - 7 - 5201 - 5132 - 0

Ⅰ.①全… Ⅱ.①赵… Ⅲ.①气候 - 政策 - 研究 - 世界 Ⅳ.①P46 - 011

中国版本图书馆 CIP 数据核字（2019）第 136989 号

全球气候政治中的新兴大国群体化
——结构、进程与机制分析

著　者/赵　斌

出 版 人/谢寿光
责任编辑/宋浩敏
文稿编辑/商筱辉　陈素梅

出　　版/社会科学文献出版社·联合出版中心（010）59367150
　　　　　地址：北京市北三环中路甲 29 号院华龙大厦　邮编：100029
　　　　　网址：www. ssap. com. cn
发　　行/市场营销中心（010）59367081　59367083
印　　装/三河市尚艺印装有限公司

规　　格/开　本：787mm × 1092mm　1/16
　　　　　印　张：14.5　字　数：260 千字
版　　次/2019 年 9 月第 1 版　2019 年 9 月第 1 次印刷
书　　号/ISBN 978 - 7 - 5201 - 5132 - 0
定　　价/89.00 元